JN234319

カーエアコン
熱マネジメント・エコ技術

藤原健一 監修　カーエアコン研究会 編著

Automotive Air Conditioning

東京電機大学出版局

まえがき

　真夏に窓を閉め切って走っている車が珍しく，カーエアコンが羨望の的になった時代は，つい30年前のことである。いまや窓を開けて走っている車を見つけることは難しい。歴史を振り返ると，人類は火という"暖"をとる手段から始まり，エアコンという"冷暖"の手段を得て快適性を確保し，生活圏を充実してきたといえる。車がこんなに普及したのは，走る楽しさや移動の利便性だけでなく，安全性・快適性に大きく寄与しているカーエアコンによるところも多い。特に，高温多湿の日本においては，モータリゼーションとカーエアコンの普及は，ほぼ期を一にしてきたといっても過言ではない。

　カーエアコンは，安全・快適を達成するための空調技術から省エネ・環境対応技術や車両全体の熱マネージメントに至るまで，常に車の動向を先取りしながら多面的に進化してきた。そんなカーエアコンの技術をまとめるにあたり，留意したことは

　　1) カーエアコンの基本原理から保守点検まで理解できる。
　　2) カーエアコンにかかわる最新の技術動向に触れられる。
　の2点である。

1) カーエアコンの基本原理から保守点検まで

　カーエアコンと一般のルームエアコンとは大きな違いがある。

　炎天下駐車後にいち早く冷やすための大きな冷房性能と，そのための動力はエンジンから，暖房熱源もエンジン廃熱から得ているなどの違いは多々ある。その役割・構成・作動は複雑であるが，本書で初めてカーエアコンに対面する読者でも理解できるように極力わかりやすくまとめたつもりである。特に注力したのは，なぜそうなっているかの基本原理である。原理を知ることから，カーエアコンをより深く理解して欲しい。

　冷房や空気調和の原理などは，高校物理の範囲で，一通りの冷凍サイクル・熱交換・空気調和などの熱力学の基礎知識が習得できるようにした。複雑な式や関連知識などは，"ミニ知識"として別枠に記載したので，参考にしてほしい。

本書を通じて，カーエアコンを学ぼうとする学生諸君や，カーエアコン関連の職を得て，さらに知識を深めたいと思う読者に，少しでも役に立つことができるなら幸いに思う．

2) カーエアコンの最新技術動向

　車の燃費向上に伴い，カーエアコンも大きく省エネを進めてきた．同時に，エンジンからの廃熱が低下し，これまで豊富にあったヒータ熱源が不足してきている．その対応のため車両全体の熱マネージメントへのかかわりも重要課題になってきている．

　また，地球環境問題としての冷媒規制対応についても，カーエアコンは他分野に先駆けてきた．カーエアコンの CO_2 冷媒システムの研究から CO_2 ヒートポンプ温水給湯機（製品名：エコキュート）につながった事例もある．

　時代とともにカーエアコンおよび車への要求もどんどん変化している．ぜひカーエアコンの最新技術に触れて，新たなヒントをつかみ取ってもらえれば幸いである．

　本書は，1996年に山海堂より出版された『カーエアコン』の内容を最新技術や社会情勢をふまえて大幅に見直し，新たに東京電機大学出版局より刊行することになったものである．出版の機会とともに親切なご指導と激励をくださった方々に感謝と御礼を申し上げたい．

　また，多忙の中，原稿をお書きいただいた巻末に紹介する各執筆者諸君に心から感謝します．

　最後に，冷凍空調工学の権威であり，メリーランド大学の環境エネルギー工学研究所（The Center for Environmental Energy Engineering at the University of Maryland）の所長を務める Reinhard Radermacher 教授から「刊行にあたって」のご寄稿をいただいた．本書に（その原文と）編者らによる翻訳を掲載した．この場を借りて御礼申し上げる．

2009年5月

藤原健一

刊行にあたって

　自動車は，我々の生活にとって欠かすことができない存在である。車やトラックは，信じられないほど柔軟に，必要な時に必要な場所へ人と物を運ぶことができる。今や車両製造関連やインフラ整備にかかわる産業は，世界経済を動かす巨大な原動力となっている。

　自動車は，社会の経済的側面で大きな影響を与える立場にあるため，責任と重責を担う必要がある。一方で，これまでにない高い機能・能力も求められており，車室内を常に快適に保つという期待もその一つである。
　その一方で，自動車の使用はローカルな影響だけでなくグローバルな影響を与える。燃料消費によるエミッションによりスモッグや地球温暖化に影響を与えるだけでなく，エアコンの作動流体も環境に影響を与える。

　これらの課題に立ち向かうためには，ニーズを先取りしたビジョン構築と創造性が必要であるが，自動車産業とデンソーは技術革新に甚大なる努力を行った。自動車関係では，新開発の高効率エンジン，ハイブリッド技術，燃料電池などのほか，新素材や製造プロセスが開発された。エアコン関係では，さまざまな革新技術が開発された。作動流体そのものが環境に与える影響を最小限に抑えるために，化学メーカーと自動車サプライヤーが共同で新しい作動流体を開発して，ローカルおよびグローバルな課題を解決している。
　作動流体はエアコン使用期限内において十分に安定でなければならないし，同時に車室内では危険を起こさず（ローカルな危険の最小化）そして一度大気中に放出されると急速に分解する必要がある（グローバルな環境への影響の最小化）。もちろん，新しい作動流体はエアコンシステムの最大効率と小型化を達成できるものでなければならない。
　しかし，これらの挑戦にとどまることなく，この本で取りあげている蒸気圧縮サイクルは，原型を残しつつ，今後大きく変化していくであろう。将来的には，

全車両の最高効率で車室内空間を快適に保つヒートポンプシステムエアコンが導入されるであろう。

　進化した車両と空気調和する高効率エアコンをつなぐための挑戦は，"デンソースピリット"によって成り立っている。エアコン技術課題を先取りしたビジョン構築と創造性発揮（先進）によって，顧客満足が得られる高品質基準をクリアするために"現地現物確認"と"改善"を通じて達成している（信頼）。そして最後は，生産との密接なコミュニケーションによって達成している（総智・総力）。

　以上のことより，自動車関係者もしくは興味のある人にとって，最新のエアコン技術の基礎を習得することは有意義であるが，本書『カーエアコン』はこの要求を充分に満たしてくれる。日本語第1版『カーエアコン』は1996年に刊行された。第2版は，自動車産業と最新技術開発に対応した最も重要な最新環境規制を追加し，英訳版も発行された。

　本書は，第2版を見直し最新技術開発を反映させたものである。前半では冷媒システムとエアコンの基礎知識を提供し，中盤ではエアコンシステムの制御や付属部品について詳細に説明している。後半では代替冷媒開発・規制，最新技術に関することがまとめられている。

　著者一同は，本書が学生，メカニック，新しいエンジニア達がカーエアコンの基礎を勉強する際に役立つことを期待しているであろう。

　今回の出版に際し，本書の執筆に関わった諸君に心より敬意を表する。

Preface

The automobile is part of our daily lives. Cars and trucks provide transportation for people and goods along with incredible flexibility allowing us to go wherever and whenever we want. The underlying industries of vehicle manufacturing and infrastructure construction are huge economic drivers worldwide.

With such a dominant position in the economic web of society come responsibilities and challenges. On one hand, there is the demand for ever better features and capabilities. The expectation of an always-comfortable cabin climate is one of them. On the other hand, the use of automobiles is accompanied by considerable impact on the local and global environment. Emissions from fuel consumption cause smog and global warming and even the working fluids used in air-conditioners contribute to environmental degradation.

It takes foresight with vision and creativity to address these challenges and the automobile industry and DENSO respond with an incredible effort in innovation. New developments include high efficiency engines, fuel cells, hybrid drive technology and the use of new materials and manufacturing processes. In the field of air-conditioning, innovation abounds in almost every aspect. To minimize the environmental impact of the working fluid itself, chemical manufacturers and the automotive suppliers are developing new molecules for working fluids that aim to strike a balance between local and global challenges. The resulting working fluid must be sufficiently stabile to last the lifetime of the air-conditioner, while at the same time it must cause no hazardous state in cabin (minimizing local danger) and short life time in the atmosphere (minimizing global environmental impact). And of course, the new working fluid must ensure maximum efficiency and greatest possible compactness of the air-conditioning system itself. But even beyond these challenges, while the heart of the air-conditioning system will remain what it always was, the vapor compression cycle as presented in this book with much insight, the integration within the vehicle may change considerably. In the future, the air-conditioner may even be operated as a heat pump to maintain a comfortable cabin interior while maximizing the energy efficiency of the entire automobile.

This challenge of integrating efficient air-conditioning with climate control and an ever more sophisticated automobile requires the characteristics referred to as the DENSO Spirit: Foresight allowing to anticipate the emerging air-conditioning technology challenges, and vision and creativity to address them; Credibility through customer satisfaction achieved through high quality standards, on-site verification and Kaizen; and last but not least Collaboration through productive and intentional communication.

Therefore, it is important for anyone involved or interested in automobiles to understand the basics of air conditioning including the most recent technical developments. To fill this need, the authors provide comprehensive information about the car air-conditioner. The first Japanese edition was published in 1996. The first edition is translated into English and revised by including the most important recent environmental regulations, responses by the automobile industry and the latest technical developments. Furthermore the second edition is reviewed and revised to reflect latest technological developments. The first part provides basic knowledge of the refrigeration cycle and air-conditioning. The second part describes details of the air-conditioning system, controls and its components. The last part addresses the latest issues associated with alternative refrigerant development, regulations, and new technology. It is the authors' intention that this book may serve as a basic reference for students, mechanics, new engineers, and anyone who wants to study car air-conditioning.

The authors greatly appreciate the contributions of all who were involved in the preparation of this revision.

目 次

第 1 章 カーエアコン概説

1.1 カーエアコンの歴史 …………… 1
　(1) カーヒータの歴史 …………… 1
　(2) カークーラの歴史 …………… 2
　(3) カーエアコンの歴史 ………… 3
　(4) オートエアコンの歴史 ……… 5
　(5) カーエアコン装着率の推移 ………… 5
1.2 カーエアコンの特徴と構成 ……… 6
　(1) 冷暖房能力 …………………… 6
　(2) グリル吹出口からの風の制御 ……… 6
　(3) カーエアコンの製品構成 ……… 7

第 2 章 冷房の基礎

2.1 冷房の基礎原理 ……………… 10
　(1) 冷凍機の原理 ………………… 10
　(2) 冷媒の種類 …………………… 13
　(3) モリエル線図 ………………… 13
　(4) 冷凍サイクルの基本作動 …… 16
　(5) モリエル線図からの
　　　冷房能力・動力 ……………… 17
2.2 カーエアコンの冷凍サイクル …… 19
　(1) 制御の考え方 ………………… 19
　(2) 制御の原理 …………………… 20
　(3) 冷凍サイクルのバランス …… 23
　(4) 高効率化の方向 ……………… 27
　(5) 冷房能力制御 ………………… 29

第 3 章 空気調和の基礎

3.1 自動車用空気調和の基礎原理 …… 31
3.1.1 車室内の快適性 ……………… 31
　(1) 環境と快適性 ………………… 31
　(2) 皮膚温のバランス …………… 32
　(3) 温熱感指標 …………………… 34
3.1.2 湿り空気 ……………………… 35
　(1) 湿り空気 ……………………… 35
　(2) 湿り空気線図 ………………… 37
　(3) 湿り空気線図の使用方法 …… 41
　(4) 熱負荷と必要性能 …………… 43
3.2 カーエアコン空調システム …… 46
　(1) 温度制御 ……………………… 47
　(2) 内外気切替え ………………… 47
　(3) 湿度制御 ……………………… 48
　(4) 風量制御 ……………………… 50
3.3 空気の清浄化 ………………… 50
　(1) 空気の清浄化の概要 ………… 51
　(2) 除塵技術 ……………………… 51
　(3) 空気の清浄化の動向 ………… 57
3.4 快適性向上技術 ……………… 57
3.4.1 温熱快適性 …………………… 57
　(1) シート空調システム ………… 57
　(2) マトリックスIRセンサシステム … 58
3.4.2 空気質快適性 ………………… 61

(1) 花粉除去システム ………… 61
　(2) 除菌システム ……………… 63
　(3) 酸素富化装置 ………………… 63

第 4 章　エアコンユニット

4.1　エアコンユニットの種類 ………… 65
4.2　ブロワユニット …………………… 67
　(1) 送風機の原理 ………………… 67
　(2) ブロワの構造 ………………… 69
4.3　クーラユニット …………………… 71
4.4　ヒータユニット …………………… 72

第 5 章　カーエアコンの制御

5.1　カーエアコンの基本制御 ………… 79
　(1) ブロワ制御 …………………… 79
　(2) コンプレッサ制御 …………… 81
5.2　車両連動制御 ……………………… 85
　(1) エアコン側制御 ……………… 86
　(2) エンジン側制御 ……………… 87
5.3　オートエアコンの制御 …………… 88
　(1) オートエアコン制御システム ……… 89
　(2) オートエアコン制御の考え方 ……… 89
　(3) システムのハード構成 ……………… 93
　(4) オートエアコンの動向 ……………… 94

第 6 章　カーエアコン主要構成部品

6.1　コンプレッサ ……………………… 97
　(1) 基礎知識 ……………………… 97
　(2) 種類と特徴 …………………… 99
　(3) 可変容量コンプレッサ …………… 101
　(4) 潤滑 …………………………… 111
　(5) コンプレッサのロック保護機構 …… 113
　(6) 電動コンプレッサ …………… 114
6.2　動力伝達装置 ……………………… 114
6.2.1　マグネットクラッチ …………… 115
　(1) マグネットクラッチの機能 ……… 115
　(2) マグネットクラッチの作動原理 … 115
　(3) マグネットクラッチの構造 ……… 116
　(4) 伝達トルク …………………… 117
　(5) マグネットクラッチの技術動向 … 117
6.2.2　クラッチレスプーリ …………… 118
　(1) クラッチレスプーリの機能 ……… 119
　(2) クラッチレスプーリの構造 ……… 119
　(3) クラッチレスプーリの
　　　トルクリミッタの作動原理 ……… 119
6.3　熱交換器 …………………………… 122
6.3.1　基礎知識 ………………………… 122
6.3.2　各熱交換器の特徴 ……………… 123
6.3.3　コンデンサ ……………………… 125
　(1) 機能 …………………………… 125
　(2) 種類と構造 …………………… 125
　(3) 取付け ………………………… 126
　(4) 風量制御 ……………………… 127
6.3.4　エバポレータ …………………… 127
　(1) 機能 …………………………… 127
　(2) 種類と構造 …………………… 128
6.3.5　ヒータコア ……………………… 130
　(1) 機能 …………………………… 130

（2）種類と構造 ················ 130
6.4　ウォータバルブ ················ 132
　　（1）機能 ······················ 132
　　（2）種類と構造 ················ 132
6.5　レシーバ ······················ 134
　　（1）機能 ······················ 134
　　（2）外観と構造 ················ 135
6.6　冷媒制御部品 ·················· 136
　　（1）膨張弁 ···················· 136
　　（2）STV
　　　　（サクションスロットル・バルブ）··· 141
　　（3）電磁弁 ···················· 143

6.7　配管 ·························· 145
　　（1）全体 ······················ 145
　　（2）クーラパイプ ·············· 146
　　（3）クーラホース ·············· 146
　　（4）ジョイント ················ 147
　　（5）SCX（Sub-Cool Accelerator）··· 147
6.8　電気制御部品 ·················· 148
　　（1）パネル ···················· 148
　　（2）ECU ······················ 151
　　（3）サーボモータ ·············· 152
　　（4）ブロワモータ ·············· 155
　　（5）センサ ···················· 158

第7章　熱源技術

7.1　補助熱源対応 ·················· 166
7.2　一部内気利用
　　　エアコンユニット ············ 167
　　（1）暖房時の換気損失熱量 ······ 168
　　（2）種類と構造 ················ 168
7.3　燃焼式ヒータ ·················· 169
　　（1）機能 ······················ 170
　　（2）構造と作動 ················ 170
7.4　ビスカスヒータ ················ 171
　　（1）機能 ······················ 171
　　（2）構造と作動 ················ 171

7.5　電気ヒータ ···················· 173
　　（1）機能 ······················ 173
　　（2）構造と特徴 ················ 174
7.6　ヒートポンプ ·················· 176
　　（1）機能と特徴 ················ 176
　　（2）構造と作動 ················ 178
　　（3）ヒートポンプシステムの展望 ··· 178
　　（4）寒冷地における対応 ········ 179
7.7　ホットガスヒータ ·············· 180
　　（1）機能と特徴 ················ 180
　　（2）構造と作動 ················ 181

第8章　カーエアコンの環境対応

8.1　オゾン層保護対応 ·············· 182
　　（1）オゾン層破壊のメカニズム ··· 182
　　（2）フロン規制の経緯 ·········· 182
　　（3）代替フロンへの置換え ······ 184
　　（4）既販車対応 - 冷媒回収機 ···· 185

8.2　地球温暖化対応 ················ 186
　　（1）地球温暖化について ········ 186
　　（2）地球温暖化対応の
　　　　現状と将来動向 ············ 189
　　（3）冷媒規制 ·················· 191
　　（4）エアコン燃費 ·············· 191

第9章 故障診断と対策

9.1 冷凍サイクルの故障診断 ……… 193
　（1）故障診断のための点検方法 …… 193
　（2）冷凍サイクル故障状況 ………… 194
　（3）故障原因 ………………………… 195
　（4）故障要因のまとめ ……………… 200

9.2 その他の故障診断 ……………… 201
9.3 対策・修理 …………………… 203
　（1）部品交換 ………………………… 203
　（2）冷媒充てん ……………………… 205

第10章 カーエアコンの将来

10.1 熱マネジメント技術 ………… 208
　（1）蓄熱技術 ………………………… 208
　（2）廃熱回収技術 …………………… 210
　（3）廃熱回生技術 …………………… 211

10.2 減圧エネルギー回収技術 …… 212
　（1）減圧エネルギーとは ………… 212
　（2）減圧エネルギー回収方法 …… 212
　（3）二相流エジェクタの作動原理 …… 213

第1章 カーエアコン概説

1.1 カーエアコンの歴史

　19世紀末に自動車が発明され，やがてT型フォード（図1.1）に代表されるような雨を防ぐ屋根付きタイプになった。さらに，外界から雨・風・ほこりをしゃ断するために窓付きタイプへと変化したが，車室内空間は完全に閉ざされた空間となった。この変化を契機として車室内の空気調和（以下，空調と表記）の必要が生じたといえる。

図1.1 T型フォード（1908～1927年）

　ここでは，歴史を振り返ることによりカーエアコンの理解の第一歩としたい。

（1）カーヒータの歴史

　自動車の空調は，まず暖房から始まった。エンジンは燃料を燃焼させ仕事をしているが，その効率は悪く70～90％が排熱として外に逃げている。その廃熱を利用するのみで，十分暖房が可能であった。初期の暖房装置すなわちカーヒータは，排気管を車室内に配管する原始的なもので非常に危険であった（図1.2）。

　一方，エンジン過熱を防ぐための冷却方法として初期の空冷から水冷へと発展するなかで，エンジン冷却水を利用する温水ヒータが考案された。ヨーロッパで1948年に開発された，温水パイプをフロアに配置した床暖房（図1.3）

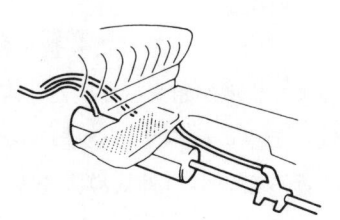

図1.2 排気管式ヒータ（1925年）

がそれであり，当時のコマーシャルのキャッチフレーズ「健康的で快適な気分が得られます。頭寒足熱でほこりも立ちません。」は，現代にも通じる思想である。

その後，エンジン冷却水を冷却するラジエータを車室内にも置いて送風機で温風暖房するヒータが出現し，これが現在のカーヒータの原型となった。

わが国でも自動車に最初に標準的に装着されたカーヒータは，図1.4のようなはん用タイプが主流であった。その後，車両ごとに専用化され進化していくが，カーエアコンの進化と同期しているのでここでは省略する。

図1.3 床暖房式ヒータ

(2) カークーラの歴史

密閉された車室内を冷房するには，熱力学の第2法則である自然界の熱の流れに逆らうため冷凍機が必要であり，冷凍技術の発展を待つ必要があった。19世紀後半には，それまで唯一の冷凍手段であった天然氷に代わってアンモニアを冷媒とする冷凍機が実用化された。その後，1930年にデュポン社によってフロンという冷媒が発明されたが，このフロンが冷凍機の普及に大きく貢献した。

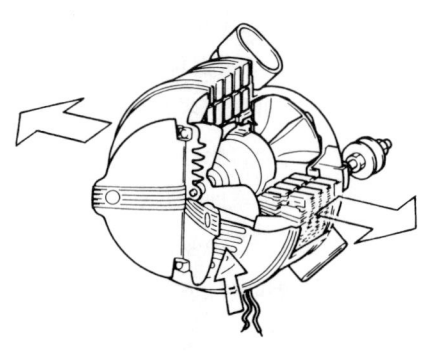

図1.4 ボッシュ形はん用ヒータ

本格的にカークーラが売り出されたのは，アメリカにおいて第2次世界大戦後の1953年からであった。当時年間500万台の車の生産に対して5万台が装着されていた。

わが国では，それより数年遅れて1957年ごろより生産が始まっていた。車室内の空気（内気）を単に冷却する機能のみであり，冬に窓が曇らないため外気導入を基本とするカーヒータとは別々に取付けが可能であった。そのため，後からでも取付けが容易なトランクタイプ（図1.5）から始まった。

これは，当時高価なカークーラを取り付け

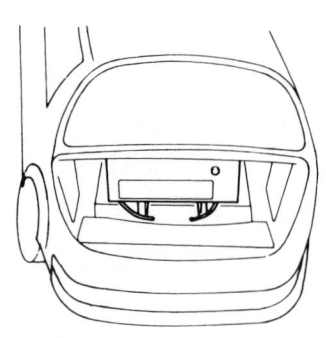

図1.5 トランクタイプ

る車は法人用，ハイヤー用などであり，冷房も後席が主なねらいであったことにも起因している。その後，オーナードライバーの増加にともないドライバー自身を冷房でき，より低価格なインストルメントパネルの助手席側に取り付けるダッシュタイプ（図 1.6）に置き換わり，高温多湿の日本では急速に普及した。

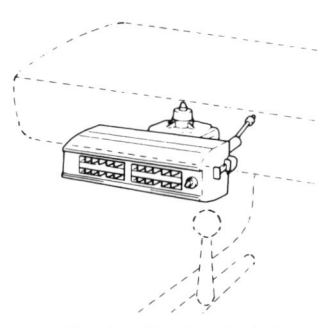

図 1.6　ダッシュタイプ

ミニ知識　冷凍機とは

　自然界では，熱は高い所から低い所へ流れ，温度場が均一になる方向に向かう。低温場から熱を奪うには，より低温場をつくり，その熱をより高温場までもち上げて，外界に放出する必要がある。その役割が冷凍機である（図 1.7）。

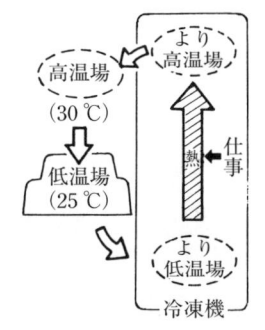

図 1.7　冷凍機の定義

---

(3) カーエアコンの歴史

　カーエアコンという名称は日本独自の造語であるが，カーヒータとカークーラを 1 つのユニットにまとめて送風機および風の通路を共有化したものをカーエアコンと称している。この定義によれば，カーエアコンは 1954 年にアメリカの NASH（図 1.8）より発売されたことになる。

　NASH カーエアコンの最大の特徴は，冷却器の後流側に加熱器（ヒータコア）があるため，冷却して除湿した空気を再

図 1.8　NASH のカーエアコン

び適温に再加熱する除湿空調（図1.9）ができることである。このため，温度を維持して窓の曇りを晴らすことができる。

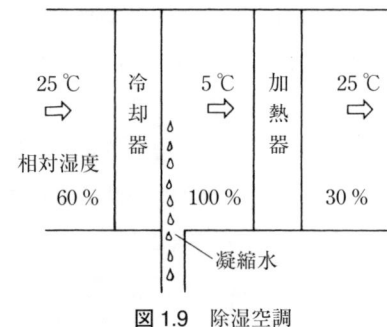

日本では，1965年にカーヒータの専用化にともない内外気切替箱とヒータユニット部とをつなぐダクトを取りはずし，そこに冷却器が入ったクーラユニットを代わりに付けることにより実現している（図1.10）。

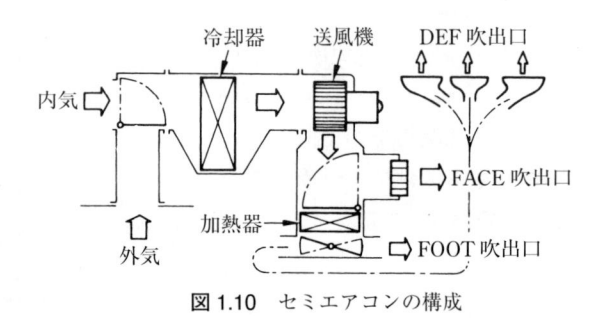

図1.9　除湿空調

図1.10　セミエアコンの構成

当時のヒータは，FACE吹出口は暖房の必要はなく，ヒータコアを通す構造ではなかったため，夏場のFACE吹出しのときには，従来のカークーラと同等の機能しかないため，セミエアコンタイプと称している。このタイプは小型で低コストなため，今でも軽四輪車用に一部残っている。

すべての吹出口から除湿空調された風が出るフルエアコン（図1.11）が日本で

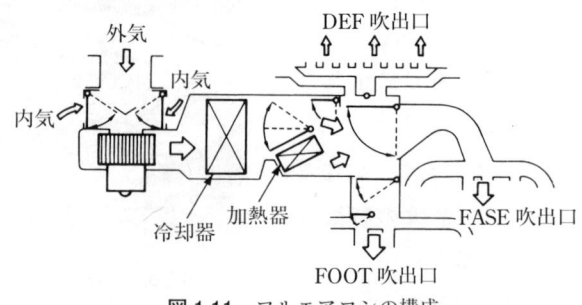

図1.11　フルエアコンの構成

製品化されたのは1967年であり,現在は軽四輪車用などの特殊な車を除き,ほとんどすべての車がこのタイプとなっている。

また,1969年には後席重視の高級車に後席用のリアクーラ(図1.12(a))が付加され,1BOX車などの後席スペースの広い車が主流となっているデュアルエアコン(図1.12(b))にもその技術は引き継がれている。

(a) 乗用車　　　　　　　　　(b) 1BOX車

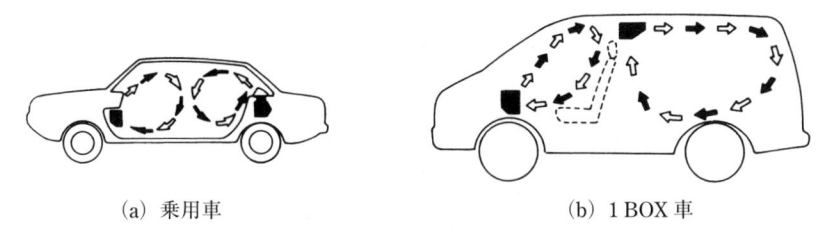

図1.12　デュアルエアコン

(4) オートエアコンの歴史

フルエアコンは湿度・温度・風量を制御してくれるが,当初は人間が手動で操作する必要があった。それをすべて自動で電気制御してくれるのがオートエアコンである(図1.13)。オートでないカーエアコンは,マニュアルエアコンと呼び区別している。

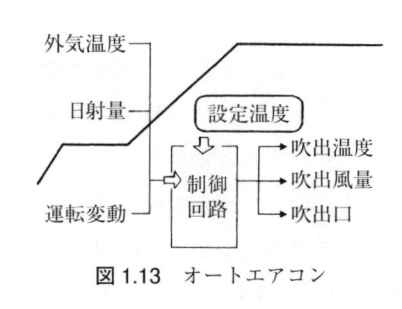

図1.13　オートエアコン

オートエアコンを最初に製品化したのはアメリカ・GM社(1964年)である。日本では1971年から最高級車向けに製品化され,1980年には制御回路がマイコン化され,現在ではほとんどの車種にオートエアコンが設定されている。

(5) カーエアコン装着率の推移

高温多湿の日本では,カーエアコンの快適性と利便性・安全運転への寄与がユーザーに認められ,モータリゼーションの発展とともに急速に装着率が上昇し,近年では軽四輪車に至るまでエアコン装着が一般化してきた。

現在では,乗用車はすべての車種で装着率95%を越えている。また,そのなかでオートエアコンの装着率は1988年ごろから急増し,現在では50%に達成している。

1.2 カーエアコンの特徴と構成

(1) 冷暖房能力

図 1.14 にルームエアコンとの冷暖房能力の比較を示す。居住空間容積は，一般家庭の 1 部屋に比較して約 10 分の 1 にもかかわらず，冷房・暖房の能力はともに約 2 倍必要である。

夏季の炎天下駐車時は，日射のため車室内は温室状態となり，60 ～ 70 ℃まで上昇する。このような高温状態の自動車に乗り込んだときに，一刻も早く車室内の温度を下げるために，大きな冷房能力が必要となる。一般家屋では，屋根や壁および窓の構造により温度上昇を防ぐ設計がなされているので，車ほど冷房能力は必要としない。

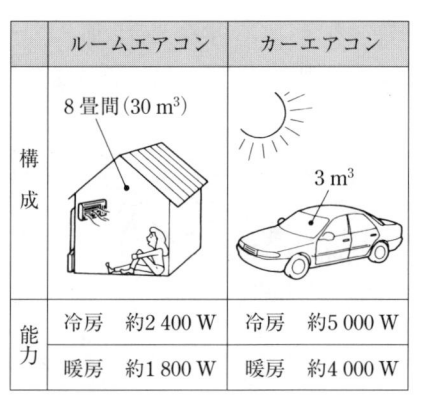

	ルームエアコン	カーエアコン
構成	8畳間 (30 m³)	3 m³
能力	冷房 約 2 400 W	冷房 約 5 000 W
	暖房 約 1 800 W	暖房 約 4 000 W

図 1.14 ルームエアコンとの比較

一方，冬季では車は外気温度まで冷えきってしまい，冬の朝にはフロントガラスに霜が付くことが頻繁に起きる。一刻も早く車室内の温度を上げたり早く霜を溶かすために，大きな暖房能力が必要となる。

(2) グリル吹出口からの風の制御

図 1.15 に示すように，自動車に乗った人は近接した吹出口グリルからの風を直接に体に受けるので，冷暖房能力の大小だけでなく，吹出しの温度・風速が乗員の心地好さを感じる重要な因子となる。この点は，ルームエアコンによる快適環境づくりと大きく異なる点である。

グリルからの風の吹出モードの違いと目的を以下に示す。

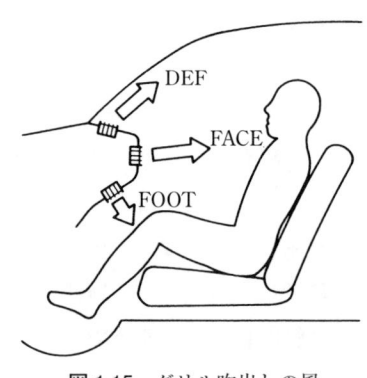

図 1.15 グリル吹出しの風

1) FACE 吹出モード

主に夏場の冷房時に用いる。急速冷房が必要なときに最大風量を直接乗員の上

半身に当て，冷風感を与える．また，日射が当たる部分に冷風を当てることで不快感を低減させることができる．

  2）FOOT吹出モード

冬季の暖房を必要とするとき乗員の足元に温風を出し，顔部には温風を当てず，顔がほてらないようにする．

  3）B/L吹出モード

主に春，秋などの中間期においてFACEおよびFOOTの両方から吹き出し，通常FACE側をより低温として「頭寒足熱」としている．

  4）DEF吹出モード（DEF：Defroster）

冬季スタート前の窓ガラスの霜取りおよび走行中の窓ガラスの曇りを除くために，温風および除湿した風を窓ガラスに直接当てる．

ミニ知識 なぜ車のガラスには霜が付くのか

　晴れた日の早朝には，宇宙への放射冷却により地表は冷え込む．青空駐車している車のフロントガラスは，放射冷却により外気温より最大4℃程度低くなり，空気中の水蒸気が窓ガラスに直接結霜化するためである．車庫や建物の近くに置かれた車には霜が付いていないのは，放射冷却がしゃ断されるため外気温度にちかいためである（図1.16）．

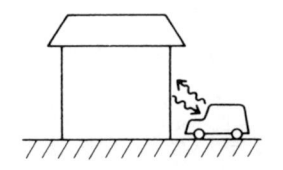

図1.16

---

(3) カーエアコンの製品構成

　カーエアコンがルームエアコンと大きく異なる点は，すべてエンジンよりエネルギーを受けていることである．クーラは，エンジンによりベルト駆動にて冷凍機の圧縮機を回して冷風をつくり出しており，一方ヒータはエンジンの排熱すなわちラジエータの冷却水（85〜90℃）を熱源として活用して，温風として利用している．

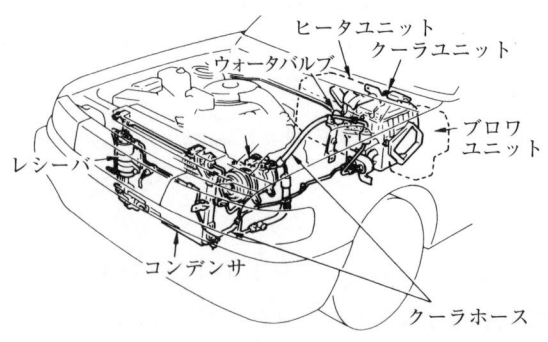

図1.17 エンジンルーム内の部品構成

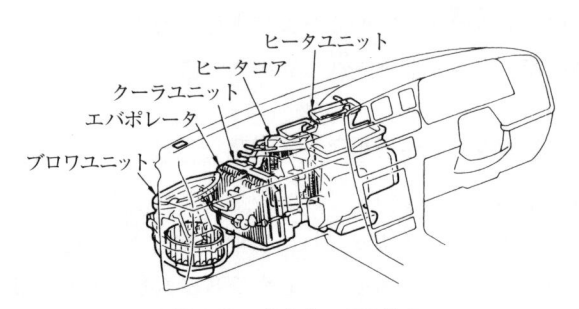

図1.18 車室内の部品構成

　標準的なカーエアコンの構成であるが，エンジンルーム内の部品構成図を図1.17に，車室内の部品構成図を図1.18に示す．

　コンプレッサの回転をエンジン駆動で行うため，コンプレッサに接続する配管は，エンジンの振動を吸収・緩和するために，クーラホースに頼らざるをえない．

　ゴムは高分子材料であり分子間の隙間が大きいため，気体分子を完全にシールはできない．そのため長年使用していると，ゴムを通して水分や空気が侵入してくる．冷媒は逆に外に透過し減少する．そのため，その分を見込んで余分の冷媒を貯えておいたり，さらに侵入した水分を除去したり，空気を分離したりする必要がある．その機能をもっているのがレシーバ（受液器）である．

　ルームエアコンの場合は電気駆動であり，かつ振動が少ないことから金属配管が使えるため，基本的にはレシーバは不要である．

　一方，車室内側にはブロワユニット，クーラユニットおよびヒータユニットを組み合わせたエアコンユニットが，エンジンルームと車室を仕切る壁（通称ファ

イヤーウォールまたはダッシュボード）と，インストルメンタルパネル間の細長い空間に組み込まれている。

操作系部品は，図 1.19 に示す空調パネルと乗員が操作できるセンタサイドの吹出口からなる。空調パネルは，インストルメンタルパネルの中央に配置されて，運転席・助手席から操作が可能である。

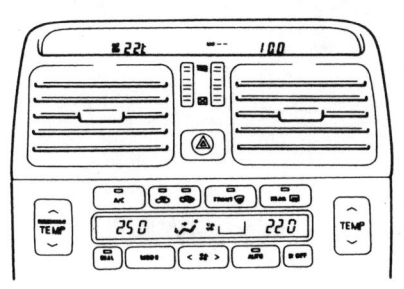

図 1.19　操作系部品

第2章 冷房の基礎

2.1 冷房の基礎原理

アルコールを皮膚に塗布すると冷たく感じ，夏に庭に打ち水をすると涼しく感じる。これはアルコールまたは水が蒸発するときに，周囲から熱を奪うからである。つまり，液体が気体に変わるには熱（蒸発潜熱）が必要であり，その熱を奪われた周囲は冷却されることになる。

この自然現象を利用しているのが冷凍機である。

(1) 冷凍機の原理

図2.1に示す装置は，例えばアンモニアのような大気中で常温でも非常に蒸発しやすい液体（冷媒という）を入れたコックの付いた容器である。コックを開くと，容器の中の液体は周囲から熱を奪いガスとなって放出される。このとき，容器の周囲の温度は開く前よりも冷たくなっている。さらに，ポンプによって容器内のガスをより吸い出してやれば容器内の圧力が下がり，蒸発が盛んになり，より周囲を冷たくすることができる。しかし，容器内の冷媒はやがて蒸発してなくなり，連続して冷房や冷凍をすることが困難となる。

そこで考え出されたのが，放出したガス冷媒を液にして再び容器内に戻して利

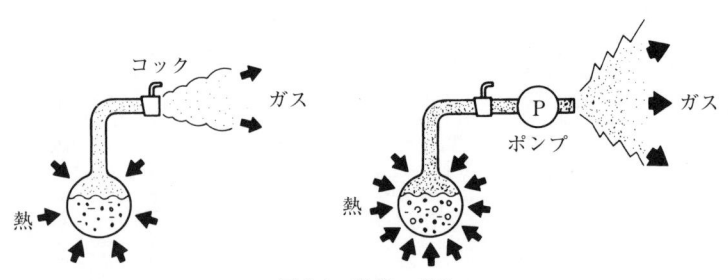

図2.1 冷媒の蒸発

用する方法である。いったん，蒸発したガス冷媒を再び液化（凝縮）させるには，ガス化のときに与えられた蒸発潜熱と同じ量の熱（凝縮潜熱）を奪う必要がある。例えば，冷たい空気などを用いて気体の冷媒を冷却してやれば，凝縮して再び液冷媒にできる。これを容器の中に戻してやれば，連続的な冷房が可能である。しかし，冷却するための冷たい空気があるのなら冷房の必要性はない。冷たくない空気で冷媒を冷却凝縮させ，もとの液冷媒にしないと冷凍機は成立しない。

図 2.2 に示すように，例えばカーエアコン用冷媒である HFC-134a の冷媒を密封した容器を 60 ℃雰囲気温度中に置くと，冷媒の飽和温度特性に従い圧力は 1.7 MPa となる。この容器を 35 ℃の空気で冷却すればガス冷媒が凝縮され，その分圧力が下がり，35 ℃・0.9 MPa になる。圧縮機でガスを圧縮して高温高圧にすれば，このように常温の空気でも十分液化させることができる。この液冷媒を絞り抵抗で減圧すれば，0 ℃・0.3 MPa の液冷媒となり，連続的に液が戻され，冷房が可能となる（図 2.3）。

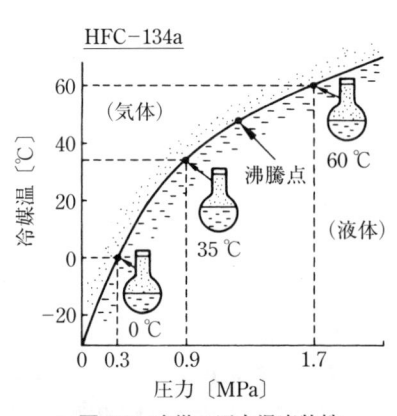

図 2.2 冷媒の圧力温度特性

絞りでの冷媒挙動は高温の液冷媒が，減圧により液の一部が気化し，自分自身を冷却するため，冷たい液として蒸発器に供給される。また，この絞り抵抗を調

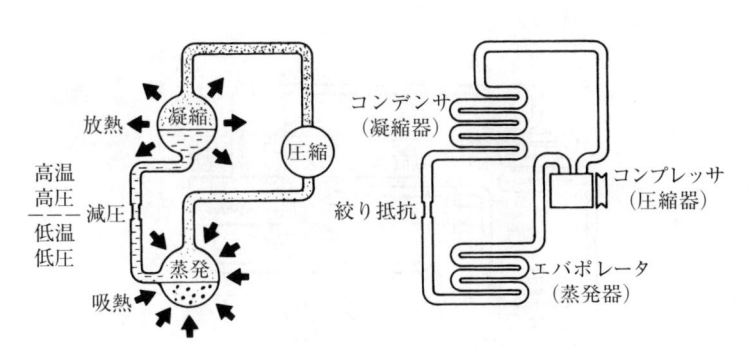

図 2.3 冷房の原理

2.1 冷房の基礎原理　　11

整することで冷房能力に必要な冷媒流量を制御している。以上のような方式を蒸気圧縮式冷凍機と呼び，その構成は，

① ガス冷媒を吸入圧縮するコンプレッサ（圧縮機）
② 高圧のガス冷媒を凝縮させるための周囲空気（または水）で冷却する熱交換器であるコンデンサ（凝縮器）
③ 低温の液冷媒を蒸発させ，被冷却物（空気）を冷却する熱交換器であるエバポレータ（蒸発器）
④ 絞り抵抗については，ルームクーラなどで使用されるキャピラリチューブ（固定抵抗），カーエアコンなどで使用される冷媒流量を制御する膨張弁（エキスパンションバルブ）

からなっている。

> **ミニ知識　加熱しても冷却ができる**
>
> 　機械的に吸入・圧縮する圧縮機の代わりに，冷媒を吸収しやすい性質をもった溶液の溶解特性（低温ほど冷媒をよく溶かす）を利用して，圧縮機の代替をする吸収式冷凍機がある（図2.4）。
>
> ① ガス冷媒の圧縮：加熱により溶液中の冷媒を蒸発させる。
> ② ガス冷媒の吸入：周囲温度で冷却し，溶液中にガス冷媒を溶かし込む。
>
> 　この方式は，効率が悪いが圧縮機がなく，音・振動がないため，一部の大形冷凍機などで使用されている。また，熱による駆動のため排熱を利用することもできる。
>
> **図 2.4　吸収式冷凍機**

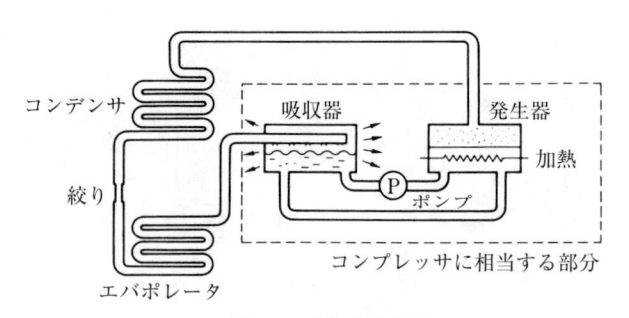

(2) 冷媒の種類

身近な蒸気圧縮式冷凍機に用いられている主な冷媒の特性を表2.1に示す。水と比較してみると、冷媒としての特性がよくわかる。沸点が非常に低温であり、常温では瞬時に沸騰し周囲から熱を奪いやすい物質である。

沸点が低い冷媒を用いるほど圧力は高くなるが、その分小さなコンプレッサですむため、ルームクーラには主にHCFC-22が用いられている。しかし、カーエアコンには、エンジンに装着されたコンプレッサの振動を吸収するためのゴムホースによる冷媒配管が不可欠なので、ゴムを劣化させないCFC-12が用いられてきた。それも最近では、オゾン層破壊の問題より熱的にはほぼ同様な特性をもったHFC-134aに切り替えている（詳細は第8章「冷媒の環境対応」参照）。

家庭用の冷蔵庫も同じHFC-134aを用いているが、その主な理由は冷凍能力があまりに小さいため、ルームクーラと同じHCFC-22を用いるとコンプレッサの容量が小さくなりすぎて成立しにくいためである。

表2.1　主な冷媒の特性

冷媒	化学式	沸点 (1 atm) 〔℃〕	圧力 (0 ℃) 〔MPa〕	蒸発潜熱 (0 ℃) 〔kJ/kg〕	備考
HCFC-22	$CHClF_2$	-40.75	0.50	205.3	ゴムを劣化
CFC-12	CCl_2F_2	-29.65	0.31	151.4	オゾン層を破壊
HFC-134a	CH_2FCF_3	-26.07	0.29	198.7	
〈参考〉水	H_2O	100.0	0.0006	2 502.8	

(3) モリエル線図

冷媒は、冷凍サイクルのなかで単に温度が上がったり下がったりするだけの単純な変化ではなく、液体になったりガスになったり、圧力が変化したりする複雑な熱力学的変化をする。熱力学的変化を一目でわかるようにした線図が、考案した人の名前を取ったモリエル線図である。

モリエル線図の構成を図2.5に示す。縦軸は冷媒の圧力であり、等圧線は平行に引かれている。横軸はエンタルピー i である。エンタルピー i はその物質が保

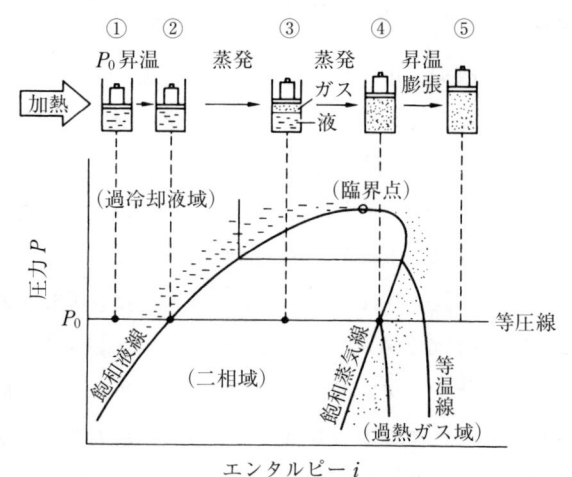

図 2.5 モリエル線図の基礎

有する熱的な総エネルギーであり，冷媒に外から与えられた熱量・仕事量がそのままエンタルピー i 変化量として求まる非常に便利な指標である。例えば，シリンダ内に液を入れ，ある圧力 P_0 一定のまま熱を加えていくと，その液体の温度は上がり，やがて飽和液になる（図 2.5 の②）。さらに，加熱すると液が蒸発しガス化する（同図の③）。液が沸騰を続ける間は温度は一定である。加熱を続けるとやがて液はすべてガスになり，飽和ガスの状態となる（同図の④）。さらに加熱するとそのガスの温度は上がり膨張する。ここで，W kg の冷媒がこのようなエンタルピー変化 Δi したときの熱量 Q は，$Q = \Delta i \cdot W$ で求まる。

また，モリエル線図には加熱したとき，どの領域からガスが発生するかがわかる飽和液線，ガス冷媒を冷却したとき，どの領域から凝縮が始まるかがわかる飽和蒸気線が描かれる。飽和液線の左側は過冷却をもった液域となり，また，飽和蒸気線の右側は過熱度をもったガス域となる。2つの線の間には液とガスが共存する飽和の状態であり，この間は温度と圧力は飽和圧力温度特性（図 2.2）より一義的に決まる。さらに，図 2.6 に示す乾き度 x はガス冷媒の比率を表しており，飽和液は $x = 0$，重量で 20 % ガス化していれば $x = 0.2$ である。

圧縮は，等エントロピー線の説明が必要になる。熱の出入りなく断熱して摩擦を生じさせない理想的な圧縮ができたとすると，エントロピー S 一定の変化（図 2.6 a → b）となる。このとき，ガス冷媒に与えられた単位重量当たりの仕事量

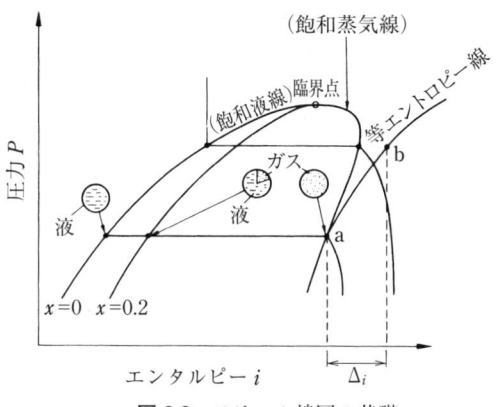

図2.6 モリエル線図の基礎

はモリエル線図のa, bのエンタルピー差Δi〔kJ/kg〕として表される。HFC-134aのモリエル線図を図2.7に示す。

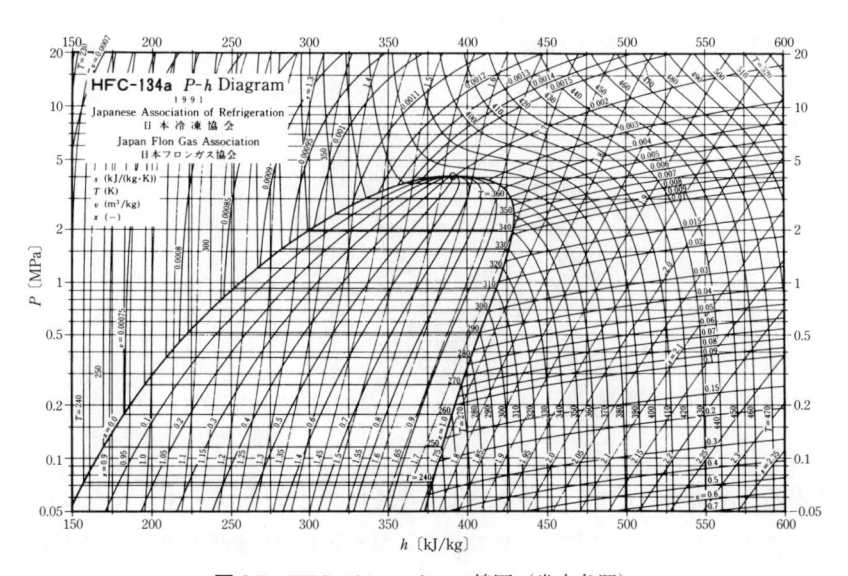

図2.7 HFC-134a モリエル線図（巻末参照）

2.1 冷房の基礎原理

ミニ知識　エントロピー S とは

　系の状態変化の方向性を示す指標であり，無秩序の度合いを表す尺度とも考えられる。すなわち，自然界の現象，例えば水や熱の流れはすべて高きより低きに流れ消散していくのであるが，微視的には状態が秩序を失っていくことであり，エントロピー増大の法則といわれる。最も秩序を失った状態が熱であり，地球上では動いている物体の運動エネルギーも，最後は摩擦熱に変わり止まってしまう。熱エネルギーとは分子のもつ運動エネルギーであり，分子同士がまったくバラバラに動いている状態である。ここで，圧縮については現実にはエントロピー S は増大するが，系の状態変化の際，熱の出入りもなく摩擦もない理想時には，S は変化せず等エントロピー変化となる。断熱変化とも呼ばれ，断熱圧縮された気体は，膨張時に圧縮時に与えられた仕事量と同じ量だけ外界に仕事してまったく同じ状態に戻ることができる。

(4) 冷凍サイクルの基本作動

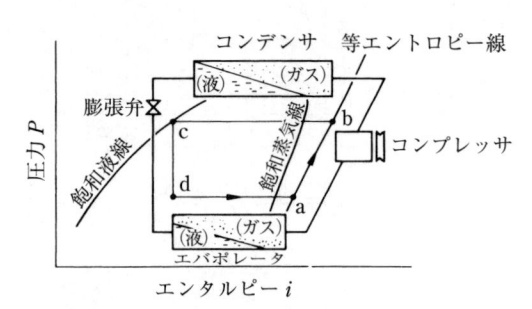

図 2.8　モリエル線図上での冷凍サイクル

　基本的な冷凍サイクルの挙動は，モリエル線図上で図 2.8 のようになる。
　コンプレッサは，エバポレータで蒸発したガスを吸い込み圧縮することになるが，前述のように理想的な断熱圧縮では等エントロピーで圧縮されるため，右上がりで変化（図 2.8 の a 点→b 点）する。ガス冷媒は仕事をされた分圧力もエンタルピーも増加することになる。
　コンデンサでは，一定圧力でガス冷媒が冷却される。まず，過熱ガスが冷やさ

れ飽和ガスに，それから凝縮が始まり出口では完全に液化（図中のb点→c点）する。

膨張弁の絞りでは熱の出入りがないのでエンタルピー一定である。図中のc点→d点に変化する。この熱い液冷媒が急激に減圧されるが，減圧後の低圧側では低い飽和温度であるため冷媒自身が蒸発し，液温を下げる必要が生じる。よって，エバポレータ入口の図中のd点では，乾き度 $x = 0.3 \sim 0.4$（30〜40 %がガス冷媒）気液二相となっている。

エバポレータでは，その残りの6〜7割の低温低圧の液冷媒が一定圧力のもと周囲から吸熱し，蒸発することにより出口ではすべてガスになる（図中のd点→a点）。

(5) モリエル線図からの冷房能力・動力

モリエル線図に引かれたポイントは，冷媒の単位重量当たりの状態であるため冷房能力・動力を求めるには，実際にどれだけの冷媒が循環しているかが必要である。その量を G_r〔kg/h〕にすると，冷房能力 Q_{er} は，エバポレータが外部から熱を奪って冷媒のエンタルピーが変化した分となるから，

$$Q_{er} = (i_a - i_d) G_r \tag{2.1}$$

コンプレッサ動力は，外部から加えた仕事量が冷媒のエンタルピー増加となって表れるから，動力 L は，

$$L = (i_b - i_a) G_r \tag{2.2}$$

コンデンサの放熱量は，エバポレータの逆であり，

$$Q_{cr} = (i_b - i_c) G_r \tag{2.3}$$

となる。

当然，エバポレータで吸熱した分とコンプレッサで加えた仕事量がコンデンサで放熱されることになるから，

$$Q_{cr} = Q_{er} + L \tag{2.4}$$

が成立する。

ここで，エバポレータで吸熱するためにどれだけの仕事が必要かを示す効率を一般的に成績係数 COP（Coefficient of Performance）で表示しており，どれだけの仕事で冷房能力 Q_{er} が得られるかの比率を示している。

$$\text{COP} = \frac{Q_{er}}{L} \tag{2.5}$$

> **ミニ知識　冷媒循環量 G_r の算出**
>
> 冷媒循環量 G_r は，コンプレッサ吸込容積 V_c〔m³/h〕と吸入ガスの比容積 v_s〔m³/kg〕より，冷媒流量 G_r は，
>
> $$G_r = \frac{V_c}{v_s} \text{〔kg/h〕} \tag{2.6}$$
>
> となる。
>
> ここで，コンプレッサ吸込容積 V_c は，
>
> $$V_c = \frac{V_1 \times N \times 60}{10^6} \times \eta_v \tag{2.7}$$
>
> V_1：コンプレッサシリンダ体積〔cc〕, N：コンプレッサ回転数〔rpm〕，η_v：体積効率で求められる。
>
> **図 2.9**　モリエル線図からの冷凍能力，動力算出

> **ミニ知識　実際の冷凍サイクルのモリエル線図上の挙動**
>
> 実際の冷凍サイクルは，エバポレータやコンデンサの圧力が一定でなく冷媒流れがあるため圧力降下が存在する。配管部についても同じである。また，コンプレッサについても吸入・吐出で圧力損失があるほか，機械的摩擦により冷媒に熱が加えられたり，内部洩れが存在したり非常に複雑である。この挙動をモリエル線図に示すと図 2.10 となる。

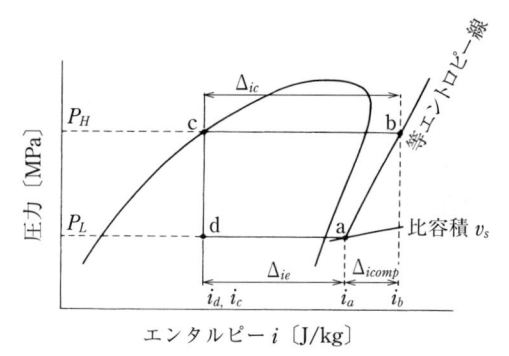

① ,② エバポレータ・コンデンサは冷媒流れにより，圧力降下をともないながらエンタルピーが増減する。

③ ,④ 配管による圧力降下は熱の授受がないため，エンタルピー一定である。

⑤ コンプレッサの圧縮はエントロピー一定でなく，損失で発生する熱の分だけエントロピーは増大し，等エントロピー線より右に傾く。

上記①～⑤の損失により，実際の成績係数COPは理想時の0.5～0.7まで低下する。損失の多くは⑤のコンプレッサである。

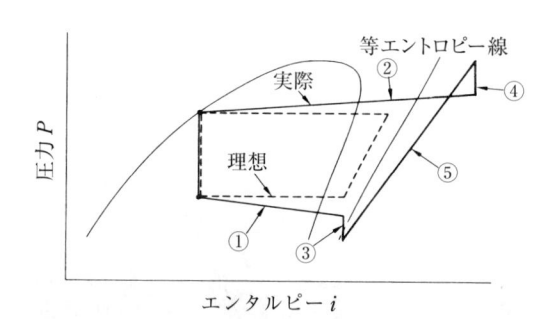

図 2.10 実際の冷凍サイクルのモリエル線図

2.2 カーエアコンの冷凍サイクル

カーエアコンの冷凍サイクルは，回転変動の激しいエンジンでコンプレッサを回していることやオールシーズン使われることから，使用環境条件の大きな変化にも対応できる構成がなされている。そのなかで，レシーバと温度式膨張弁を使用したサイクルについて，その作動原理について述べる。

（1）制御の考え方

冷凍サイクルを効率よく作動させるためには，熱交換器出口を最適な状態に制御する必要がある。すなわち，

① エバポレータ出口は，冷媒の蒸発がちょうど完了

② コンデンサ出口は，冷媒の凝縮がちょうど完了

する制御が望ましい。

1) エバポレータ出口制御＝温度式膨張弁

図2.11に示すように，エバポレータ出口で蒸発が完了し，多少過熱ガスになるよう出口温度（a′点）をフィードバックし，冷媒流量を制御している。

ここで，ガス冷媒に過熱度をもたせるとエバポレータ出口では冷媒温度が上昇してしまうため得策とはいえないが，フィードバックするためには過熱度が必要である。温度式膨張弁の特性上，通常5～10℃で制御している。

2) コンデンサ出口制御＝レシーバ

図2.11に示すように，コンデンサ出口で凝縮がちょうど完了するように出口にレシーバを設けて制御している。

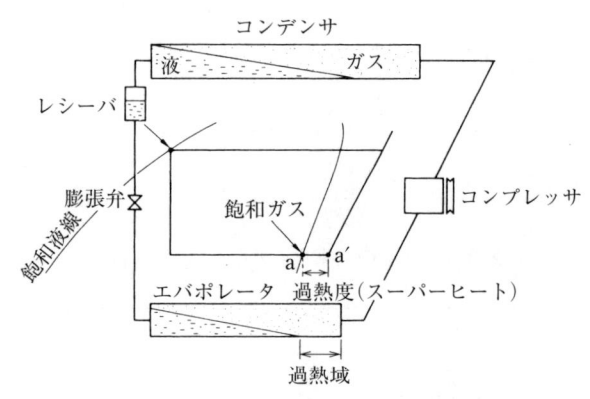

図2.11　レシーバと温度式膨張弁の制御点

(2) 制御の原理

1) 温度式膨張弁によるエバポレータ出口過熱度の制御

温度式膨張弁の構造を図2.12に示す。ダイヤフラム上部は，密閉された空間で作動ガスが封入されている。冷凍サイクルの冷媒と同じガスが一般的で，カーエアコンの場合はHFC-134aが封入されている。この空間はキャピラリチューブを介し，エバポレータ出口に取り付けられた感温筒部とつながっており，感温筒内には液を存在させて，気液共存の飽和状態としている。

したがって，感温筒内すなわちダイヤフラム上部の圧力は温度T_bの飽和圧力であり，エバポレータの圧力（温度T_aの飽和圧力）が直接導かれている下部と，加熱度（$T_b - T_a$）に相当する圧力差ΔPが生じる。この圧力差ΔPとスプリン

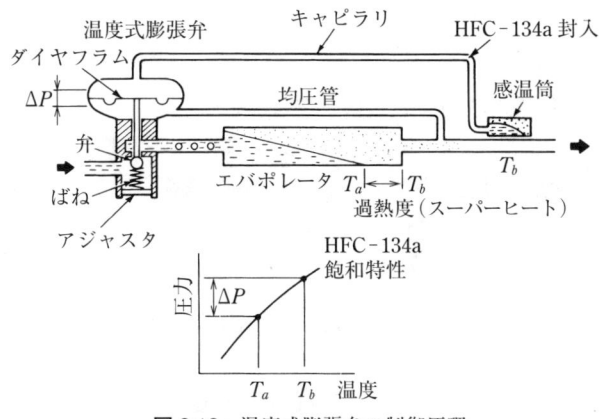

図 2.12 温度式膨張弁の制御原理

グ力とのつり合いで，弁の開度が決定される。

ここで，その制御の具体例について述べる。

エバポレータの過熱度が上昇（T_b が高くなる）するとダイヤフラム上部の圧力が上昇し，ダイヤフラムが下部へ変位し，弁を開けて冷媒流量を増し，過熱度を小さくする。過熱度が小さくなるとその逆の作動をする。

車が，エンジン回転数によりコンプレッサの回転が上がると吸引力増加により，エバポレータの圧力が下がり，ダイヤフラム下部の圧力が低下するため弁がより開き，コンプレッサの吸引力に見合うだけの冷媒流量の増加を即座に行う。その後，感温筒が適切な過熱度になるように温度をフィードバックし，最適な弁開度で制御する。

2) レシーバによるコンデンサ出口の制御

カーエアコンは，エンジン回転数変動・車両熱負荷変動が激しく，必要な冷媒量が変動するため余分な冷媒を貯めて気液分離し，常に液冷媒のみを送り出しているのがレシーバである。つまり，レシーバ内には正常ならば常に液面があり，飽和液・飽和ガスが共存している。すなわち，レシーバ内の液冷媒は，過冷却度がほぼ 0 ℃ である（図 2.13）。

レシーバの制御は，以下のようにも説明できる。例えば，なにかの変動でコンデンサでガス冷媒が凝縮しきれなかった場合，多くのガス冷媒がレシーバに流入する。ガスが混合した分レシーバに流入する液冷媒の量が減少するため液面が下

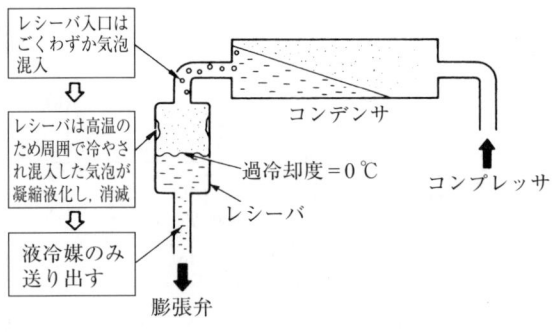

図2.13 レシーバ内の冷媒挙動

がり，その分液冷媒がコンデンサ内に移動する（図2.14（a））。

逆に，コンデンサ出口に液冷媒がたまり，さらに冷却され過冷却度がとれてしまうと図2.13に示したコンデンサ出口の気泡がなくなり，ガスがレシーバに補充されなくなるため，レシーバ内のガスが冷却液化により減少し液面が上昇する（図2.14（b））。そして，コンデンサ内の過剰な液冷媒がレシーバに移る。こうして，ちょうど適切な気液がレシーバに流入するように制御される。

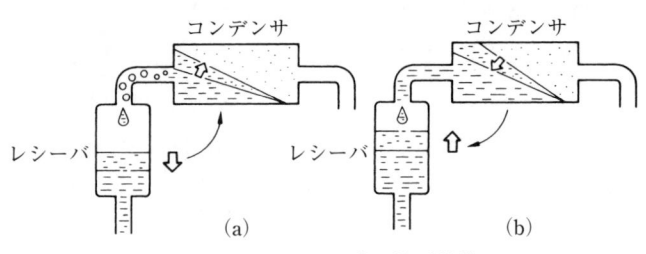

図2.14 レシーバ内の液面挙動

> **ミニ知識　アキュムレータを用いた冷凍サイクル**
>
> 　レシーバの代わりにエバポレータ出口にアキュムレータタンクを，温度式膨張弁の代わりに弁開度の調整機能のない細径チューブからできているオリフィスチューブを用いた冷凍サイクルが，欧米の一部のカーエアコンで用いられている。その構成を図2.15に示す。アキュムレータタンク内は常に液面が形成されているため飽和液と飽和ガスであり，その飽和ガスがコンプレッサに吸入されるため，モリエル線図上でアキュ

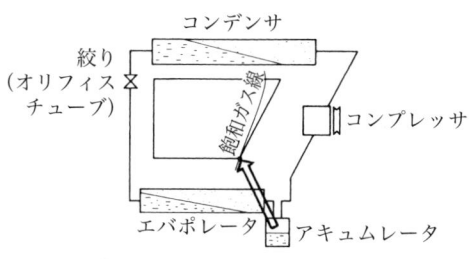

図 2.15 アキュムレータを用いた冷凍サイクル

ムレータタンク出口は図に示すように飽和ガス線上となる。一方、コンデンサ出口はレシーバタンクがないためフリーの状態となり、過冷却をもったり乾き度をもったり変動するが、この変動により絞りの冷媒流量を制御している（図 2.16）。

冷媒流量が大きく必要なときには、サイクルバランス上過冷却度が大きくなることで制御している。

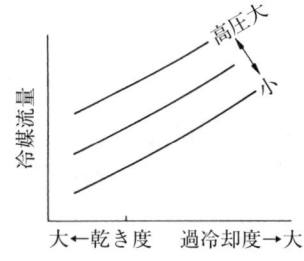

図 2.16 オリフィスチューブの流量特性

(3) 冷凍サイクルのバランス

モリエル線図（図 2.17 参照）上、熱交換器出口の冷媒状態（図中の a, c）を制御していることは先に述べたが、ここでは高圧・低圧・冷房能力のバランスメカニズムより冷凍サイクルの挙動を説明する。

1) エバポレータのバランス

エバポレータの空気側冷房能力 Q_{ea} は、冷媒温度 T_{er} と吸込空気温度 T_{ea} との差に比例し、式 (2.10) で表される。このため、冷媒温度 T_{er} が低いほどすなわち低圧圧力が低いほど（$a \rightarrow a'$）冷房能力は増加する。しかし、冷媒側の能力 Q_{er} は、低圧 P_L が低くなるとコンプレッサの吸入する冷媒の比容積が大きくなる（$v \rightarrow v'$）ため冷媒流量が低下し、冷媒側の能力は減少する。式 (2.11) のように低圧低下に対し、空気側・冷媒側それぞれ相反する傾向をもつ。そこで、バ

ランス点は $Q_{ea}=Q_{er}$ となる低圧として求まる（図2.17）。

空気側冷房能力 Q_{ea}
$$Q_{ea} = \phi_e \cdot C_a \cdot G_{ea}(T_{ea} - T_{er}) \tag{2.10}$$

冷媒側冷房能力 Q_{er}
$$Q_{er} = \frac{V_c}{V_s}(i_a - i_d) \tag{2.11}$$

ϕ_e：エバポレータ温度効率，V_c：コンプレッサ吸入量，C_a：空気比熱，V_s：比容積，G_{ea}：空気重量風量，i_a：エバポレータ出口冷媒エンタルピー，T_{ea}：吸入空気温度，i_d：エバポレータ入口冷媒エンタルピー，T_{er}：エバポレータ冷媒温度

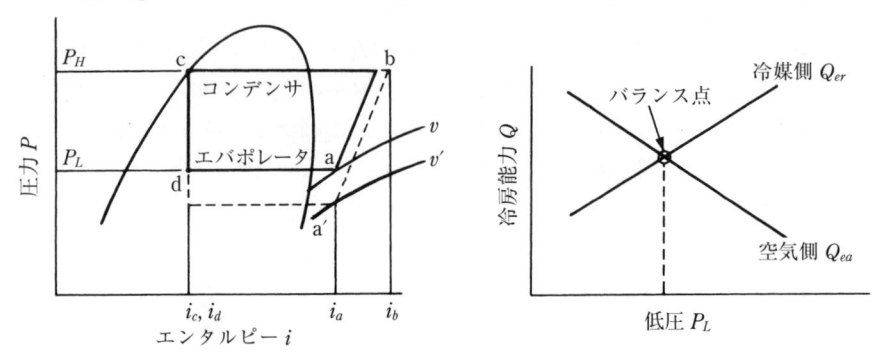

図2.17　エバポレータのバランス

2) コンデンサのバランス

コンデンサは外気温度でガス冷媒を冷却し凝縮させ，液冷媒にするのが役割である。この必要な冷媒凝縮能力 Q_{cr} は，
$$Q_{cr} = \frac{V_c}{V_s}(i_b - i_c) \tag{2.12}$$

である。一方，空気側の放熱能力 Q_{ca} は，エバポレータとまったく同じ考えで，
$$Q_{ca} = \phi_c \cdot C_a \cdot G_{ca}(T_{cr} - T_{ca}) \tag{2.13}$$

で表される。

ここで，エバポレータと違うのは，圧力（高圧 P_H）が変化しても，冷媒流量の変化は少なく，必要な凝縮能力の変化が小さいということである。ここで，バランス点は $Q_{ca}=Q_{cr}$ となる高圧として求まる（図2.18）。

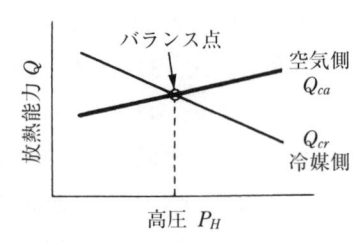

図2.18　コンデンサのバランス

> **ミニ知識　エバポレータの吸熱性能**

エバポレータで空気から熱を奪う，すなわち冷却する場合，温度だけでなく空気中の水分をも凝縮させるため，温度でなく空気エンタルピー（第3章で記述）を基準に考える必要があり，吸熱性能（冷房能力）Q_{ea}は，

$$Q_{ea} = \phi \cdot G_{ea} \cdot (i_a - i_r)$$

で表される。

ϕ：エンタルピ基準温度効率，G_{ea}：エバポレータ空気量〔kg/h〕，i_a：入口空気エンタルピー〔kJ/kg〕，i_r：冷媒温度に相当する飽和空気エンタルピー〔kJ/kg〕

> **ミニ知識　冷凍サイクルのバランス**

エバポレータのバランスは先に述べたように，冷媒側能力 Q_{er} と空気側能力 Q_{ea} が等しくなるような低圧 P_L でバランスするが，ここで冷媒側能力 Q_{er} は，高圧が高ければ高いほど小さくなる傾向を示す。そのため，高圧によってバランスする低圧 P_L は異なる（図2.19のa, b, c）。

この同図のa, b, cに対して，コンデンサ側の能力で，冷媒側 Q_{cr} と空気側 Q_{ca} が等しくなる圧力を求め，そのときの高圧 P_H，低圧 P_L，冷房能力 Q_{ea} がバランスしたときの圧力，能力となる。

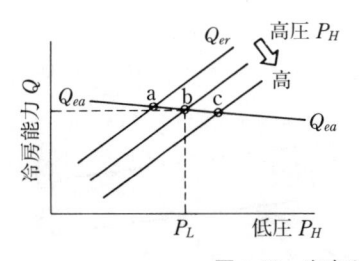

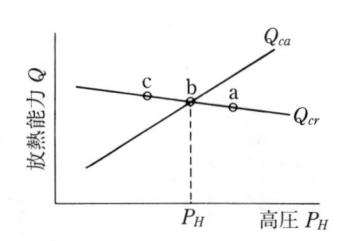

図2.19　冷凍サイクルのバランス

3) 外乱に対する変化

(1) エバポレータの風量変化（図2.20）

エバポレータの風量を増加させると式 (2.10) からもわかるように，空気側の冷房能力は増加する（$Q_{ea} \to Q'_{ea}$）。それに見合うように冷媒側も低圧上昇（$P_L \to P'_L$）し，冷媒流量が増加するようバランス点が変化する。また，冷媒流量の増加は，コンデンサでその分多くの放熱が必要となり，冷媒温度に対応する高圧が上昇してバランスする。

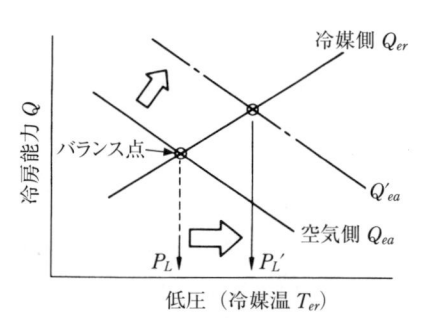

図2.20 エバポレータ風量変化のバランス変化

(2) コンデンサの風量変化（図2.21）

コンデンサに送る空気量が何かの原因で低下したときは，空気側の放熱能力が低下（$Q_{ca} \to Q'_{ca}$）するため，それを補うべく冷媒側の能力 Q_{cr} とバランスするまで高圧が上昇（$P_H \to P'_H$）する。

(3) コンプレッサ回転数の変化（図2.22）

コンプレッサの回転数が増加すると

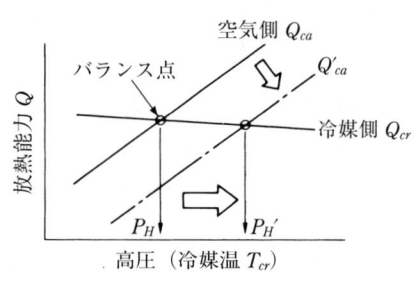

図2.21 コンデンサ側のバランス

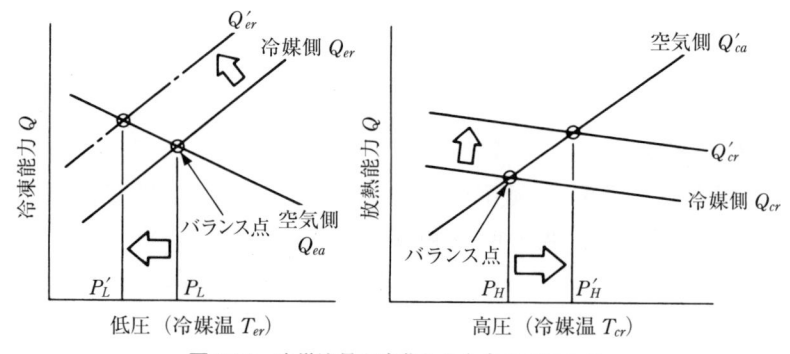

図2.22 冷媒流量が変化したときのバランス

冷媒流量が増加する。冷媒側の能力が増加する（$Q_{er} \to Q'_{er}／Q_{cr} \to Q'_{cr}$）ため，エバポレータの吸熱能力を確保しようと低圧は下がり，コンデンサの放熱能力を確保しようと高圧は上がる方向でバランスする。

(4) 高効率化の方向

冷凍サイクルの効率を表す指標に成績係数 COP があり，式 (2.1)，式 (2.2) より次式で表される。

$$\mathrm{COP} = \frac{Q_{er}}{L} = \frac{(i_a - i_d)}{(i_b - i_a)} \tag{2.14}$$

図 2.23 のモリエル線図からもわかるように，高圧が低いほど低圧が高いほど効率がよくなる。例えば，高圧が低下するとコンプレッサの圧縮比も低下するし，エバポレータのエンタルピー差（$i_a - i_d$）も増加し，二重で COP が向上することになる。そのため，最も簡単な効率向上の手段はコンデンサ性能を向上させることであり，放熱性能を 20 ％向上させると 10 ％程度 COP がよくなる。

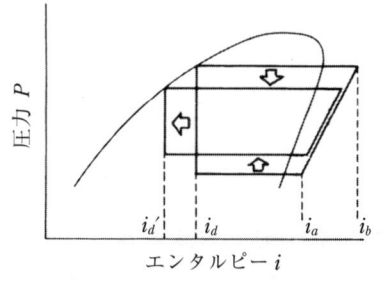

図2.23 冷凍サイクルの高効率化の方向

1) サブクールサイクル

コンデンサ出口で過度な過冷却をもたせることで，エバポレータのエンタルピー差（$i_a - i_d$）を大きくし，冷房能力を大きくする冷凍サイクルをサブクールサイクルと呼ぶ。具体的には，コンデンサの途中にレシーバを設け，レシーバ下流を過冷却用熱交換器とした冷凍サイクルであり，COP10 ％程度の効果がある（図2.24）。搭載性向上を狙い，コンデンサ，レシーバ，過冷却熱交換器を一体に構成する熱交換器としてサブクールコンデンサがある。気液分離部に流入するガス量に応じて液面が上下し，冷媒量を制御している。気液分離後にサブクール部を設けることで，確実に過冷却された液冷媒を供給することができる（図2.25）。

2) 内部熱交換サイクル

コンデンサ出口とエバポレータ出口の冷媒を熱交換させることで，コンデンサ出口の過冷却をもたせ，冷房能力を 5 ～ 10 ％向上させることができる（図2.26）。

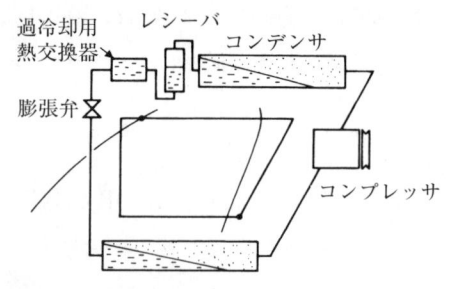

図 2.24 過冷却用熱交換器を用いた冷凍サイクル

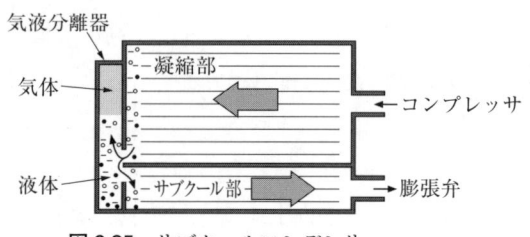

図 2.25 サブクールコンデンサ

使用される内部熱交換器の例として二重管方式がある。エバポレータへ入る液配管とエバポレータから出るガス配管を一体で構成している（図2.27）。カーエアコンの省スペース化に対応して内管の表面に螺旋溝を付加し，熱が伝わる面積を増大させるとともに伝熱性能の向上を図っている。

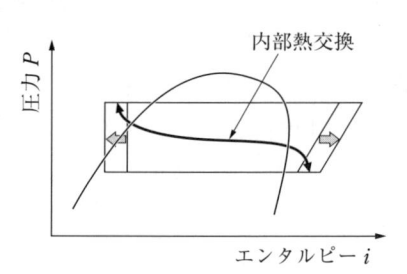

図 2.26 内部熱交換器を用いた冷凍サイクル

3） オイルセパレータ付き冷凍サイクル

カーエアコンの場合，コンプレッサの潤滑のためのオイルは，冷媒とともに冷凍サイクル内を循環させているケースが大半である。冷凍サイクル内を冷媒流量の数％のオイルが循環しているが，これは冷房能力の低下を招き効率を落としている。これは，以下に示す4つの理由による。

① 冷媒と壁面の熱伝達の疎外
② オイルが冷媒に溶け込むことによる冷媒の沸点が上昇
③ オイルを冷媒とともに冷やしたり暖めたりしている

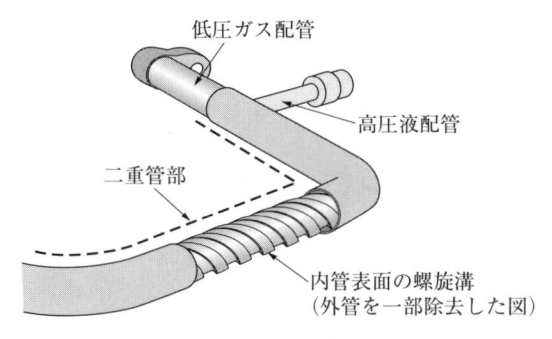

図 2.27　二重管式内部熱交換器

④　冷媒を流れにくくさせ，圧力損失が増大

いかにこのオイルの影響を減らすかが課題であるが，ひとつの方法としてコンプレッサから出たオイルを冷媒と分離し，そのままコンプレッサに戻すオイルセパレータがある（図2.28）。効率向上の目的で，今後は広く用いられてくると思われる。

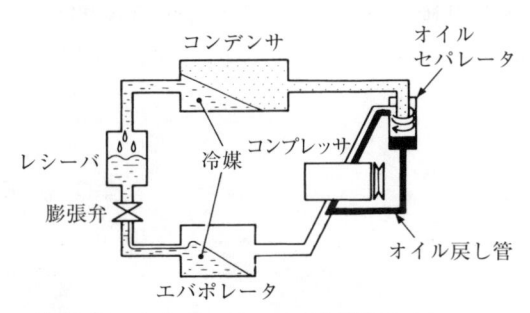

図 2.28　オイルセパレータ付き冷凍サイクル

(5) 冷房能力制御

カーエアコンの場合，使用される環境条件の広いこと，またエンジンの回転で左右されるため必要以上に高回転で運転される条件があることが要求される。これらのことから，冷房能力の制御が不可欠である。ここでは，カーエアコンにおいてどのような方法で制御が行われているか説明する。

一般に冷房能力は式 (2.1)，式 (2.6)，式 (2.7) より次式で示される。

2.2　カーエアコンの冷凍サイクル

$$Q = \phi \frac{V_1 \times N \times 60 \times \eta_v}{10^6 V_s}(i_b - i_a) \tag{2.15}$$

ϕ＝稼働率

(1) ON-OFF 制御

コンプレッサに装着されているクラッチを ON-OFF することにより冷房能力をコントロールする方法で，式 (2.15) における稼働率 ϕ をコントロールしている（第5章1節2項参照）。

(2) 可変容量コンプレッサ制御

コンプレッサ自体の吸入容積 $V_1 \cdot \eta_v$ をコントロールする方法である（第6章1節3項参照）。

(3) STV 制御

エバポレータとコンプレッサの間に STV（Suction Throttling Valve）を装着し，そこを絞ることにより冷媒流量をコントロールする方法で，コンプレッサの吸入圧力が低下し，比容積 V_s が大きくなり，吸入流量が減少する（第6章6節2項参照）。

一般に，ON-OFF 制御が広く使われているが，高級車においては温度変動やショックの少ない可変容量コンプレッサ制御，STV 制御が使われている。

第3章 空気調和の基礎

3.1 自動車用空気調和の基礎原理

　自動車の空気調和（カーエアコン）は，乗員が快適な環境で運転したり乗車したりできる状態をつくり出すことを目的としている。

　ここでは，空気の使用目的に応じて，空気の状態を調節して一定の快適な状態に保つ空気調和の基礎原理について述べる。

3.1.1 車室内の快適性

(1) 環境と快適性

　快適性は，温度，湿度，気流，ふく射が重要で環境の4要素と呼ばれる。温度が高くなれば暑く感じるが，湿度が低くさわやかな風があれば快適と感じるように，この4要素は組み合わさって作用する。また，厚着をしている場合や運動量が多い場合に暑くなるなどの人間要因や性別，年令，季節などの要因も影響を及ぼす。ほかにも車室内に不快な臭いが外部から侵入したり，騒音や視認性の悪さなどの心理的状態にも快適性は左右される（図3.1）。

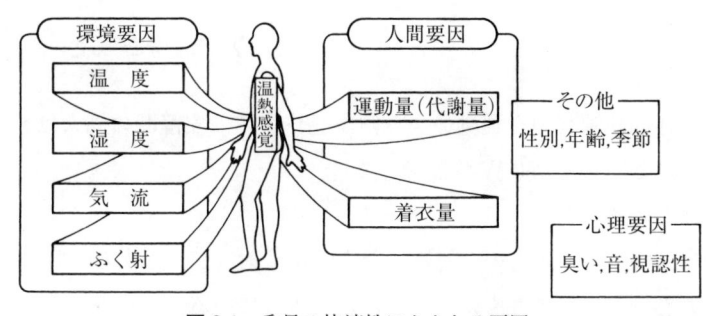

図3.1　乗員の快適性にかかわる要因

この快適性に対し，カーエアコンが狙うところは広く，車室内の状態を人工的に調節するために幾つかの機能が必要となる．

① 温度の調節：空気の冷却・加熱
② 湿度の調節：空気の除湿
③ 気流の調節：風量（風速），風向

また，環境4要素のうちふく射は日射が直接当たって"暑く"感じたり，冬期窓ガラスの近くでは"寒く"感じたりするように空気の状態に関係なく移動する熱をいい，乗員の温熱感に強く影響する．カーエアコンでは直接ふく射を調節するのではなく，温度を下げるなど他の要因で調節するのが一般的である．

また，乗員の安全性の向上や心理的要因による快適性を向上させる手段として，

① 視認性の確保；フロントウィンドウからの霜取り，防曇
② 空気の換気；車室内空気と外部空気との入換え
③ 空気の清浄化；ほこり，煙，細菌，臭いの除去
④ 静しゅく性；機器の低騒音化

の働きを行っている．

(2) 皮膚温のバランス

人間の快適性は，前述したように環境要因，人間要因，その他の要因のほかに心理的要因が影響を及ぼすが，"暑い"，"寒い"といった温熱感覚（温熱感）は人間と周囲との熱移動のバランスによって決定される．図3.2に車室内での乗員の熱バランスを示す．

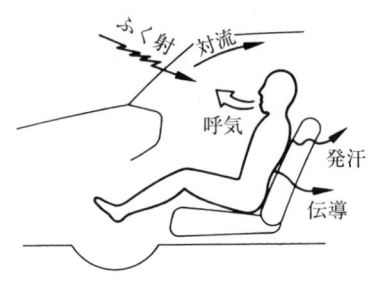

図 3.2　車室内での乗員の熱バランス

1）体内で発生する熱量

人間は，体内新陳代謝や運動により熱を発生する．安静時の成人は 80 W，運転は軽い運動と同じで 150 W 程度である．

2）周囲との熱移動

熱移動は，呼気によるもの，対流，発汗，ふく射，伝導がある．特に，車両ではふく射の影響が夏，冬ともに大きいほか，座っているため背中からの伝導もわずかだが存在する．

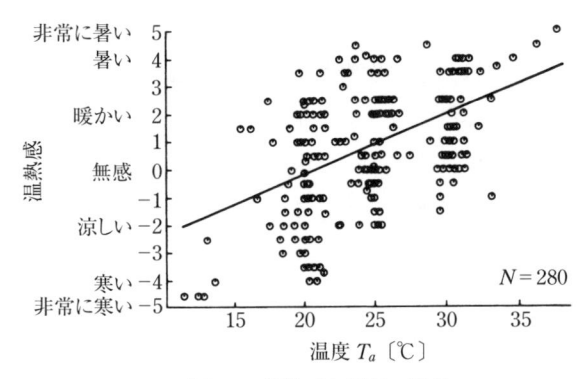

図 3.3 温熱感と温度の関係

　これらの熱の移動のバランスは，人間の皮膚温の差となって現れる．図 3.3 は被験者 280 名による人間の温熱感と温度の関係を示したものである．温度は温熱感の要因であるが，温熱感はこの 1 つの要因だけでは表しきれないことがわかる．

　これに対し，図 3.4 に図 3.3 と同じデータを人間の頭部皮膚温で整理した結果を示す．皮膚温は温熱感に影響を及ぼす全要因の影響の結果として高くなったり低くなったりするため，非常によく温熱感を表すことができる．最近では，この皮膚温を用いて空調状態を評価する研究開発も進められており，サーマルマネキンを用いてその表面温度を皮膚温として検出し，これで乗員の温熱感を推定し，空調状態を評価することも始められている．

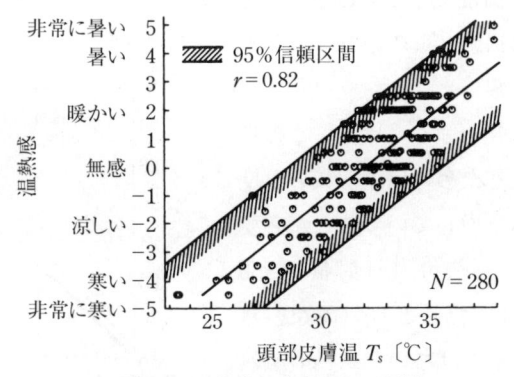

図 3.4 温熱感と皮膚温との関係

3.1 自動車用空気調和の基礎原理

(3) 温熱感指標

人間の温熱感を知るには，直接皮膚温を検出することが最も精度の高い方法であるが，現段階では検出器の完成までに至っていない。これに対し，従来人間をモデル化し，温熱感に関するすべての要因の影響をシミュレーションにより解いて求める指標が幾つか提案されている。このなかで最も一般的な新標準有効温度（SET*：Standard new Effective Temperature）を用いて，環境要因が及ぼす影響を以下に説明する。

ここで，新標準有効温度とは，1971年Gaggeらにより環境要因および人間要因を考慮して快適状態を人間が通常接している湿度50 %，無風時の温度に置き換えて表したものである。同じSET*値では，人間はほぼ同じ温熱感覚で（暑い・寒い）を有する。

1) 風速と湿度の影響

図3.5，図3.6にSET*を用いて，空調における風速と湿度の影響度合いを計算した結果を示す。それぞれの影響度を一般に快適温度といわれるSET* 24 ℃で見ると，風速が0.2→1.0 m/sの状態に変化することで，2.5 ℃室温が上昇した空調と等価である。また，湿度は80→20 %RHに湿度レベルが下がると温度では1.5 ℃上昇したものと等価な空調状態となる。

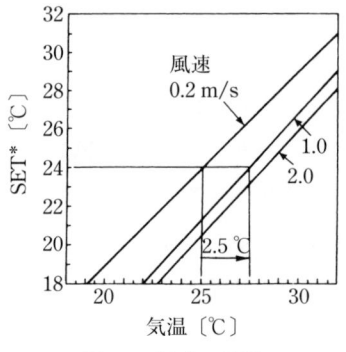

図3.5 風速の影響

2) ふく射の影響

乗員は日射の影響を強く受ける。この日射による暑さを防ぐためには，空気の温度を下げるか，風速を増していくことが必要となる。一般に，薄曇り（日射量約250 W/m²）ではSET*で見ると日射のない状態より1.5 ℃温度を下げないと乗員の温熱感状態を維持することができない。晴れた日（日射量：約700 W/m²）では，日射の

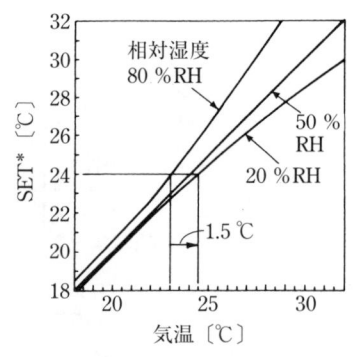

図3.6 湿度の影響

ないときより約 5 ℃下げないと同じ温熱感状態を維持できないほどその影響は大きい。

3) 乗員の快適温度分布

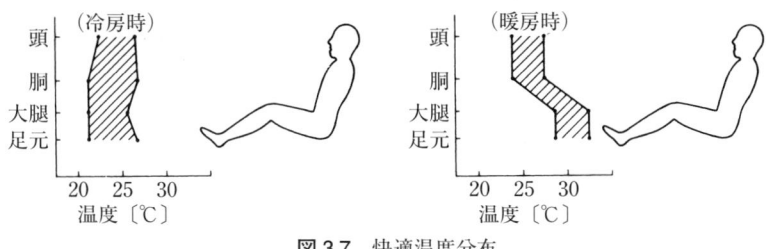

図 3.7 快適温度分布

図 3.7 は，夏季，冬季における乗員の快適温度分布を示したものである。夏場では 23 〜 26 ℃と全身ほぼ一様の温度分布が快適であるが，冬季は頭寒足熱といわれるように，下半身と上半身で約 5 ℃の差があるのが快適といわれている。

> **ミニ知識** 不快指数（DI：Discomfort Index）
>
> 車室内の快適性を表す場合にはあまり用いないが，一般には気候に用いられる指数として不快指数という言葉を聞くことが多いと思う。これは 1959 年アメリカ気象局の Bosen J.F が温度・湿度に注目し，人間の快・不快を表す一方法として提案しもので，体温（36.5 ℃）と同じ気温で湿度 100 %RH 時を不快指数 100 として表している（図 3.8）。
>
> 図 3.8 温・湿度と不快指数

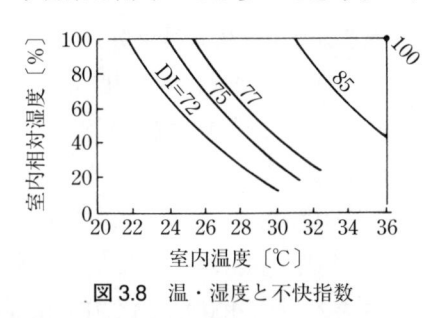

3.1.2 湿り空気

（1）湿り空気

水蒸気をまったく含まない空気を「乾き空気」と呼び，少しでも水蒸気を含んだ空気を「湿り空気」という。乾き空気 1 kg' 中に含まれる水蒸気は常温ではごくわずかであり，例えば 25 ℃では水蒸気は最大でも 20 g である。しかし，水蒸

乾き空気 1 kg　空気分子　　　　　湿り空気　　水蒸気分子
（大気圧）　　（air）　　　　　（大気圧）　　（H₂O）

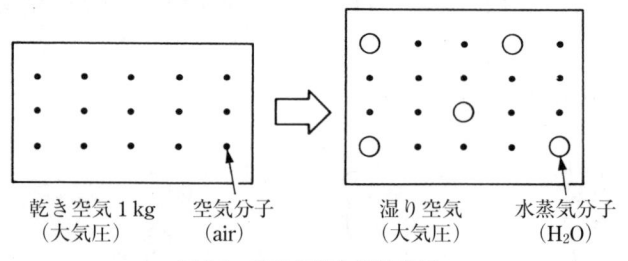

図 3.9　乾き空気と湿り空気

気の蒸発，凝縮の潜熱が非常に大きいことから，空気調和を考えるときには重要となってくる（図 3.9）。

空気は理想気体として扱えるため，空気中に存在する分子の数 N で圧力が決定される。大気中では水蒸気分子（H_2O）が混入してくると，そのままの容積では圧力が上昇してしまうため，容積が増して大気圧の状態を維持することになる。このとき，以下の関係がある。

$$P_{H_2O} + P_{air} = 大気圧 \tag{3.1}$$

$$\frac{P_{H_2O}}{P_{air}} = \frac{N_{H_2O}}{N_{air}} = \frac{質量_{H_2O}}{質量_{air}} \tag{3.2}$$

P_{H_2O}：水蒸気分圧，P_{air}：空気分圧

ここで，分子量は空気の 29 に比べ水蒸気は 18 と小さいため，水蒸気が混じった湿り空気のほうが乾き空気に比べ軽くなる。図 3.10 に湿り空気内の水蒸気の飽和圧力と温度特性を示す。これは大気中の水蒸気の分圧であり，真空容器内に水を入れ，水の温度に対して発生する圧力特性と同じ値をとる。水は 100 ℃で 1 気圧（101.3 kPa）であり，大気中では 100 ℃で沸騰することはよく知られている。

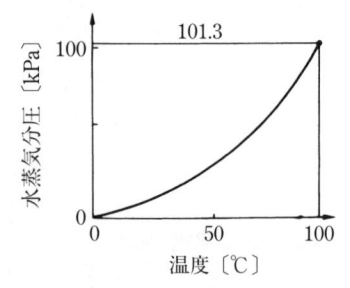

図 3.10　水蒸気飽和曲線

ミニ知識　理想気体の性質

　理想気体とは，大気中のように希薄で分子同士が十分離れており，分子間引力の影響を無視できる気体を理想気体と呼び，理想気体として扱えればどんな気体でも圧力 P，体積 V，絶対温度 T の関係は同一となる。

　圧力 P とは，気体が壁を押す力であり，物質 m，平均速度 v の分子のもつ運動量 mv が壁と衝突したときに，与える力の総和として求まる。

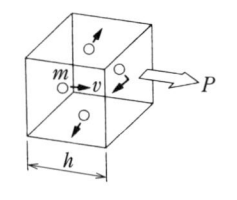

図 3.11

$$P = \frac{\underset{\text{運動量変化}}{2mv} \times \underset{\text{衝突回数}}{\dfrac{v}{2h}} \times \underset{\text{壁に当たる分子数}}{\dfrac{N}{3}}}{h^2} = \frac{\frac{1}{3}Nmv^2}{h^3} \quad (3.3)$$

　絶対温度 T とは，分子のもつ運動エネルギーであり，すべての理想気体は絶対温度 T に比例する。

$$\frac{1}{2}mv^2 = \frac{1}{2}m'v'^2 = kT \quad (3.4)$$

k：ボルツマン定数 1.381×10^{-23} 〔J/K〕

　理想の気体の式とは，式 (3.4)，式 (3.5) より，

$$PV = \frac{2}{3}NkT \quad (3.5)$$

　ここで分子の数 N は気体によらず一定で，

$$N = 2.69 \times 10^{25} \text{〔個/m}^3\text{〕} (0℃, 1気圧)$$

　一般には，1モル当たりの分子の数であるアボガドロ数 N_A で表されている。

$$N_A = 6.022 \times 10^{23} \text{〔個/mol〕}$$

（1モルとは，0℃，1気圧で 22.414 ℓ の気体の量をいう）

(2) 湿り空気線図

　湿り空気の状態を1つの線図上に表したものを湿り空気線図という。図 3.12 に一般に用いられているものを示す。湿り空気線図は，図 3.10 の水蒸気飽和曲線に空気の物理的状態を示すさまざまの数値を載せたものである。

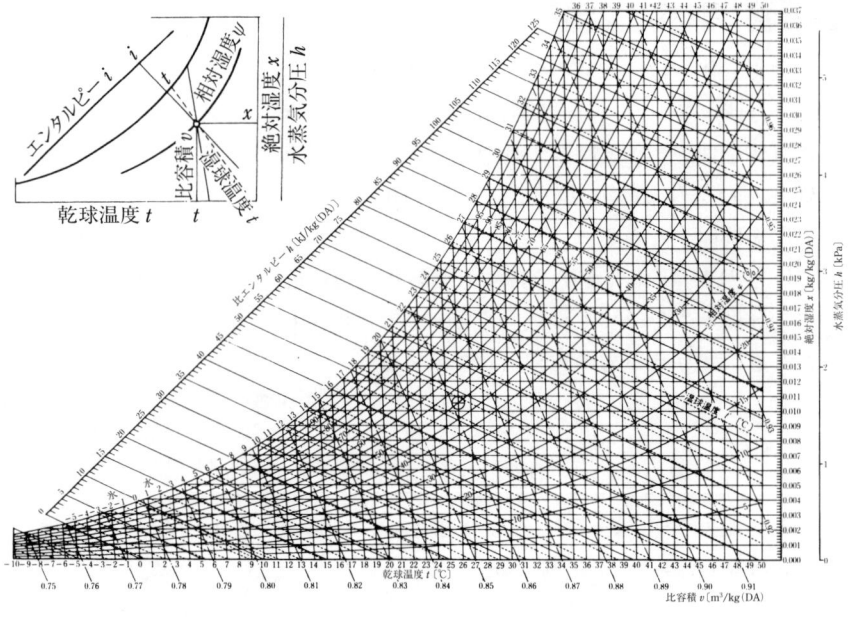

図3.12　湿り空気線図（巻末参照）

1) 相対湿度（ψ [% RH]）

通常用いる湿度は相対湿度のことをいい，100 % RH とは水蒸気分圧が飽和圧力で，それ以上水蒸気が含まない状態を意味する。また，50 % RH とは水蒸気分子が飽和時の半分しか存在していない状態をいい，水蒸気分圧も飽和圧力の1/2となる。空気線図上では図3.13に示すように飽和水蒸気圧力線に対して単純比例の線となり，次式で表されている。

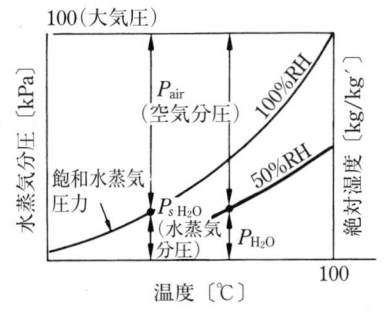

図3.13　湿り空気線図上の相対湿度

$$\psi = \frac{P_{H_2O}}{P_{s\,H_2O}} \times 100 \tag{3.6}$$

2) 絶対湿度（x [kg/kg′]）

湿り空気線図内では，右側の縦軸に示され，$P_{H_2O} \propto 質量_{H_2O}$ であるため，乾き

空気 1 kg' 当たりの H_2O 重量で表される。図 3.12 の絶対湿度 x〔kg/kg'〕DA は Dry Air の略である。

ミニ知識　湿度を測るには

相対湿度 100 % RH に満たない湿り空気は，水に触れればまだ水が空気中に蒸発する余地が残っている。水の蒸発により，温度がより低下することを利用して湿度は求められる。

このとき，図 3.14 に示すように温度が低下するとともに水蒸気分圧が上昇していくが（図中の a→b），飽和圧力まで蒸発しきった時点で安定する。このときの温度 t' を温度 t，湿度 ψ % RH 時の湿球温度といい，一般に用いられる温度（乾球温度）とは層別している。湿度は，この乾球温度 t と湿球温度 t' の交点として求められる。一般に湿球温度は，湿球温度計により測定される（図 3.15）。湿球温度計では水を確実に蒸発させるため，5 m/s 以上の風速を与える必要がある。

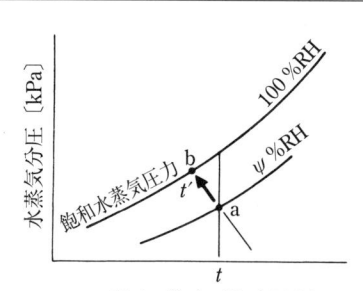

図 3.14　湿度の求め方

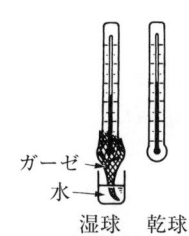

図 3.15　乾湿温度計

---

3) エンタルピー（i〔kJ/kg'〕）

空気のもつ全熱量をエンタルピーといい，単位は乾き空気 1 kg' の熱量とそれを混合している水蒸気の熱量との合計を kJ で表す。0 ℃ の乾き空気のエンタルピーを "0" として，これとの差でエネルギー量を表す。湿り空気線図上では図 3.16 に示すように左上方斜めの直線を軸として，これに等間隔線が目盛ってあり，湿球温度線に

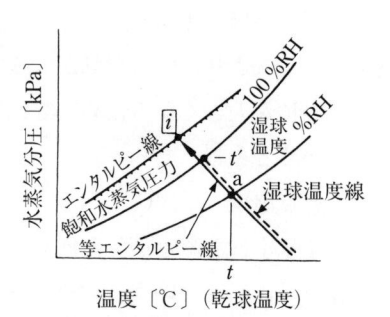

図 3.16　エンタルピーの求め方

3.1　自動車用空気調和の基礎原理

はほぼ平行な線をとる。これは，前に述べたように水の蒸発による蒸発熱が，その湿り空気全体の系の温度を下げているからである。すなわち，潜熱が顕熱に変化したのみであるため，エンタルピーは湿球温度線とほぼ平行となる。

ミニ知識　加湿冷却とは

素焼のつぼに水を入れれば水温が下がったり，水辺では水面からくる風は涼しいことが知られている。相対湿度が低いと水に触れて，理想的には湿球温度まで温度は低下する。例えば，30 ℃-50 % RH の雰囲気中に超音波加湿機で水を霧化（水の微粒化）し，空気とともに吹き出すと 21 ℃まで冷やすことができる。この方式では，密閉された部屋ではすぐに湿度 100 % RH になり冷却できなくなるため，開放空間のスポット冷却として図 3.17 に示すようにフォークリフト用簡易クーラとして実用化されている。

図 3.17

4) 比容積 (v [m^3/kg′])

一般に，気体の比容積はその気体 1 kg が占める体積で表すが，湿り空気は 2 つの気体の混合であるので，絶対湿度の表し方と同様に"乾き空気 1kg′ 当たり"に乾き空気とそれに混合している水蒸気とが占める体積で表す。湿り空気線図上では，図 3.18 に示すように同一圧力下では気体は温度が高いほど体積が大きくなる。また，空気中に空気より軽い水蒸気が入ってくると，比容積が大きくなるため，等比容積線は右下がりとなる。

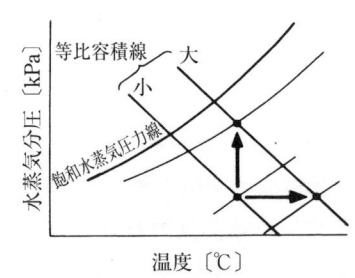

図 3.18 比容積の求め方

5) 露点温度 (t'' [℃])

湿り空気中にある水蒸気と同量の水蒸気をもつ飽和湿り空気(飽和水蒸気圧力)の温度を露点温度という。すなわち，この温度より下がると湿り空気中では水蒸気をそれ以上含むことができず，水滴が発生する。

(3) 湿り空気線図の使用方法

　湿り空気線図上に表してあるすべての物理量は"乾き空気1kg′当たり"に置き換えて示してあり，単位体積当たりの数値ではないので注意を要する．したがって，線図を用いてなにかを求めるときは，必ず最初に乾き空気の重量に直してから利用する．

1）クーラ（冷却，減湿）

　風量 G_a は，一般に体積流量〔m³/h〕で示される．クーラの能力を湿り空気線図を用いて求めるには，まずこの乾き空気の流量（G_a'〔kg′/h〕）に直す．ここで，換算に用いる比容積の値は，どの位置で風量を測定したかによるが，いまクーラの上流で測定したとすると，入口側の比容積 v_1 を用いなければならない．

$$G_a'\,[\mathrm{kg'/h}] = \frac{G_a\,[\mathrm{m^3/h}]}{V_1\,[\mathrm{m^3/kg'}]} \tag{3.7}$$

　次に，図3.19に示すようにクーラ前後のエンタルピー差を求め，能力 Q_E を求める．このとき，空気を冷却することになるが，一般に露点温度以下まで冷却するため減湿を伴う．図3.19の①の空気は，露点温度 t'' 以下まで冷却され，左下がりに変化し同図の②の点となる．

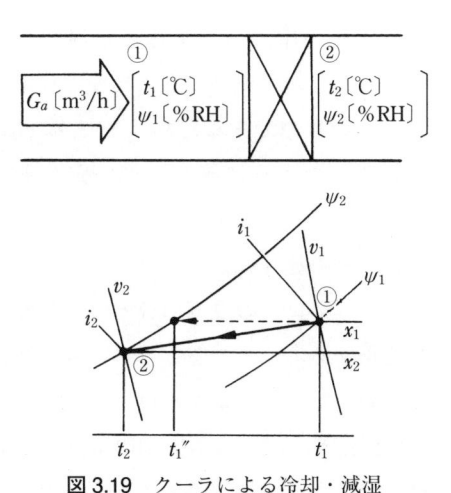

図3.19　クーラによる冷却・減湿

よって能力 Q_E は，

$$Q_E\,[\mathrm{kJ/h}] = G_a'\,[\mathrm{kg'/h}] \times (i_1 - i_2)\,[\mathrm{kJ/kg'}] \tag{3.8}$$

また，このとき発生する除湿量 W_E も，クーラ前後の絶対湿度差から次式により求められる．

$$W_E\,[\mathrm{kg/h}] = G_a'\,[\mathrm{kg'/h}] \times (x_1 - x_2)\,[\mathrm{kg/kg'}] \tag{3.9}$$

2）ヒータ（加熱）

　カーエアコンでは一般に，エンジン冷却水による温水ヒータを用いる．ヒータコアと呼ばれる熱交換器に空気を通し，加熱する．このときの能力は図3.20に

示すように，クーラと同様にヒータ前後のエンタルピー差から求められる．ヒータ入口の空気図 3.20 の①を加熱すると湿度変化をともなわないため，絶対湿度一定で同図の②に変化する．

3) エアミックス（冷風と温風の混合）

カーエアコンでは，クーラでつくった冷風の一部と，その残りの冷風をヒータコアに通してつくった温風とを混合して望みの温度をつくる．

このとき，湿り空気線図上での動きは図 3.21 に示すように，図中の①点の冷風量 K と②点の温風量 $(1-K)$ の割合で混合する場合，①点と②点を結んだ直線上で $(1-K)$ と K の比に分割する点が混合点③となる（②点の温風は①点の冷風を加熱してつくったものであるため，ヒータ（加熱）で説明したように絶対湿度一定線上にある）．

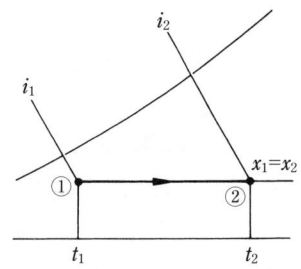

図 3.20 ヒータによる加熱

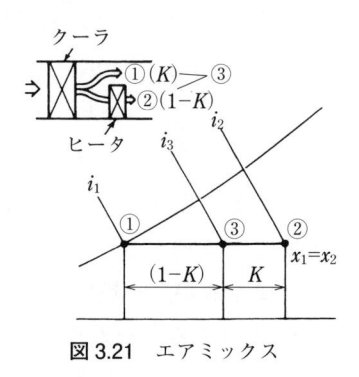

図 3.21 エアミックス

4) 窓の曇り

カーエアコンの役割のひとつとして，運転時の安全確保のための窓ガラスの曇り防止がある．この窓ガラスの曇りという現象は次のように説明できる．図 3.22 で車室内温度 t_1，絶対湿度 x_1 とし，このときの露点温度を t_1''，また窓ガラスの表面温度を t_2 とする．図中の①点の空気が窓ガラスに触れ，$t_2 < t_1''$ の場合，まず露点温度 t_1'' まで冷却されたのち，さらに t_2 まで冷却され，$(x_1 - x_2)$ 分の凝縮水が窓ガラスの表面上に発生し，これが窓ガラスの曇りとなる．

曇りを防止するためには，同図①点の湿度を除湿により下げておくか，または温風を当てたり熱線ヒータにより窓ガラスを加熱して，②点の窓ガラス温度を $t_2 > t_1''$ と

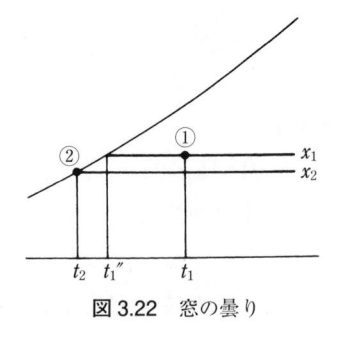

図 3.22 窓の曇り

q_a：日射による侵入熱
q_b：車室内外温度差による侵入熱
q_c：車室内発生熱（乗員，各種機器）
q_d：換気による熱損失

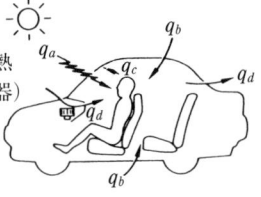

図 3.23　車両の熱負荷

することが必要である。

(4) 熱負荷と必要性能

車両がある環境にさらされていると車室内は外部から熱の出入りを受け，例えば，夏場であると熱が侵入し，逆に冬場では外部に放出される。この外部と車室内とを移動する熱量の和を車両熱負荷という。車両に搭載される空調機は，乗員が快適とする環境をコントロールする役目をもつ。快適な環境条件をつくり出すまでの時間および最終的に安定する車室内温度は，この空調機の能力と環境にさらされている車両熱負荷とのバランスにより決定される。

1) 車両熱負荷

車両の熱負荷は図 3.23 に示すように，大きく次の 4 つに分けて考えることができる。

車両の熱負荷 (Q) は，

$$Q = q_a + q_b + q_c + q_d \tag{3.10}$$

で表される。

冷房時には外部から車室内に熱が侵入し，式 (3.10) の Q は正の値をとり，暖房時には逆に車室内の熱が外部に放出され負の値となるが，それぞれその絶対値を冷房負荷，暖房負荷と呼ぶ。また，この熱負荷は車室内温度によって決まってくるが，負荷のなかで大きく影響するものは図 3.24, 3.25 に示すように，夏期では日射，換気，伝熱に

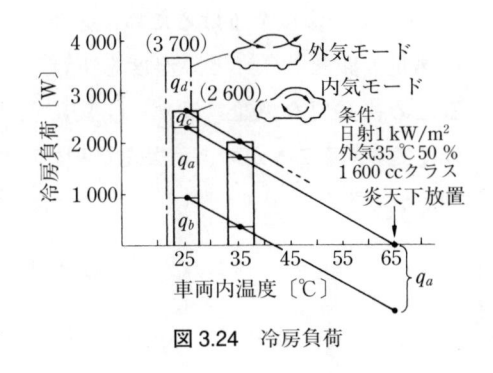

条件
日射 1 kW/m²
外気 35 ℃ 50 %
1 600 cc クラス
炎天下放置

図 3.24　冷房負荷

3.1　自動車用空気調和の基礎原理

よるものであり，冬期は換気，伝熱による負荷が大きな割合を占める。

冷房負荷は，図 3.24 に示すように内気モード空調では，換気による熱損失 q_l 分だけ外気モードに比べ小さくなる。また，車室内温度が高いほど温度差による侵入熱 q_d が減少し，冷房負荷も小さくなる。車室内温度約 65 ℃のとき冷房負荷は 0 となるが，このときには車室内外温度差による放熱量 q_b（負）と日射による侵入熱がつり合った温度であり，炎天下に放置された状態の車両に相当する。

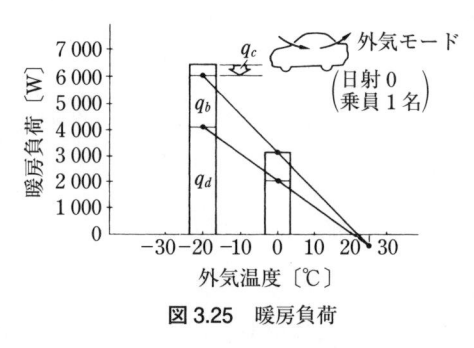

暖房負荷は図 3.25 に示すように，通常日射がないとき（日射は暖房熱源となる）の値を用いる。暖房負荷は車室内外温度差に比例し，同じ車室内温度を維持するためには外気温が低いときほど大きくなる。また，車室内の発生熱 q_c は負の値をもち，暖房負荷を低減することとなる。

図 3.25　暖房負荷

2) 必要性能

エアコンの冷房能力は，図 3.26 に示すようにエバポレータの入口側の空気状態（図中①）と出口側の空気状態（図中②）との差で求まる。この能力を湿り空気線図を用いて求める能力 Q_T は空気の温度を下げるために必要な熱量（顕熱：Q_S）と，湿度を下げるために必要な熱量（潜熱：Q_L）に分けて考えることができ，次式で表すことができる。

図 3.26　エバポレータでの空気の状態変化

$$Q_T = \frac{G_a}{V_1} \times (i_1 - i_2) = Q_S + Q_L \tag{3.11}$$

ここで，Q_S：顕熱（Sensitive Heat），Q_L：潜熱（Latent Heat）

$$Q_S = \frac{G_a}{V_1} \times (i_m - i_2) \tag{3.12}$$

$$Q_L = \frac{G_a}{V_1} \times (i_1 - i_m) \tag{3.13}$$

式（3.12）と式（3.13）より，夏場を考えると入口温度 t_1 が低いほど，また入口湿度 ψ_1 が低いほど能力は小さくなる。したがって，車室内を循環して冷房を行う場合（内気モード）では，車室内温度・湿度が高い空調初期に冷房能力は大きくなる。

これに対し，外気導入で冷房を行う場合は外気空気の温度・湿度レベルが変わらない限り冷房能力はほぼ一定となる。ここで，この冷房能力特性と図 3.24 に示した車両熱負荷と重ね合わせて示すと，図 3.27 に示すように交点を求めるこ

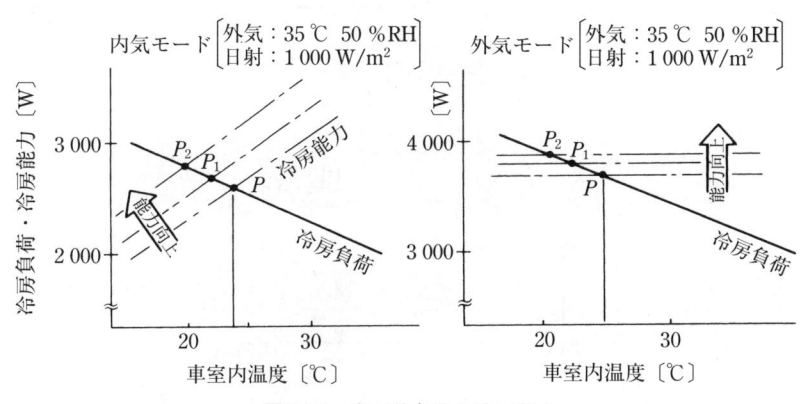

図 3.27 車両熱負荷と冷房能力

とができる。この交点 P は，必要性能と車両熱負荷がバランスする点であり，つくられる車室内温度が決定される。エアコンの能力を上げていくとバランス点も P_1，P_2 と変化し，車室内温度は低下する。現在のカーエアコンでは，炎天下駐車後の始動時のために大能力で設計しており，安定時の車室内室温は必要以上に冷やす余力をもたせている。

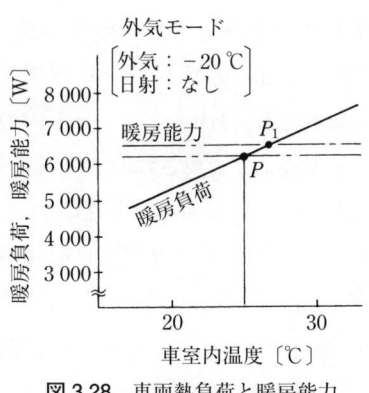

図 3.28 車両熱負荷と暖房能力

3.1 自動車用空気調和の基礎原理　　45

冬期の暖房時には，カーエアコンは通常外気導入で運転され，車両熱負荷と暖房能力とのつり合いは図 3.28 となる．また，この場合は換気損失が発生するため，図 3.29 に示すように車室内温度が最も高くなる最適な風量が存在する．

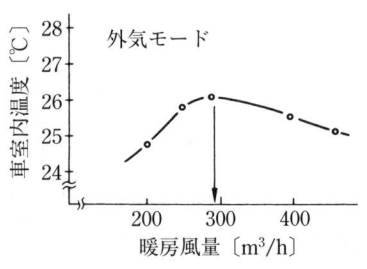

図 3.29 暖房時の風量と車室内温度

3.2 カーエアコン空調システム

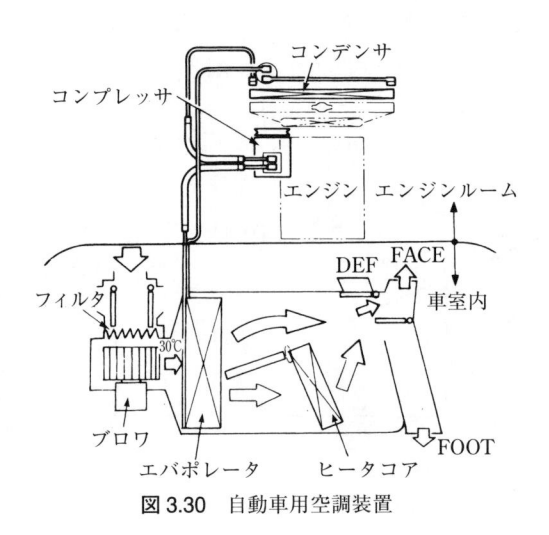

図 3.30 自動車用空調装置

自動車用空調システムの全体像を図 3.30 に示す．主に車室内に搭載される HVAC (Heating, Ventilating and Air-Conditioning) ユニットとエンジンルーム内に配置され，HVAC ユニット内のエバポレータに低温の冷媒を供給する冷凍サイクルにより構成される．これらの自動車用空調システムは，車室内を快適にするため以下に示す働きを行う．

① 温度制御：吹出空気温度の調節
② 内外気切替え：吸込空気の切替え
③ 湿度制御：エバポレータ出口温度制御による湿度制御
④ 風量制御：吹出風量の調節

⑤ 配風制御：吹出口変更（第4章参照）

⑥ 除塵（3節参照）

(1) 温度制御

　自動車のHVACは，風をつくり出すブロワと低温冷媒により冷風をつくるエバポレータと，エンジンからの温水により温風をつくるヒータコアからなり，乗員の快適な温度はこの冷風を再加熱してつくられる。この温度制御方式には，エアミックス方式とリヒート方式があり，多くはエアミックス方式を採用しているが，ヨーロッパの一部の高級車でリヒート方式が採用されている。表3.1に2つの方式の構成図と特徴を示す。

表3.1　温度制御方式の構成と特徴

	構　成	特　徴
エアミックス方式	（エアミックスドア，DEF，FACE，エアミックスチャンバ，ブロワ，FOOT，5℃，30℃，20℃，60℃）	ヒータコアにて再加熱する風量の割合を調整するエアミックスドア部と冷温風を均一に混合するエアミックスチャンバ部のスペースが必要	下記に比べ，部品および制御がシンプルで低コスト
リヒート方式	（エバポレータ，ヒータコア，5℃，20℃，温水流量制御バルブ）	上記が不要なため，小型化および通風抵抗が小さくできる	複雑な温水流量制御が必要

　最近では，車室内全体を均一に温度調節を行う全体空調から乗員が個別の好みに温度調節が可能な左右独立温度コントロールなどのパーソナル空調が製品化されている。

(2) 内外気切替え

　ブロワ入口部分にある内外気切替ドアにより，車室内の空気を循環させる内気モード（Recirc）と車室外の空気を取り入れて空調を行う外気モード（Fresh）あるいはその中間の空調を行う（図3.31参照）。

　内気モード　　クールダウン時などの冷房負荷の大きいとき
　　　　　　　　市街地など外気臭が気になるとき

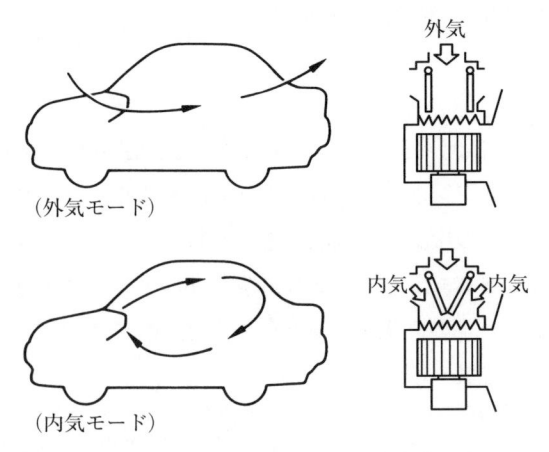

図3.31 外気モード・内気モード時の車室内の流れ

外気モード　　外部の新鮮な空気を取り入れる（換気）
　　　　　　　暖房時の窓の防曇

など，それぞれの目的で選択する。

　最近では，排気ガスや冷房熱負荷を検出し自動的に内気モードに切替えを行い，デフロスタスイッチと連動し自動的に外気モードへ切替えを行うなど，内外気切替えを自動的に行うシステムが製品化されている。

　(3) 湿度制御

　外気モード時と内気モード時の湿度バランスを図3.32に示す。外気モード時は，乾き空気量 G_a'，絶対湿度 x_{in} とすると，車室内に入る空気および車室外に出る空気量は同じであり，また車室外に出る絶対湿度は車室内の絶対温度 x_r と等しいと考えることができるため，乗員の発汗量を X_m とすると車室内湿度は次式より求められる。

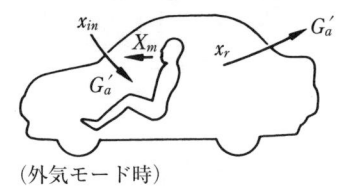

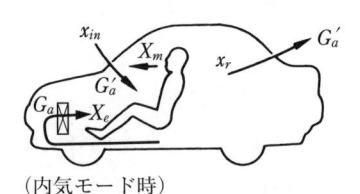

図3.32 車室内湿度のバランス

$$G_a' \times x_{in} + X_m = G_a' \times x_r \tag{3.14}$$

$$x_r = \frac{G_a' \times x_{in} + X_m}{G_a'} \tag{3.15}$$

内気モード時は，車室内外を通り抜ける空気量 G_a' は自然換気のみでわずかなため，エアコンを作動させて車室内の空気を絶対湿度 x_e に除湿して窓ガラスが曇るのを防止する．ここで，G_a は内気時のブロワ空気量を表す．

$$G_a' \times x_{in} + G_a \times x_e + X_m = G_a \times x_r + G_a' \times x_r \tag{3.16}$$

$$x_r = \frac{G_a' \times x_{in} + G_a \times x_e + X_m}{G_a' + G_a} \tag{3.17}$$

図 3.33 に，エアコン作動別の車室内バランス湿度と窓ガラスの曇りの関係を示す．ハッチングラインは曇り限界湿度を示し，これよりも高湿度になると窓ガラスが曇り，このラインよりも低湿度ならば窓ガラスは曇らないことを示している．

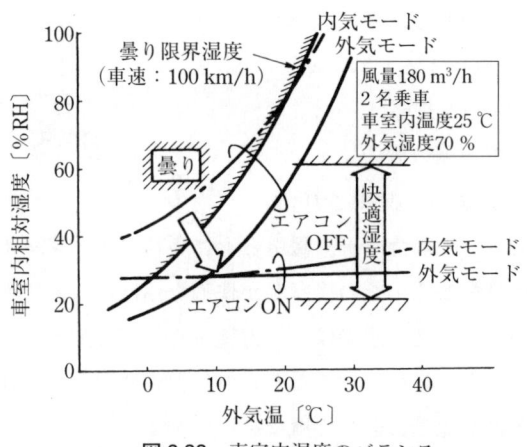

図 3.33 車室内湿度のバランス

内気モードでは，エアコン OFF で使用すると曇り限界湿度よりも高湿度となり窓ガラスが曇るため，ここでエアコンで除湿する必要がある．

一方，外気モードではエアコン OFF でも窓ガラスは曇らないが，暖房のための加熱が必要である中間期では，車室内も外気同様の高湿度となり不快感が生じるため，エアコンにて除湿し快適性を維持している．このように，カーエアコンは車室内を一定温度に保つ，防曇，快適性を維持することができる．

エアコンでは，エバポレータ出口温度をフロストしない限界である 0 ℃ 近辺

まで下げ，最大除湿を行ったあとでヒータコアで再加熱して最適温度にしているため，車室内は湿度30％程度まで低くなる。

エバポレータ出口温度を下げるほど除湿量が多くなるが，その分コンプレッサの動力も大きくなる（図3.34）。最近では，必要以上に除湿しすぎないように窓ガラスの曇りの対応が必要な冬場以外は，快適湿度の上限60％を越えない範囲までエバポレータ出口温度を高めにして，省動力化を図るオートエコノミ制御（図3.35）が導入されてきている。ここで，外気温23℃以上で目標温度が下がっているのは湿度制御のためではなく，室温を維持するためである。

(4) 風量制御

風量制御は，車両用空調装置のファンのモータにかける電圧によって制御される。一般に，オートエアコンの場合冷房，暖房ともに負荷の高いクールダウン，ウォームアップ初期に風量を多く，その後室温が快適な温度になるにつれて段階的に下げていく。室温が安定した状態では，極力風量を下げて室温が維持するよう制御される。そのほかにも，日射が増えたとき外気温が変化したとき，室温の設定値を変えたときにその変化量に応じて風量を増す制御を行っている。

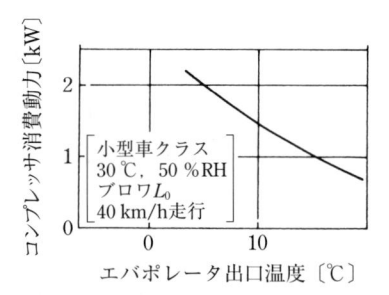

図3.34 エバポレータ出口温度と消費動力の関係

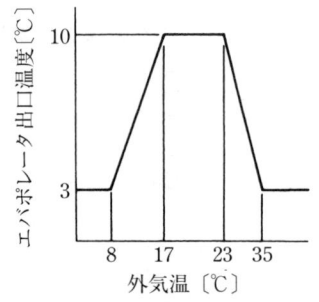

図3.35 オートエコノミ制御

3.3 空気の清浄化

これまで述べたように，車室内環境を快適にする環境要因（温度，湿度，気流，ふく射）はエアコンでの対応を目指している。しかし，快適性志向はさらに高まり，この環境4要因に加え"空気の清浄化"が一般的な要求となっている。さらに，最近では清浄化に止まらず，積極的に空気質をつくり出すことも考え始められており，花粉除去システム，プラズマクラスタ，酸素富化システムなども製品

化されている.

(1) 空気の清浄化の概要

空気の清浄化とは,乗員の心理的要因による快適性を向上させる手段として有効なもので,

① 空気中に浮遊している花粉,ディーゼル排気煙,タバコの煙などの固体状または液体状の粒子

② ディーゼル車追従走行時や工場周辺走行時に感じる悪臭ガス

③ 一酸化炭素,オゾン,亜硫酸ガス,ディーゼル排気中に含まれる発癌性物質,例えばベンツピレンなどの有害ガス

④ カビ菌,化膿菌などのように空気中に浮遊している微生物

などが空気の清浄化のための対象物質となる.自動車は移動体であるため外気から室内に導入される対象物質もさまざまでその種類も非常に多く,その対応技術もさまざまである.

ここでは,空気の清浄化の基本技術として粒子の除去技術,臭気および有害ガスの除去技術について説明する.

(2) 除塵技術

車室内を汚染する粉塵として外気から侵入するものと,車室内で発生するものがある.前者は,エアコンを外気モードで走行している場合花粉やディーゼル排気中の黒煙などであり,後者は乗員の衣類から発生する綿ぼこりやタバコの煙などが相当する.これら粉塵の種類や粒子径は,図3.36に示すようにさまざまでその対象粒子によって,対応技術も異なっている.

自動車用の場合,搭載上の制約と対象粒子の大きさ(サブミクロン~数百ミクロン)から一般的に電気集塵法またはろ過法を用いている例が多い.

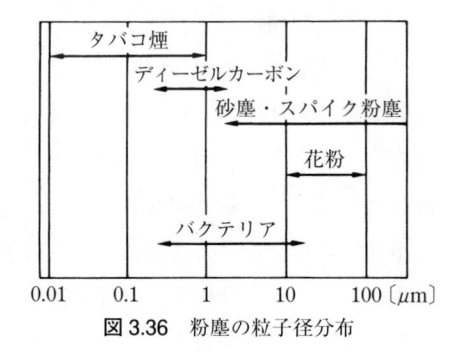

図3.36 粉塵の粒子径分布

1) 電気集塵法

コロナ放電の際に生ずる加速イオンにより,気流中の粉塵,タバコの煙などの微細な浮遊粉塵に電荷を与え,この荷電された粉塵を電気的に捕捉する方式であ

る（図3.37）。この方式は，サブミクロン～数ミクロンの微細な粒子に対して有効な手段であり，また圧力損失も小さい利点があるが，高電圧を用いることによる安全性の問題および高価である欠点をもつ．図3.38に電気集塵法の原理を利用した静電式空気清浄器の一例を示す．

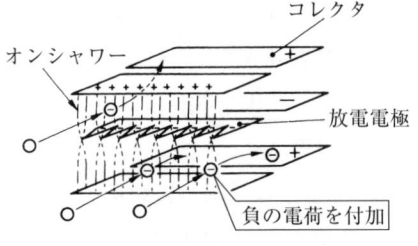

図 3.37　電気集塵の原理

2）ろ過法

(1) 機械的捕捉

パルプを原料としたろ紙やポリエチレン繊維などの合成繊維で構成される不織布でろ過する方式である．綿ぼこりなど大きな塵においては，フィルタを構成繊維間のすき間で引っかけて捕捉されるが，花粉などの小さな粒子の場合粒子が繊維と衝突または接触したとき，粒子と繊維との間に働く分子間引力（ファンデルワールス力）によって捕捉される．

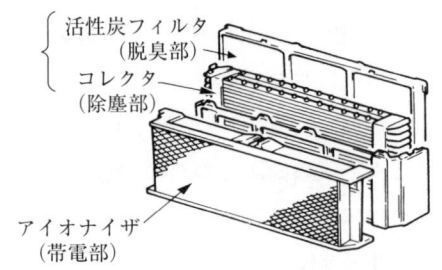

図 3.38　静電式電気清浄器

したがって，捕捉効率を上げるには繊維間のすき間を狭くする必要があるが，狭くすると通気抵抗が高くなってしまうため，エアコンの通風路に設置するには捕捉効率と通気抵抗の両面から仕様を決定する必要がある．

(2) 電気的捕捉

大気浮遊塵はマイナスに帯電している．繊維が帯電化すれば電気的な力により吸引できるため，繊維間距離が広くても高い除塵効果が期待できるはずである．このような考え方で開発されたのが，一般的にエレクトレット繊維といわれる荷電された繊維である（図3.39）．

ポリプロピレンのような誘電体材料でできている不織布のシートは高電圧にさらすことによって分極し，繊維表面がプラス，マイナスに荷電される．

このようにして製造される不織布は，通気抵抗が低くしかも高い除塵効率が得られるため現在多く用いられている．

3）ガスの除去技術

ガス除去には，脱臭が目的の場合と有害ガス除去が目的の場合がある．脱臭に

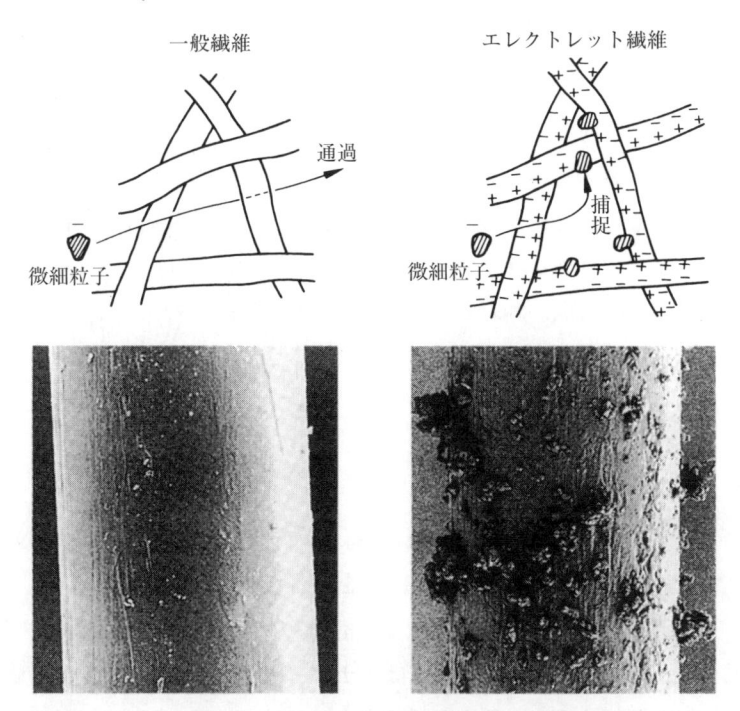

図 3.39 エレクトレット繊維と補足機構

対しては，その臭気ガスを感じさせなくすればよいとの考えで，
① 感覚的消臭：香料によるマスキング，消臭剤による臭気の低減
② 化学脱臭：オゾンなどによる酸化作用で臭気強度の弱いガスに変換
③ 吸着：活性炭，ゼオライトなどによる臭気ガスの吸着除去
④ 生物脱臭：土壌細菌による分解で臭気の弱いガスに変換

などの方法があるが，車載用としては構造が簡単なため吸着式を用いている例が多い。

吸着剤には活性炭，シリカゲル，ゼオライト，アルミナなどがあり，対象ガス，使用環境などにより使い分けている。車載用の脱臭，有害ガス除去を目的としたとき，活性炭を用いている例が多い。

活性炭は，微細な細孔をもち非常に大きな比表面積（約 $600 \sim 1\,600$ m^3/g）の多孔質体である。しかし，活性炭は優れた吸着剤だが万能ではない。トルエン，ベンゼンのような中性ガスに対しては有効であるが，SO_2 のような酸性ガスやア

3.3 空気の清浄化

ンモニアのような塩基性ガス，アセトアルデヒドのようなアルデヒド類のガスやCO, NO のような低分子量のガスに対する吸着能力は小さい。さらに，活性炭は中性ガスが多い有毒ガスには有効であるが，中性ガス以外のものが多い臭気ガスには有効ではない。したがって，これらガスに対する吸着性能を向上させるため，活性炭の細孔表面にアンモニアやSO_2，アルデヒド類などのガスと反応する薬剤を付着させ，吸着性能を向上させた添着型活性炭が最近広く用いられている（図 3.40）。

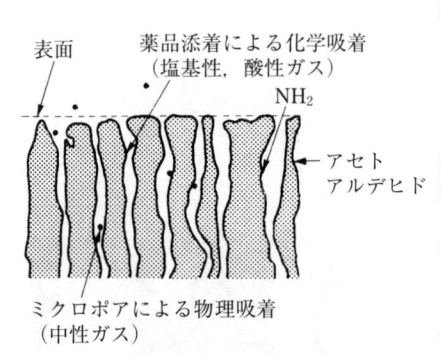

図 3.40　添着形活性炭

例えば，ディーゼル排ガスの主要因といわれているアセトアルデヒドの除去を主目的とする場合は，アミノ基（$-NH_2$）を添着させればよい。

また，有毒ガス除去に対しては光触媒を活用したガス分解技術が注目を集めている（図 3.41）。一般的には，触媒にはアナターゼ型二酸化チタンが用いられ，これに紫外線を照射することにより活性化させている。このガス分解技術はすでに家庭用空気清浄器，自動車用空気清浄器，屋外構造物など広い範囲で活用されるようになっている。

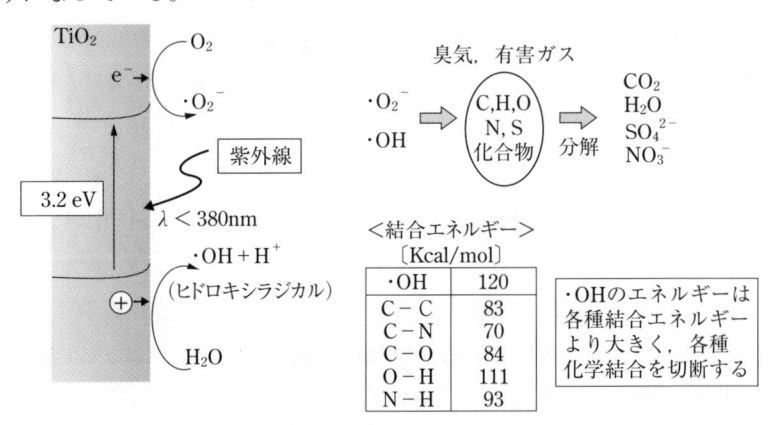

<結合エネルギー>〔Kcal/mol〕

·OH	120
C－C	83
C－N	70
C－O	84
O－H	111
N－H	93

·OHのエネルギーは各種結合エネルギーより大きく，各種化学結合を切断する

TiO_2 が紫外線を吸収し電子と正孔の２つのキャリアを生成
そのキャリアにより，触媒表面でそれぞれ水分と酸素が酸化還元反応により
非常に反応性の強い ·OH, ·O_2^- を生成

図 3.41　光触媒によるガス分解

4) 製品構成

除塵用ろ材，脱臭，有害ガス除去用吸着剤などの材料を空気の清浄化用フィルタとして加工する必要がある．このフィルタを車載用に用いる際には，圧力損失と効率の両立が必要となることから，ひだ折り状の構造が考えられている．図3.42に現在用いられている代表的なフィルタを示す．

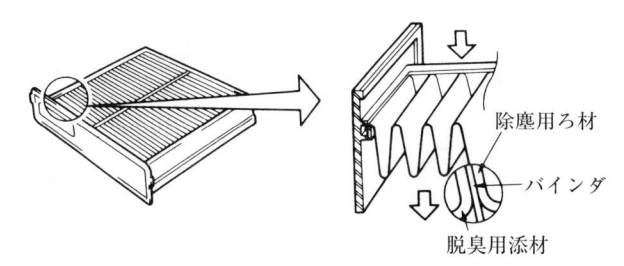

図3.42 フィルタ構成

(1) エアフィルタ

図3.43に代表的な搭載例を示す．外気導入による粉塵，ガスなどの導入防止に対する要求は高まり，ほとんどの車に設定されるようになっている．さらに最近では，塵・埃対応に加え脱臭対応への要求が高まっている．

(2) 空気清浄器(エアピュリファイヤ)

エアピュリファイヤ（A/P，空気清浄器）は，車室内の粉塵，臭いなどを除去するシステムであり，市街地走行時などに内気モードでエアコンを使用する場合に効果を発揮するシステムである．

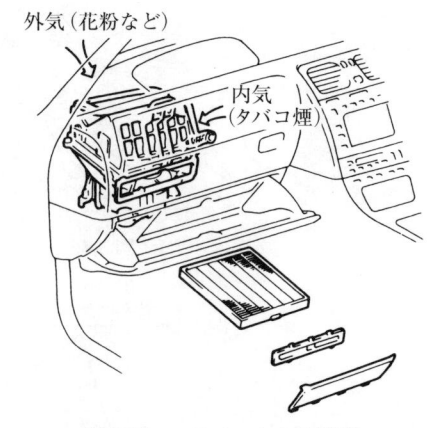

図3.43 エアフィルタの搭載

システム構成としては，一部の例外を除きブロワ（送風機能），フィルタ（除塵と脱臭機能）そしてスイッチ，制御部で構成されている（図3.44）．ビルトインタイプでは，車室内に吸込みおよび吹出しグリルそしてエアピュリファイヤ本体はトランクルーム内に設置される．また，はん用タイプではリアダッシュボー

3.3 空気の清浄化

ド置きタイプ，天吊りタイプがある（図3.45）。図3.46にタバコの煙での清浄効果のテスト結果例を示す。

また，エアピュリファイヤ本体内に設置された粉塵センサ（光学式もしくはガス式）により，自動的に車室内の空気の汚れを感知し，ブロワのON-OFFさらには風量を切り替えるシステムも広く普及している。

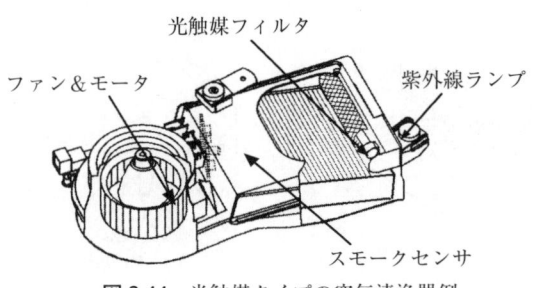

図 3.44　光触媒タイプの空気清浄器例

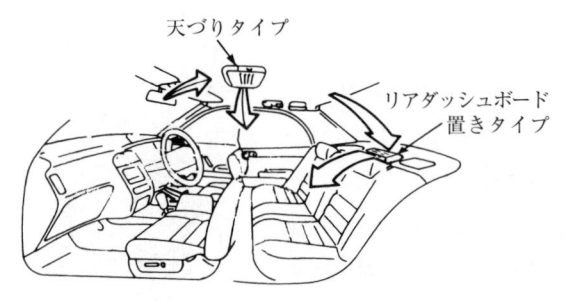

図 3.45　空気清浄器の設置位置

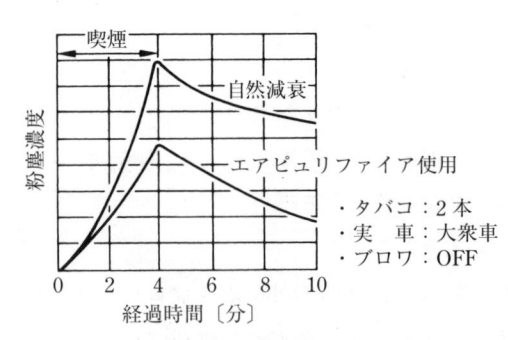

図 3.46　清浄性能

(3) 空気の清浄化の動向

今後，ますます健康志向が強くなることから，空気の清浄化はエアコンにとって必要不可欠な機能となり，この分野における技術はますます発展していくと思われる。

この清浄化技術をエアコンの制御と組み合わせ，より快適な車室内空間を得る方法として，オート内外気システムがある。オート内外気システムとは，車周辺の排気ガスを検出したときに自動的に吸込口を内気モードにして車室内への排気ガス侵入を低減するシステムであるが，こうして常に車室内の空気質をコントロールする技術の実用化も始まってきた。

「はじめに」も述べたが，汚染物質の除去技術はすでに当たり前の機能として要求されるようになってきており，今後はさらに，積極的に健康によい空気質をつくり出す技術が注目されるであろう。

3.4 快適性向上技術

3.4.1 温熱快適性

4席独立温度コントロールHVACやニューロ制御などの高機能化により，最新のカーエアコンはきめ細かく制御され，1年を通してほぼ快適なドライブが可能になってきている。

しかし，乗車直後から空調が十分に効いてくるまでの不快感は依然として解消されておらず，この改善が求められている。ここでは，このニーズに応えるために開発された，シート空調システムとマトリックスIRセンサシステム（IR：Infraredの略）をトピックスとして紹介する。

(1) シート空調システム

乗員乗車直後は，乗員が着座時に直接触れるシート表面が夏季はいつまでも暑く，冬季はいつまでも冷たいといった不快感が解消されていない。特に夏季は，シート表面の熱さと乗員の発汗にともなうムレ感のために，シート接触面の不快感が乗員の温熱快適性を大きく左右している。

そのため，従来から採用されている冬季にシート表面を電熱線で暖めるシートヒータに加えて，シート空調システムの採用が拡大してきている。このシート空

調には，送風方式とペルチェ素子を用いた冷風方式があるが，いずれも夏季にシート表面から送風し暑さやムレ感を軽減する効果がある。ここでは，送風方式シート空調について紹介する。

送風方式シート空調の構造を図 3.47 に示す。シートのクッション側，バック側にそれぞれ 1 個の送風機が搭載されており，パッド内部に通風用の配風溝や穴がシート表皮に微小孔が設けられている。送風機により吸い込まれた車室内の空気は，パッド内部を通り表皮の微小孔より吹き出される。

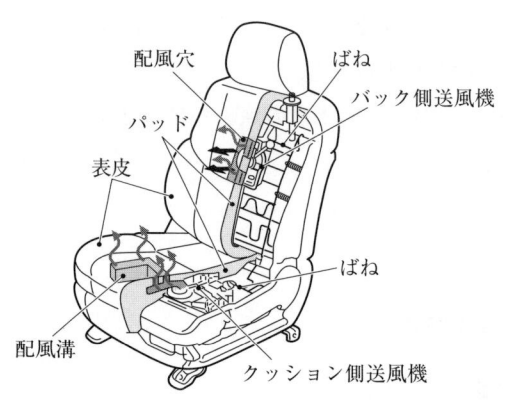

図 3.47 シート空調システムの構成例

この気流による炎天下駐車後クールダウン時のシート表面温度の低下効果を図 3.48 に示す。シート空調がない場合は，いつまでもシート表面温度が下がらずシート面が体温よりも高い温度に維持されるのに対し，シート空調があると温度低下が早くなることがわかる。このシート表面温度低減効果だけでなく，汗の蒸発効果も含めた気流による乗員の冷房効果

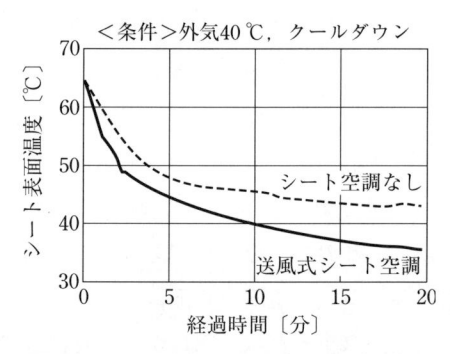

図 3.48 シート空調のシート表面温度低下効果

は大きく，この条件の場合十数分程度で乗員が涼しさを感じ始めることが確かめられている。

(2) マトリックス IR センサシステム

従来の空調制御は内気温センサ，外気温センサ，日射センサにより車室および

乗員への熱負荷を推定して制御しているが，各席の乗員の温熱状態を検知してフィードバック制御をすることができれば，乗員の状態に適合した制御が可能であり，最新の4席独立コントロールエアコンの機能を最大限に引き出すことができる。2006年に製品化（デンソー）された，1つのセンサで車室内の複数箇所の表面温度を検知するマトリックスIRセンサにより乗員の状態をフィードバックするシステムを紹介する。

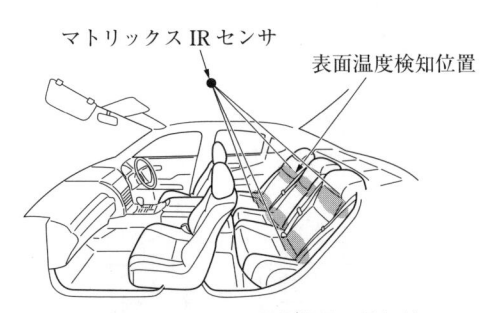

図3.49　センサの搭載位置と検知範囲

　このセンサは，図3.49に示すように実車の天井に取り付けられ，後席左右乗員とシート中央部の上下2点ずつ合計6点の表面温度を検知する。乗員の着衣表面温度を検知しているので，皮膚温のような生態信号を直接フィードバックしてはいないが，着衣温度は乗員の状態と乗員周囲の空気温度，風速，放射を反映するので，従来制御と比べてより乗員の温熱感に合った制御が可能となる。

　乗員の状態をフィードバックする制御の最もわかりやすい例として，後席乗員の熱履歴制御を紹介する。図3.50のように冬の寒い車外から空調の効いている車室に乗り込んだ場合，乗り込んだ席のみ空調を強めにかけて冷え切った身体を早く暖めることができる。後席乗員乗車時の乗員が，温熱的に無感な状態に到達するまでの時間が4分から2分に短縮されている（図3.51）。

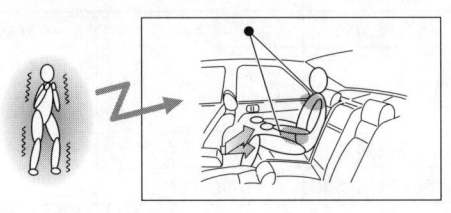

図3.50　熱履歴制御の必要な場面（冬季：寒い乗員が乗車）

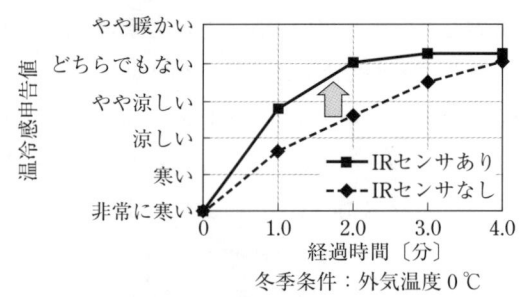

図 3.51　熱履歴制御の温熱効果

このように，IRセンサは乗員の状態に応じた細かな制御が可能であり，4席独立コントロールが可能な空調との相乗効果により，より快適性向上効果が発揮できる。

> **ミニ知識　赤外線センサの方式と検知原理**
>
> 赤外線センサにはさまざまな種類があり，温度分布可視化と測定のためのサーモグラフィ，夜間の視認性向上のための赤外線カメラ，照明の自動点燈のための人感スイッチなどが身近で使われている（表3.2）。ここで車両空調用に用いた赤外線センサはサーモパイル方式で，耳式体温計や電子レンジ，ルームエアコンなどで用いられているものと同じ方式である。選ばれた2種類の金属をつなぎ，接続点と両端に温度差を加えると起電力が発生する。この特性を活かしたのがサーモパイル方式で，このセンサの基本構造を図3.52に示す。サーモパイルの上には2種類

表3.2　赤外線センサの原理と用途

検知原理		センサ	用途
熱型	熱起電力効果	サーモパオル	赤外線温度計
	焦電効果	PZT など	人感スイッチ
	熱電対効果	ボロメータ	放射計
量子型	光起電力効果	フォトダイオード フォトトランジスタ	赤外線カメラ，照度計，サーモグラフィ
	光導電効果	CdS セルなど	サーモグラフィ
	光電子放出効果	光電管	

の金属が直列にジグザグにつながれ，片側を冷接点，反対側を温接点としている。測定対象物から放射される赤外線をレンズなどで温接点に集中させるとその熱により温接点の温度が変化し，冷接点との間に温度差を生じる。この温度差により生じた起電力の大きさから対象物と冷接点の温度差を算出し，サーミスタで計測した冷接点温度と併せて対象物温度を検知することができる（図3.53）。

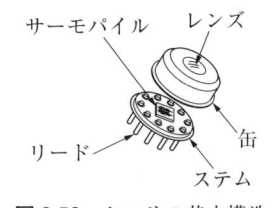

図3.52　センサの基本構造

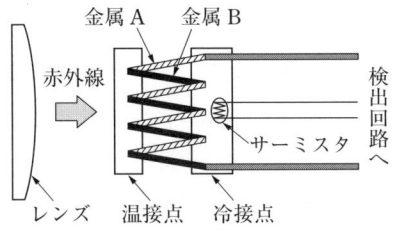

図3.53　サーモパイル赤外線センサの原理

3.4.2　空気質快適性

これまで車室内の快適性は，冷やす，暖めるという温熱感によって論じられることがほとんどであったが，近年快適性の多様化により空気質や健康に対するニーズが高くなってきている。

これらのニーズに応えるために開発された，①乗車時に侵入する花粉を除去する花粉除去システムと，②室内の除菌を目的とした除菌システム，③酸素濃度低下を抑制する酸素富化装置をトピックスとして紹介する。

（1）花粉除去システム

花粉症を患う人が増加し，花粉への対応要求が高まっている。日本の花粉の種類と飛散時期は図3.54のようであり，1年のほとんどの期間何かの花粉による

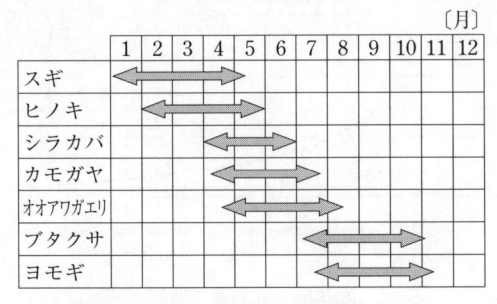

図3.54　花粉の種類と飛散時期（日本）

花粉症の恐れがあることがうかがえる。

　ほとんどの花粉が捕集できるように開発された「花粉除去フィルタ」をエアコン通路に設定することによって，運転中の車室内への花粉の侵入はほぼ阻止できている。しかし，乗員が車に乗り込んだときに，乗員と一緒にドアから進入する花粉に対しては素早く除去する手段がなかった。この対応として，2005年に花粉除去システムが製品化（デンソー）されたので紹介する。

　花粉除去システムは，花粉除去フィルタを通過した清浄空気を顔周りに目がけて吹き出すことにより顔周りの花粉濃度低減を行う。通常，杉花粉が飛び始める1月後半頃にはオートエアコンでは足元に風を吹き出すため，いちど車室内に入った花粉が花粉除去フィルタを通過した清浄空気と混じることにより，顔周りの浄化に時間がかかっていた。そこで，花粉除去モードでは①顔周りから素早く花粉を除去するために冬場でもFACE吹出口から花粉除去フィルタで浄化した空気を吹き出すことにより乗員の顔周りを包み，②車室内全体の花粉を素早くフィルタに取り込むために内気モードとし風量をアップしている。これにより数分後には車室内全体は綺麗な状態となり，従来のFOOTモードに戻すことができ，顔周りの冷風感を取り除くことを可能としている。また，外気温度などを考慮し，窓曇りなどを生じない細かな制御などが施されている。図3.55に示すように花粉除去モードにより運転手の顔周りを30秒程度で浄化可能にしている。

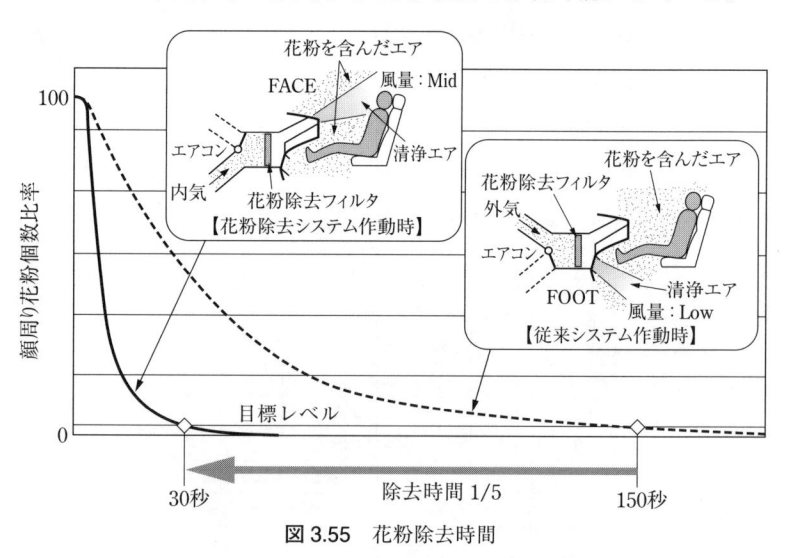

図3.55　花粉除去時間

(2) 除菌システム

家電製品において除菌ニーズが高まっているが，車室内は狭い空間のため，カーエアコンに組み込むことにより効果的な除菌システムが成立し，車室内に病院並みの菌数と同等の安全な環境を提供できている。

図 3.56 に除菌システムの概要を示す。除菌イオンの車室内での効果を大きくするために，エアコンダクトの吹出口近くに発生器を装着している。除菌システムで生成された活性酸素は，エアコンの送風空気に乗って車室内に運ばれ浮遊菌に付着する。活性酸素が浮遊菌に付着すると，その強い酸化力により浮遊菌細胞表面（蛋白質）の水素を抜き取ることにより浮遊菌を不活性化する（図 3.57）。

図 3.58 に除菌システム使用時における車室内のカビ菌の数の変化を示す。除菌システムを作動させた場合，少なくとも 2 000 個/cc 以上の濃度のイオンを発生させることができ，浮遊していたカビ菌の 80 ％が除去されている。

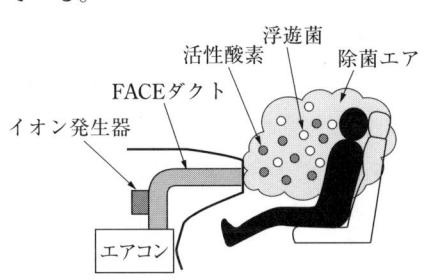

図 3.56　除菌システムの車載イメージ

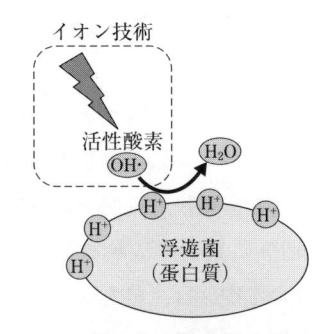

図 3.57　除菌の原理

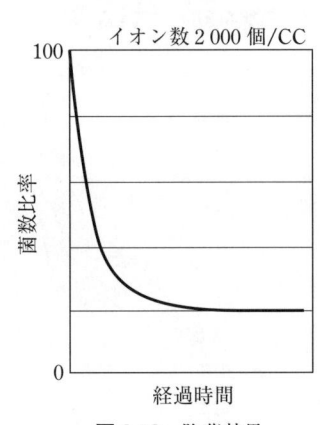

図 3.58　除菌効果

(3) 酸素富化装置

車室内の酸素濃度を自然に存在する酸素濃度に維持することにより，乗員により快適な環境を提供することができる酸素富化装置は，2006 年に一部高級車に搭載（デンソー）されたので紹介する。

運転中，排気ガスや外の臭いが車室内に侵入してくることはよく経験され，その臭いを嫌がり外気の侵入をしゃ断するドライバは少なくない。エアコンの内・

3.4　快適性向上技術　　63

外気使用状況を調べたアンケート調査でも，運転する人の約半数近くがエアコンを内気循環で使用していることがわかっている．また，排気ガスなどによる外気の汚染状態をガスセンサにて検知し，自動的にエアコンを内気循環で作動させるオート内外気システムも製品化されているが，道路混雑時の市街走行ではほとんど内気循環で作動することもある．しかし，外気の侵入をしゃ断してしまうと，乗員による酸素消費により車室内の酸素濃度は低下する．この車室内の酸素濃度低下をより快適な自然の状態の酸素濃度に戻すために開発されたのが酸素富化装置である．

図 3.59 に作動・搭載模式図を示す．酸素富化装置は，気体分離複合膜を用いて酸素富化空気を生成する．気体分離複合膜とは，分子が膜に溶ける速度の差を利用して気体を分離できる膜であり，本装置で用いる膜（以後，酸素富化膜と呼ぶ）は，空気を構成する分子である窒素（N_2）より酸素（O_2）のほうが膜を透過するスピードが速いため，膜を透過した空気は透過する前の空気よりも酸素濃度が高くなる．

酸素富化装置は，換気ファンと酸素富化膜を有するユニットとポンプから構成される．換気ファンにより取り入れたトランクルーム内の約 21 % の酸素濃度の空気は，酸素富化膜上流側表面へ送気される．ポンプによって酸素富化膜下流側を数 10 kPa に減圧すると，空気が酸素富化膜を透過する．この酸素富化膜下流側に透過する空気は，膜を透過しやすい酸素の濃度がおよそ 30 % まで高められる．この酸素富化された空気がポンプにより車室内へ供給され，呼吸によって消費された酸素を補っている．

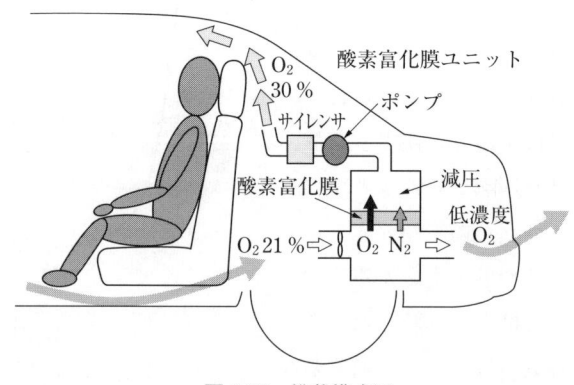

図 3.59　搭載模式図

第4章 エアコンユニット

4.1　エアコンユニットの種類

　エアコンユニットは，一般に内外気箱，ブロワ，クーラ，ヒータの4つの部分から構成され，車両のインスツルメントパネル内に搭載されている。内外気箱を通してブロワ部に導かれた空気はクーラ部で除湿冷却され，ヒータ部で再加熱される。エアコンユニットは，この再加熱量を調整する機構をヒータ部にもち，適度な温度の空調風をつくり，それを車室内へ送り出すことで車室内を快適な温湿度条件にする働きをしている。

　現在のエアコンは，内外気箱，ブロワ，クーラ，ヒータの各機能部を風の流れに対し直列に配置し，それを構成する主要機能部の車両に対する配列の方法で幾つかの種類に分かれている。表4.1にエアコンユニットの代表的な例について，種類の名称と配列の方法およびその実例を示す。

1) 横置きレイアウト（Ⅰ）

　各機能部が個別のユニットからなるレイアウトであり，車両助手席のインスツルメントパネルの中に配置され，車両前後のスペースをとらないという利点をもっている。しかし，風の通る経路が複雑になり通風抵抗が大きくなることから，体格を大きくとって通路面積そのものを大きくしなければならないという欠点がある。実例は，ブロワ，クーラ，ヒータの3つの機能部が一対の樹脂ケースに納められ一体となっている。

2) 横置きレイアウト（Ⅱ）

　上記との違いはヒータユニットにブロワが組み込まれ，ブロワがクーラとヒータの間に位置している。このタイプは従来のセミエアコンタイプ（図1.10参照）から始まり，いまではフルエアコン化されて軽四輪車などに使われている。コンパクトにできる反面ブロワが吹出口近くにあり，その分ブロワ騒音が他のレイア

表4.1 エアコンユニットの種類

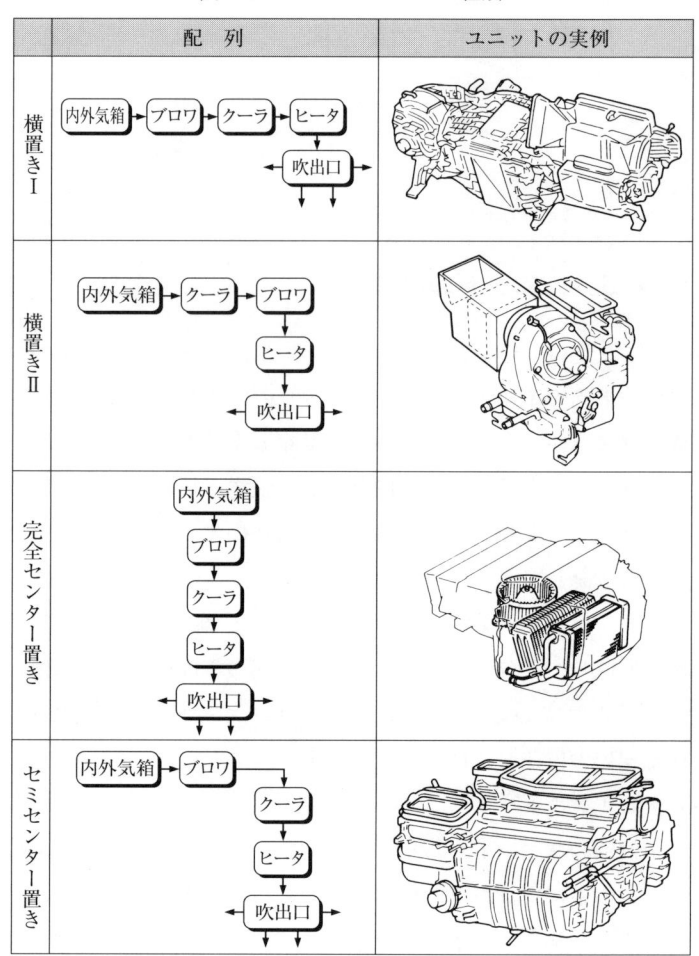

配列		ユニットの実例
横置きⅠ	内外気箱→ブロワ→クーラ→ヒータ→吹出口	
横置きⅡ	内外気箱→クーラ→ブロワ→ヒータ→吹出口	
完全センター置き	内外気箱→ブロワ→クーラ→ヒータ→吹出口	
セミセンター置き	内外気箱→ブロワ→クーラ→ヒータ→吹出口	

ウトに比べ高くなる欠点をもっている。

3) 完全センター置きレイアウト

車両中央に搭載するレイアウトで,左右対称に設計すれば右ハンドル・左ハンドル車に共通使用できる利点がある。車両長手方向(または高さ方向)にブロワユニット(ブロワと内外気切替箱)が配置され,車両前後(上下)方向の広いスペースを必要とする欠点はあるが,風の流れる経路が簡素化でき通路抵抗も小さく,助手席側のダッシュボード下のスペースを有効に使える利点がある。

4) セミセンター置きレイアウト

完全センター置きレイアウトの欠点であるブロワユニットの搭載性を解消し，ブロワユニットのみ横置きにしたレイアウトである．横置きと完全センター置きの互いの長所を残し，欠点を解消し合うレイアウトとして近年最も一般的に利用されているレイアウトである．

4.2 ブロワユニット

(1) 送風機の原理

送風機は羽根（車）に回転エネルギーを与え，風力エネルギーに変換する機械であるが，一般的に見られる送風機は羽根形状・風の発生原理などにより大きく3種類（遠心式，軸流（プロペラ）式，貫流（クロスフロー）式）に分類できる．

表4.2に各形式の送風機の外観と風の流れを示す．遠心式送風機は翼の回転により半径方向に風を押し出すものであり，軸流式送風機は翼の回転により軸方向

表4.2 送風機の方式

	遠心式	軸流式	貫流式
外観			羽根車
風の流れ	回転方向／風	（展開）／風／進行方向	回転方向／風／渦
適用	1. カーエアコン用室内ユニット 2. 業務用天井クーラ	1. コンデンサ用ファン 2. 家庭用扇風機	1. カーエアコン用リアクーラ 2. 家庭用ルームクーラ

に風を押し出すものである。貫流式送風機は，羽根車内のスタビライザ近傍に安定渦をつくり出し，羽根車内を貫流する風を発生させるという特殊な流れ方をしている。

　上記の送風機はそれぞれ異なった特性をもっているので，その特性に適した通風路を選択することが必要である。その選択を誤ると所定の風量・圧力が得られないだけでなく，騒音や振動，モータの過熱などの悪影響につながる。図4.1 にそれぞれの送風機の特性を示す。

　コンデンサの冷却には幅広い面積に多量の風が必要であるため，軸流送風機が用いられる。ワゴン車の後席空調用のクーラには，天井部分などの限られた空間に配置しやすい貫流送風機（細長く，薄くできる）が多く用いられている。しかし，車室内全体の空調を行うエアコンユニットは，その内部に熱交換器などの通風抵抗の高い部品が配置されており，また短時間に車室内を冷やしたり暖めたりする必要があることから多量の風も必要である。そのため，ほとんどすべてのエアコンユニットで遠心式送風機が採用されている。図4.2 に，それぞれのファンの自動車への適用例を示す。

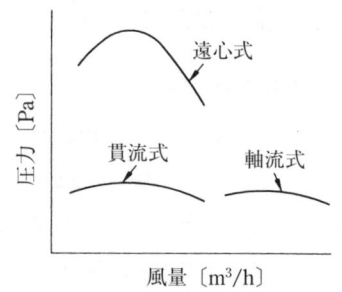

図4.1　各送風機の特性

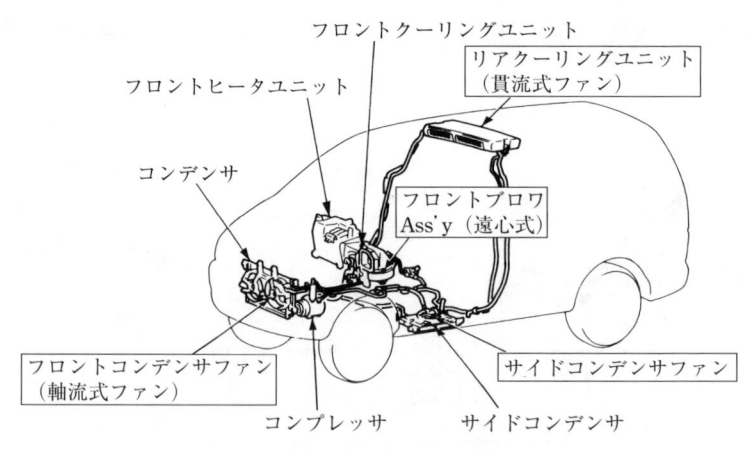

図4.2　送風機の自動車への適用例

(2) ブロワの構造

ブロワは一般に内外気取入部，送風機および風量制御部から構成され，その役割は車室内外の空気を選択的に取り入れ，それを下流の熱交換器（エバポレータ，ヒータコア）へ送ることである．図4.3にブロワユニットの構造を示す．

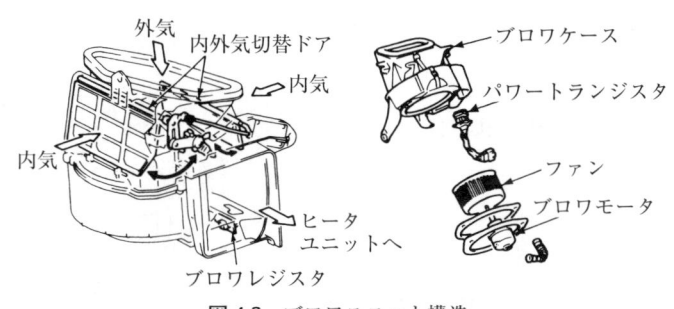

図4.3　ブロワユニット構造

(1) 内外気取入部

内外気取入部の役割は，車室外の空気を導入（外気モード）したり，車室内の空気を再循環（内気モード）させたりを乗員の選択に応じて切替えできるようにすることである．

外気取入口は，車両カウル内のダクトを通して外気につながり，内気取入口は車室内ダッシュパネル下に設けられている．内外気切替ドアは，内気モード時には外気側開口をふさぎ，外気モード時には内気側開口をふさぐように構成されている．内外気ドアの駆動は，一般に電気的に行うものと機械的に行なうものがある．前者は，コントロールパネル上の内外気スイッチからの信号をエアコン用コンピュータを経由してサーボモータに送り，このサーボモータがブロワケース上のリンクシステムを駆動し，内外気ドアを必要な位置へ移動する機構である．後者は，コントロールパネル上のレバーの動きをリンクケーブルを介して，ブロワケース上のリンクシステムに駆動力として伝え，内外気ドアを動かす機構である．

(2) 送風部

送風機は，スクロールケーシング，羽根車（ファン），モータの3つの部分で構成される．

スクロールケーシングの役割は，ファンから出てくる放射状の流れを整流し1

つの方向にまとめること，ファンで得られた動圧を効率よく静圧に変換することである．

その外形はスクロール内の流れを自由渦運動と仮定し，

$$r = \left(\frac{D}{2}\right)\exp(\theta \tan \alpha)$$

r：スクロール半径，D：ファン外径，θ：スクロール巻き角，α：スクロール広がり角

で表現される対数らせん状（図4.4）が一般的である．

前に述べたように，カーエアコンでは遠心式ファンが多く採用されている。これは，ファン外周部に設けられた羽根の入口と出口の遠心力の差を利用して，空気に動圧（一部静圧）を与えるタイプのものである。遠心式ファンには，シロッコファン（前向きブレード：図4.5）とターボファン（後向きブレード：図4.6）があるが，カーエアコンではその必要風量と通風抵抗からシロッコファンを用いることが多い．

カーエアコン用ブロワの駆動源には，車載バッテリを電源とすることから直流モータが採用されており，必要風量に応じた出力特性（軸トルクと回転数で定義される）のモータがそれぞれ選択される．

(3) 風量制御部

ブロワの送風量制御は，モータに加わる電圧を制御することで行う。この風量制御に用いられる機器は，「モータ端子電圧を変える」という役割のほかに「異常発熱防止」という役割もある。ブロワに外部から異物が侵入し，ファンの回転を止めるという現象（モータロック）が生じた場合，モータが異常に発熱することがある。そこでモータロック状態を検知

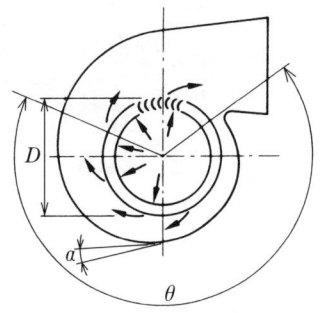

図4.4　スクロール形状

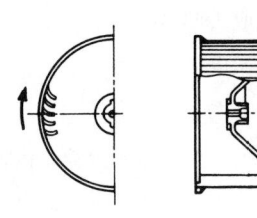

図4.5　シロッコファン

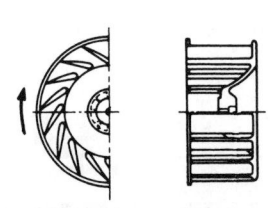

図4.6　ターボファン

しモータへの電流をしゃ断し，最悪の事態を防ぐよう工夫されている．

　風量制御機器には，レジスタ，パワートランジスタなどがあるが，詳細は第5章1節に述べる．

4.3　クーラユニット

クーラ部はヒータ部の上流に置かれ，その役割は，
① エバポレータと膨張弁を収納し，空気の通り道を形成する
② 空気を除湿・冷却する
③ 除湿により発生した凝縮水を集め車外へ排出する
ことである．

　クーラユニットの構造図を図4.7に示す．樹脂ケースの内側には通常断熱樹脂が貼り付けられており，エバポレータはこの断熱樹脂を介してケース内に固定される．断熱樹脂の役割は，エバポレータがケースに直に接触しケース表面温度を下げることにより，ケース外側に結露水が付着し室内に滴下することを防ぐことである．下側のケースは，エバポレータ表面に付着し滴下した凝縮水が排出口へ速やかに流れる形状になっており，また排出口には凝縮水を車外に排出できるようゴムホースが取り付けられている．エバポレータの下流側にはサーミスタが取り付けられている．このサーミスタは空気温度を電気抵抗に変換するものであり，エバポレータ表面への着霜防止あるいはオートエアコンの補正制御に使うための空気温度センサである．

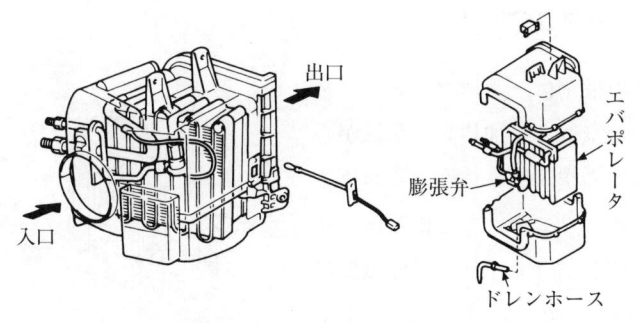

図4.7　クーラユニット構造

(a) 外付けタイプ　　　　　　(b) ボックスタイプ

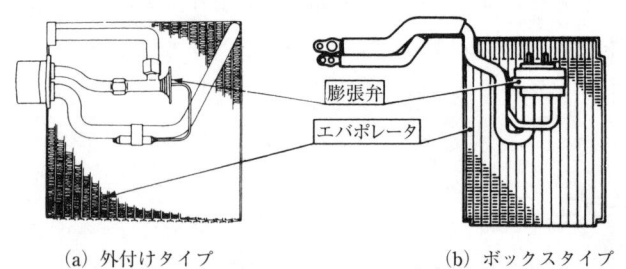

図 4.8　エバポレータと膨張弁の取付状態

　エバポレータと膨張弁の取付けは，使用する膨張弁のタイプによって分けられている．図4.8 はその取付状態を示す図で，感温部（感温筒）外付けタイプの膨張弁と感温部内蔵のボックスタイプの膨張弁をそれぞれ取り付けた場合を示している．

　感温部外付けタイプの膨張弁は，エバポレータ出口の冷媒のスーパーヒート量を制御するため，エバポレータ出口の配管の表面温度を直接検出し，膨張弁の制御機構部にフィードバックできるようになっている．そして，この部分は周囲の温度の影響を受けないよう断熱用のフォーム材でおおわれている．この断熱が不十分であると，誤作動の原因となるので注意が必要である．

　ボックスタイプの場合にはエバポレータ出口の冷媒通路内に感温部が配置され，冷媒温度を直接検出できる構造となっている．したがって，非常に簡単な取付構造とすることができる．膨張弁のタイプは6章6節で述べる．

4.4　ヒータユニット

　ヒータ部の役割は，①エバポレータを通過してきた空気を再加熱し，乗員が必要とする温度の空調風を精度よくつくる温度制御機能と，②それを必要とする吹出口から適切な割合で送り出す配風機能である．図4.9にカーエアコンヒータ部の外観を示す．

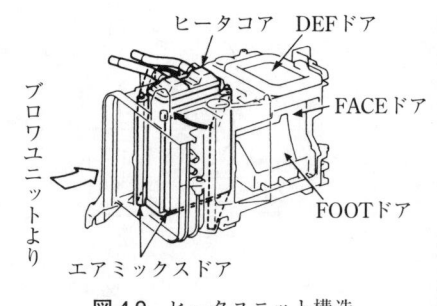

図 4.9　ヒータユニット構造

ここでは代表的なエアミックス方式ヒータユニットについて述べる。

1) 温度制御機能

エバポレータを通過した冷却空気のうち，ヒータコアを通して再加熱する空気の量をエアミックスドアの開度で調整し，この再加熱後の温風とヒータコアを通らずにきた冷却風とをエアミックスチャンバという混合室で均一に混ぜている。

図 4.10 のエアミックスドア開度 θ が 0 度のときを「MAX-COOL」，θ が最大のときを「MAX-HOT」と呼ぶ。そして，この θ の値に応じて混合された空気の温度が直線的に変化するようにユニットの設計を行う。

一般に，精度よい温度コントロール性を得るには，エアミックスチャンバもできるだけ大きくとることが望ましい。エアミックスチャンバが十分に取れない場合，冷風と温風の流れが均一に混ざるよう幾つかのエアガイドが配置される。

エアミックスドアの駆動方法には，内外気ドアと同じようにサーボモータで直接あるいはリンクを介して動かす電気的な方法と，ケーブルリンクを介して動かす機械的な方法とがある。

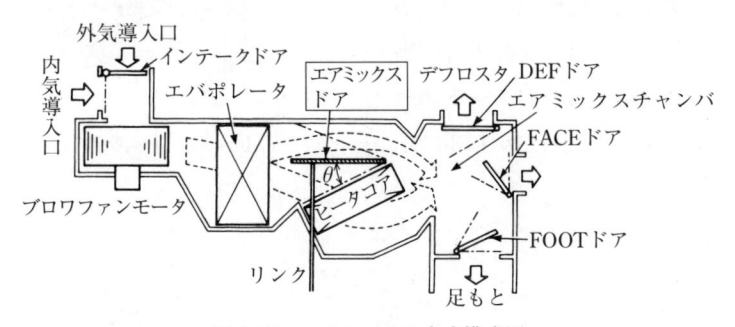

図 4.10 エアミックス方式模式図

図 4.11 に，実際の温度コントロール特性の実測結果を示す。図中の A の部分は，外気温度が高いときに用いられる領域である。図中の B は中間シーズンに使われる領域で体の上半身に冷たい風を下半身に暖かい風を出せるよう調整されている。図中の C は，冬季に主として使われる領域である。

2) 配風機能

ヒータユニットのもう 1 つの重要な役割は，「温調された空気をその温度に適した吹出口から適切な割合で送り出す」ということである。実際の車両では，図

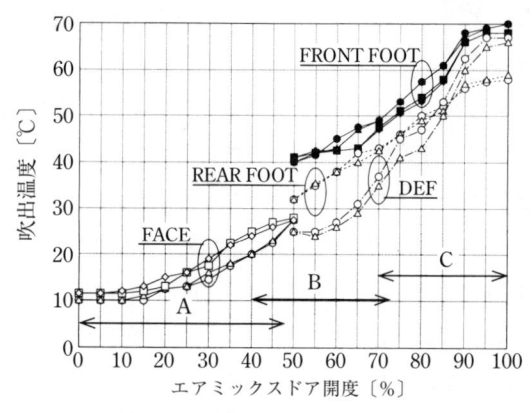

図4.11 温度コントロール特性実測例

4.12に示すようにさまざまな吹出口から空調風がでるようになっている。これらの吹出口は，ダッシュパネル内の通風ダクトで車両の各吹出口につながれている。そして，ヒータ部の各吹出口にはそこを開閉するためモード切替ドアが配置されており，図4.13に示

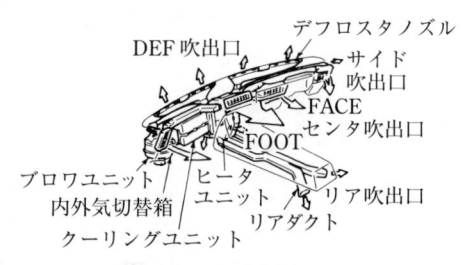

図4.12 車両吹出口の例

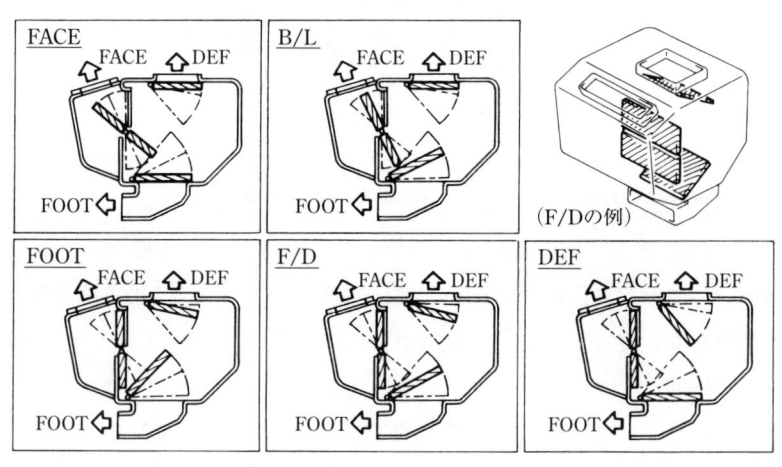

図4.13 各ドアの作動パターン例

第4章 エアコンユニット

すようにその開度をいろいろ組み合わせて乗員が必要とする配風を得ることができるように工夫されている。そして，それぞれのドアを動かすための機構がモードリンクと呼ばれるものである。

　モードリンクの具体例を図 4.14 に示す。図中の各ドアは，1 本のヒータコントロールケーブルあるいは 1 個のサーボモータがメインリンクを動かすことで同時に駆動され，かつ所定の位置に止まるようになっている。それぞれのドアはある区間で動き，残りの区間では動かないというように非常に複雑な動きをする。しかも精度よくドア位置を決め，また小さな力で動かせるよう効率的な作動が要求される。したがって，幾つものカム溝とロッドを組み合わせた複雑なリンク機構の設計が必要となる。

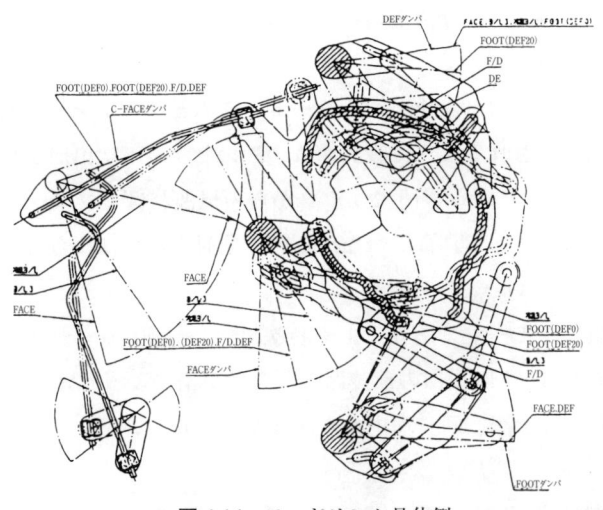

図 4.14　モードリンク具体例

　モードリンクの駆動方法は，内外気ドア，エアミックスドアと同様である。メインリンクは，DEF，FOOT，FACE などの各ドアと個々にサブリンクで結合され，メインリンクの作動角（サーボモータ回転角，レバーストローク）に対応しそれぞれのドア開度が決まるようになっている。

　図 4.15 は，各モードで目標風量配分を得るために必要な各ドアの動きをサーボモータのストロークに対し示したものである。図中モード名が記載されている

図 4.15 モードとドア開度

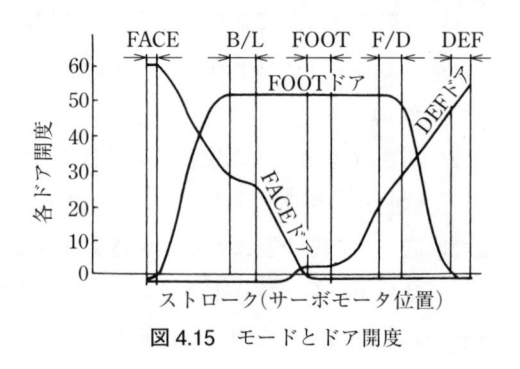

領域は，その範囲でそれぞれのドアが停止すれば目標とする風量配分が得られる範囲を示す．

各吹出口における風量配分決定の考え方は，次のとおりである．

(1) FACE モード

インパネ前面の吹出口から吐出するモード．このとき，インパネ上4つの吹出口からは均等に吐出されるように設計する．このとき，下吹出口からの空気洩れは，「足下が冷たい」という苦情に，デフからの風洩れは「フロントウィンドウが外側から曇る」という不具合につながるので絶対あってはならない．

(2) B/L（バイレベル）モード

頭寒足熱を狙ったモードであり，上下各吹出口から 50 ％ずつ空調風を吐出するのが一般的である．下吹出口の前後席の割合は車格によって異なる．このとき，デフからの風洩れは上記と同じ理由からあってはならない．

(3) FOOT モード

このモードでは，下吹出口から 70 ～ 80 ％，デフから 20 ～ 30 ％が一般的である．デフから風を出すのは，冬季に窓ガラスが曇らないよう温風の一部をガラスに当ててガラスの温度を下げないようにするためである．ただし，デフからの風が多すぎると顔面の温度が上昇し，乗員に不快感を与えることがある．

(4) F/D（フット/デフ）モード

寒冷地にて FOOT モードで走行中にフロントウィンドウが曇るような場合に選択するモードである．このモードでは，下吹出口，デフそれぞれから吐出される空調風 50 ％ずつが一般的である．

(5) DEF モード

冬季にフロントウィンドウが曇り走行不能になったとき，窓を積極的に晴らすために選択するモードで，すべての温風を窓ガラスを晴らすために使う。表4.3にそれぞれの吹出口モードと，その一般的な配風割合を示す。

表4.3　風量配分例

モード	吹出口		上吹出口		下吹出口		デフロスタ
			センタ	サイド	前席	後席	
FACE		冷房・換気	50	50	0	0	0
B/L		中間期	25	25	30	20	0
FOOT		暖房	0	20	40	25	15
F/D		暖房・防曇	0	20	25	15	40
DEF		霜取り・曇取り	0	30	0	0	70

地域・車両によってこの値は異なる（単位〔%〕）

3) ドアの種類

表4.4　ドアの種類

名　称	板ドア	フィルムドア	ロータリドア	スライドドア
構　成				［回転軸なし］

エアミックスドアおよびモード切替ドアは，一般に表4.4に示す4種類である。一般に板ドアが多いが，ドア回転スペースが必要となるため，最近ではより小スペースのスライドドアやフィルムドアが開発されている。1994年に開発されたフィルムドアの構成（図4.16）とユニットへの適用例（図4.17）を示す。

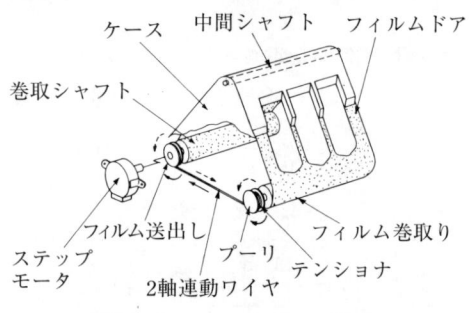

図 4.16　フィルムドアの構成

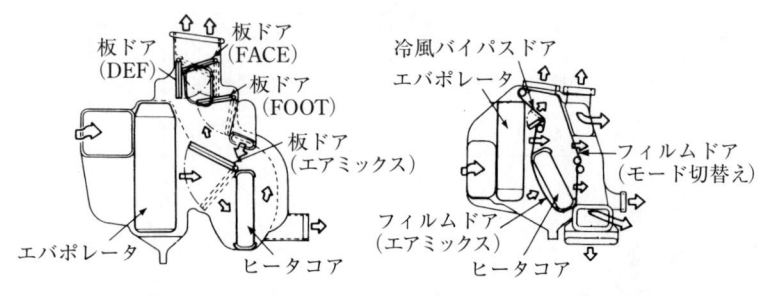

（a）板ドアタイプ　　　（b）フィルムドアタイプ
図 4.17　板ドアユニットとフィルムドアユニットの比較

第5章 カーエアコンの制御

5.1 カーエアコンの基本制御

　カーエアコンがその機能を十分に発揮し車室内を快適な状態に保つためには，温度や風の強さを調節すること，調節された風が心地よく感じられるように吹出口を切り換えることなどが要求され，これらのことは，前述した空調システムを電気的に制御することにより実現している。

　ここでは，カーエアコンにおける基本的な電気制御について説明する。大別すると，ブロワ制御，コンプレッサ制御，温度制御，配風制御に分けられる。温度制御，配風制御は，第3章，第4章で説明したので，本章ではブロワ制御とコンプレッサ制御について詳細に説明する。

（1）ブロワ制御

　ブロワ制御は，エアコンユニットの構成部品である送風機モータ（ブロワモータ）の回転数を変えることにより行っている。回転数を制御する機器には，送風機がなんらかの理由で回転を拘束された場合の異常発熱を防止する機能も付与されている。

　この制御方式には①レジスタ（抵抗）切換方式，②パワートランジスタ電圧制御，③パワートランジスタPWM（Pulse Width Modulation）制御がある。オートエアコンのようにきめ細かいブロワ制御には，パワートランジスタ，PWMが用いられる。

　1）レジスタ切換方式

　本方式は，風量制御機器の原点に位置するもので比較的安価であるが，風量制御段数は3段ないし4段である。その構成は，モータ印加電圧変更用のニクロム線（電気抵抗）と異常発熱防止用の温度ヒューズからなる。また，ニクロム線が枯れ葉などの発火物に直接接触しないように，ニクロム線部分はセラミック材な

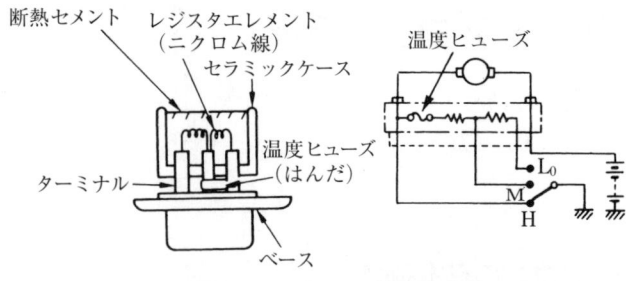

図 5.1 レジスタの構造と回路

どで周囲を覆われている。レジスタ切換方式の構造図と電気回路図を図 5.1 に示す。

2) パワートランジスタ電圧制御

パワートランジスタは，モータへの印加電圧をきめ細かく制御（例えば 32 段）するもので，最近は最大風量時のパワートランジスタによる電圧ドロップを小さくするために MOS-FET の使用が主流である。

異常発熱防止は，温度ヒューズがモータロック時のパワートランジスタの過熱を検知し溶解することで行っている。図 5.2 にその構造と回路を示す。

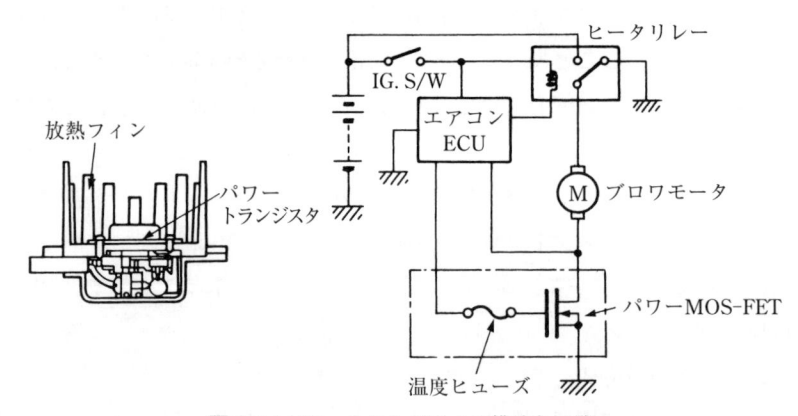

図 5.2 パワートランジスタの構造と回路

3) パワートランジスタ PWM 制御

PWM 制御は MOS-FET を使い，モータへの電流をデューティー比で制御す

る方式である。その回路構成を図 5.3 に示す。この方式の最大の利点は，抵抗による電圧制御ではないために，熱となって散逸する無駄な電力をなくすことができることである。そのため，パワートランジスタ電圧制御に比べ放熱フィンが小型にでき，ブロワモータと一体化が可能であり実用化もされている。異常発熱防止機能は MOS-FET の中にモータロック時電流を検知し，モータへの電流を回路的にしゃ断するように織り込まれている。また，最近ではブラシレスモータも実用化されている。ブラシレスモータは，無駄な電力損失をなくすことでは PWM 制御と同等であるが，ブラシがないことで長寿命・低騒音に優れる。

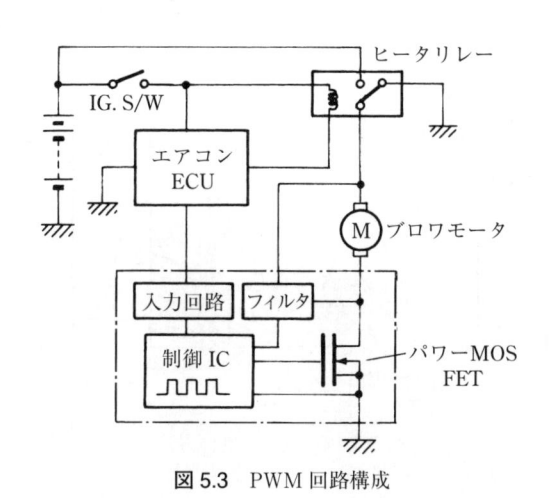

図 5.3　PWM 回路構成

(2) コンプレッサ制御

冷媒制御の目的は，大きくは①フロスト（着霜）防止，②冷凍サイクルの保護，③車両性能の維持に分けられる。

1) フロスト防止

冷房能力が冷房負荷に勝ると冷媒蒸発圧力が下がり，エバポレータ空気側表面温度が氷点下となる。そして，凝縮水の氷結が進行し通過空気の流れを妨げさらに蒸発圧力が下がり，やがては空気が流れなくなってしまうという現象に至る。そこで，このような現象を防止するために冷房能力を制御してフロストを防止する機能が設けられている。

現在カーエアコンでは，この制御方法として ON-OFF 制御，STV（サクショ

ンスロットルバルブ）制御，コンプレッサ容量制御の3種類が採用されている．

このうち，STV制御は第6章6節で，コンプレッサ容量制御は第6章1節で述べるため，ここではON-OFF制御のみについて説明する．

ON-OFF制御方式は，「冷媒蒸発温度が0℃以下になったら，コンプレッサを切る」というもので，最も一般的なフロスト防止方法である．実際には，エバポレータ下流の空気温度をサーミスタで検出し，例えば3℃になるとマグネットクラッチ電流を切り，4℃まで上昇したら再び入れるという制御である．

サーミスタには，温度応答の遅れがあるほか冷凍サイクルの遅れも加わり，実際の挙動は図5.4のようになり，通常，最大5℃程度の吹出温度変動が発生する．

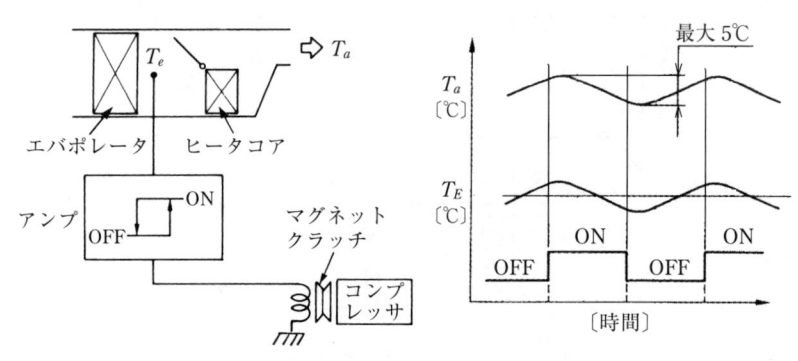

図5.4 ON-OFF制御方法

2） 冷凍サイクルの保護

冷凍サイクルの保護として，安全スイッチ（異常圧力を圧力スイッチで検出してコンプレッサを停止させる）と安全弁（異常高圧になると安全弁を開き，冷媒を大気に放出させる）がある．

(1) 安全スイッチ

冷凍サイクルの高圧側圧力を圧力スイッチで検出してコンプレッサを停止させ，冷媒サイクル機器のトラブルを未然に防止している．冷媒圧力の検出は，一般に高圧側のレシーバとエキスパンションバルブとの間に圧力スイッチを取り付けて検知している（図5.5）．

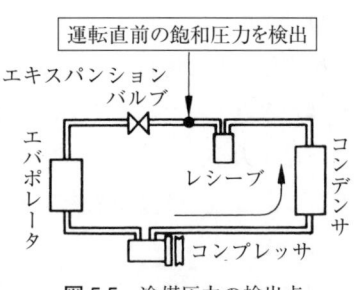

図5.5 冷媒圧力の検出点

A. 異常高圧の検知

冷凍サイクル内の高圧圧力が異常に高くなると，機器の故障，破損につながる。高圧を検知する圧力スイッチは，一般に 3.19 MPa 以上になると OFF になり，マグネットクラッチの電源を切ってコンプレッサを停止させる。

B. 異常低圧の検知

a. 冷媒不足の検知

冷凍サイクル内の冷媒が，ガス洩れなどにより極端に不足またはまったくない状態のとき，これを知らずにコンプレッサを駆動させるとコンプレッサオイルの潤滑が悪くなり，焼付けを起こす恐れがある。そこで，冷媒不足により運転直前の冷媒圧力が極端に低い場合圧力スイッチが「OFF」し，マグネットクラッチの電源を切る。圧力の検出場所としては運転前の圧力検知には低圧側でも可能であるが，運転後に低圧側圧力が下がり誤作動となるため，結果として，低圧側には設置できない。

エアコン稼動前，冷凍サイクル内に適正量の冷媒が封入されている場合，その飽和圧力は外気温25 ℃で，0.67 MPa程度である。そして，この圧力は冷媒が洩れて多少不足しても液冷媒がわずかでも存在する限りそのときの温度の飽和圧力を示し，特に変化はないが極端に不足すると液冷媒がなくなり，ガスのみとなってからは洩れるにつれてガス圧は図5.6のように低下してくる。

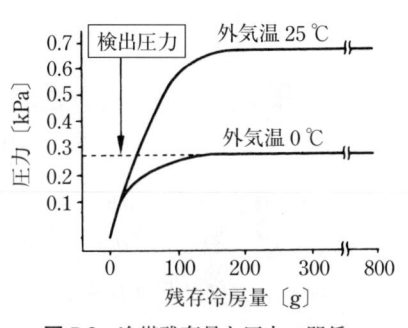

図5.6 冷媒残存量と圧力の関係

そこで，冷媒の飽和圧力の低下を圧力スイッチの「OFF」信号により検出すれば，冷媒不足を検出できるようになる。検出圧力は，通常 0 ℃の冷媒飽和圧力である 0.29 MPa の値が選ばれている。この値は，外気温 25 ℃において残存冷媒量が約 50 g になったときの圧力である。

b. 外気温度の検知

この検出圧力は，外気温 0 ℃における冷媒飽和圧力でもある。したがって，0 ℃以下では例え冷媒が適正量であっても圧力スイッチが「OFF」し，コンプレッサは駆動しない。0 ℃以下においてコンプレッサを作動させるとコンデンサ側

が冷却されすぎて高圧圧力が上がらず，膨張弁絞り部前後で十分な圧力差が得られないため，冷媒不足と同じ現象が生じるためである。

c. 圧力スイッチの具体例

例1：デュアル圧力スイッチ

圧力スイッチは，異常高圧および低圧を1つのスイッチで検知するデュアルタイプとそれぞれ単独で検知するタイプがある。ここでは，デュアルタイプの構造について説明する。図5.7，図5.8に構造，作動を示す。

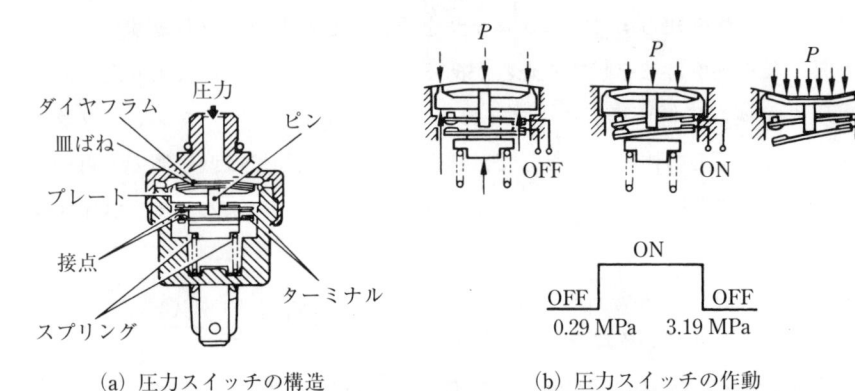

(a) 圧力スイッチの構造　　(b) 圧力スイッチの作動

図5.7　圧力スイッチの構造

● 冷媒圧力低下時（OFF）

「冷媒圧力＜スプリングの力」となり，スプリングによりプレートが押し上げられ上側の接点がたわみ，開いた状態（OFF）になる。

● 正常作動時（ON）

「冷媒圧力＞スプリングの力」となり，圧力でプレートが押し下げられるため，上側の接点がプレートで押し下げられて接点が閉じた状態（ON）になる。

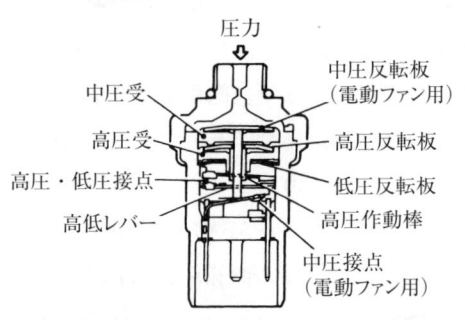

図5.8　トリプル圧力スイッチの構造

● 冷媒圧力上昇時（OFF）

「冷媒圧力＞皿バネの力」となり，皿バネがたわむためピンが押し下げられ，下側の接点を押し，接点が開いた状態（OFF）になる。

例2：トリプル圧力スイッチ

デュアル圧力スイッチに，第6章3節で述べている電動ファン制御圧の中圧用反転板と接点を組み込んだ，トリプル圧力スイッチも実用化されている（図5.8参照）。

(2) リリーフ弁

前述の圧力スイッチは，コンプレッサ作動を停止することで冷凍サイクルを保護したが，車が火災などでカーエアコン全体が高温になったときに異常高圧にならないよう，リリーフ弁を用いて設定圧力以上になると冷媒を大気に放出して異常高圧を防止している。

リリーフ弁は，冷媒の圧力が所定の圧力以上になったときに開いて圧力を逃がす弁であり，一般的にはコンプレッサの吐出圧力を検出できるようにコンプレッサのボデーに取り付けられている。図5.9に示すように構造はシンプルであり，スプリングの押付力を利用したものである。作動圧力は，このスプリングの締付ねじによって調整できるようになっている。高圧圧力が約 3.53 MPa になると開放口より冷媒が洩れ始めるため圧力が下がる。冷媒が減って高圧圧力が下がるとスプリング力が圧力に打ち勝つため安全弁は閉じる。

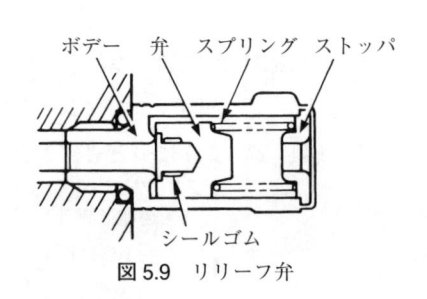

図 5.9 リリーフ弁

したがって，高圧スイッチと同様異常圧力を生じた原因が取り除かれれば，冷凍サイクルは自動的に正常な運転が行えるようになっている。駐車中にコンプレッサの中に冷媒がたまり，液圧縮を起こすような瞬間異常高圧にも対応できる。

5.2 車両連動制御

エンジンからの駆動動力によって作動するコンプレッサは，その駆動動力の大小により車両性能に影響を与えることがある。例えば，車両加速時には大きなエンジン出力を必要とするため，コンプレッサの動力はより少ないほうが望ましい。

車両連動制御は，このような観点に立って生まれた制御で，A/C作動状態と車両走行状態から快適な車室内空間を維持しつつ，車両性能を最大限に引き出す効率的なコンプレッサ制御を達成するものである。

(1) エアコン側制御

エアコン側制御は，大きく①加速時動力セーブ制御，②減速エネルギー回収制御と③低回転時動力カット制御に分けられる。

1) 加速時動力セーブ制御

車両の発進や追越しの際は，十分な加速性を得るために大きなエンジン出力を必要とする。加速時動力セーブ制御は，エンジン出力をより効率よく加速に結び付け，かつ空調性能の維持も同時に達成することを目的とした制御である。発進時や追越時におけるアクセル開度が大きいときの数秒間，可変容量コンプレッサの容量を小さくコントロールして，エンジンからコンプレッサへ供給される動力負担を小さくさせる。

具体的には，エンジン ECU からエアコン ECU に加速信号が入力されると，エアコン ECU は図 5.10 のようにコンプレッサの容量出力を小さくして加速性を向上させる。この際，コンプレッサ容量の下げ量は，冷房負荷に応じて体感温度に差を感じないようにつど設定される。

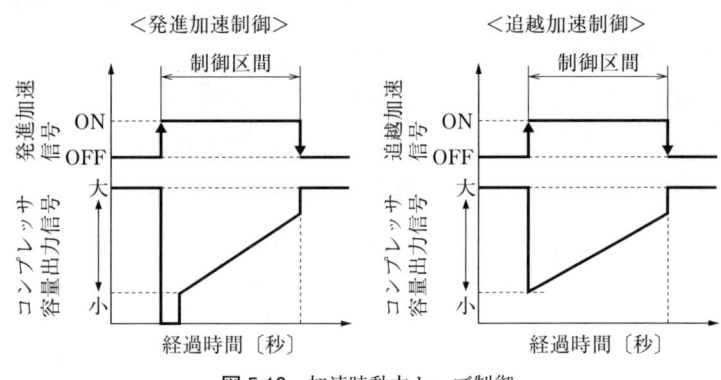

図 5.10 加速時動力セーブ制御

2) 減速エネルギー回収制御

車両減速時は，エンジンフューエルカットされているためエンジンはコンプレッサを駆動するための動力を発生させていない。しかしながら，エンジンは直結しているタイヤからの回転力を受けて回転しているので，この回転力を利用して蓄冷しようとするのが減速時エネルギー回収制御である。

図 5.11 に示すように，エアコン ECU はエンジン ECU からフューエルカット

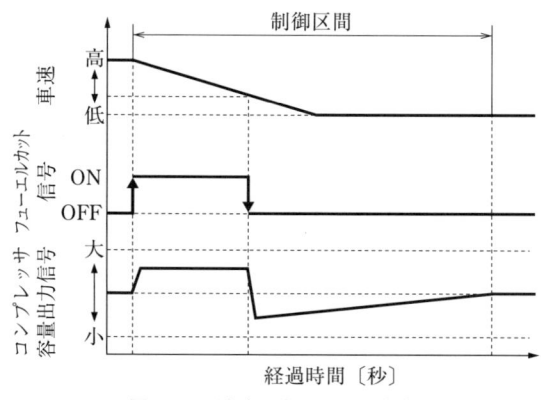

図 5.11 減速エネルギー回収制御

信号を入力されるとコンプレッサの容量を大きくして蓄冷を開始する。その後，フューエルカット信号がOFFされるとエアコンECUはコンプレッサ容量を小さくし，その後徐々に容量を大きくする。フューエルカット信号がOFFされた後は，まず蓄冷分を使って冷房するため，その分のコンプレッサ駆動動力が不要となり，燃費の向上が図られる。

3) 低回転時動力カット制御

低回転時動力カット制御は，急減速時のエンスト防止を主な狙いとした制御であり，図5.12に制御関係を示す。急減速のアイドル時において，実際のエンジン回転数が目標エンジン回転数より低く，かつエンストに至る直前の低回転数まで低下したとき，エンジンECUはエアコンECUにコンプレッサ容量が最小容量になるように動力カット信号を出す。これによりエンストが回避される。

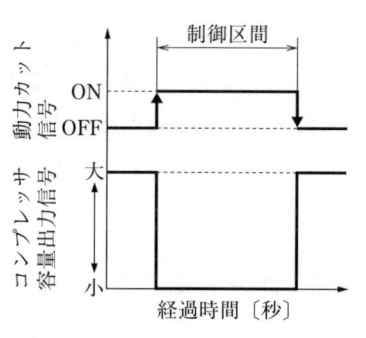

図 5.12 低回転時動力カット制御

(2) エンジン側制御

エンジン側制御は，大きく①アイドルアップ制御と②コンプレッサトルクに見合う空気量制御に分けられる。

1) アイドルアップ制御

アイドル時は，エンジン回転数が低いので車両熱負荷が高い場合は冷房能力が不足気味になる。そこで，外気温度，エバポレータ出口温度，車室内温度，日射強度を総合的に判断して，エアコン ECU からエンジン ECU に対してアイドルアップの目標回転数を高めに変更するように要求を出す。エンジン ECU がこの信号を受けて，通常のアイドル回転数より高いエンジン回転数に設定する制御である。

2) コンプレッサトルクに見合う空気量制御

アイドル状態において，エンジンが目標回転数を維持するためには，各エンジン補機の必要動力を見越してエンジンの空気量を制御する必要がある。そのために，実際に稼動している可変容量コンプレッサのトルクを精度よく推定して，エンジン ECU にコンプレッサトルク信号として送る。この信号をもとに，エンジン ECU はコンプレッサ駆動に見合った空気量を追加補正して空気量を制御することができる。

固定コンプレッサの場合は，容量が固定されているのでコンプレッサ回転数から算出可能な冷媒流量と検出された吐出圧力センサの出力からおおよそのトルクを推定している。一方，可変容量コンプレッサは幅広い容量範囲で使用されるので，木目細かなトルク推定が必要となる。しかしながら，可変時におけるコンプレッサ容量の測定は難しいため，直接冷媒流量をセンサで検出して吐出圧力との両者からトルク推定をしている。

5.3 オートエアコンの制御

オートエアコンは，乗員が車室内の温度を希望の温度に設定すると，空調システムの吹出温度・風量・風の吹出パターンなどを自動調節することにより車室外の温度や日射の強さによる影響を自動補正し，車室内温度を常に一定に保つようにコントロールするシステムである。言い換えれば，オートエアコンとは乗員に代わってマニュアルエアコンを操作する機能をもった空調制御システムである。

(1) オートエアコン制御システム

図 5.13 にオートエアコンシステムの概要を示すが，大別すると，

① 外部温度環境や室内状況，空調作動状況を検出するセンサ類
② 希望する温度や運転状態を指示する設定器（エアコンパネルと呼ぶ）
③ 各種センサ信号，エアコンパネル信号から＜吹出温度＞＜吹出風量＞＜吹出口切換え＞をコントロールする信号を算出するエアコン ECU
④ エアコン ECU の指令に基づいて具体的作動を行うエアコンユニット

の 4 つから構成される。

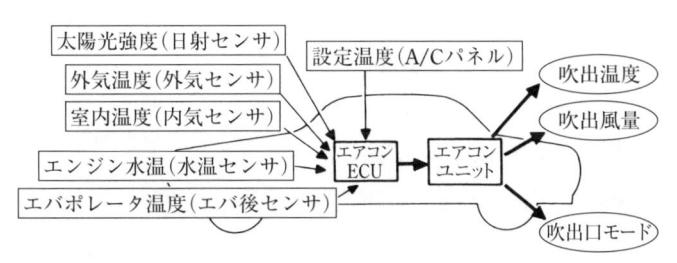

図 5.13　オートエアコン制御システム

各種センサの検出方法やエアコンユニット各機能のコントロール方法については第 6 章で説明するので，ここでは室温を一定に制御するための考え方について述べる。

(2) オートエアコン制御の考え方

1) 吹出温度制御

乗員の希望する温度（設定温度）に対して，制御 ECU は現在の車室内温度，外気温度，日射強度から車室内外の環境条件を検出して，「いま，何度の風を出せばよいか」を計算する。この計算値は必要吹出温度 T_{ao} と呼ばれ，現在のオートエアコンでは温度制御の基本となる値である。

吹出温度制御では，この T_{ao} と同じ温度をつくれるようにエアミックスドアをサーボモータによって開閉制御する（図 5.14）。しかし，実際には低温側はエバポレータ温度，高温側はヒータコア温度までしか変化させることはできないので，この範囲を超える T_{ao} に対しては風量を増加させることで補う。

T_{ao} は，車室内の温度を乗員の設定した温度で一定に保つために必要な吹出温度のことであり，式 (5.1) で表せる。

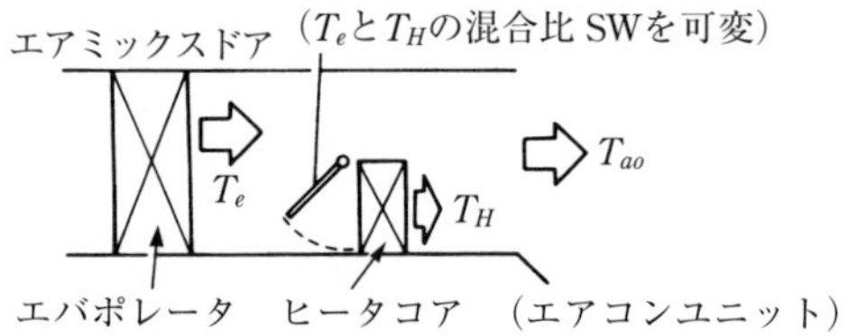

```
    エアミックスドア (T_e と T_H の混合比 SW を可変)
```

図 5.14 温度コントロール（エアミックス方式）

$$T_{ao} = \frac{G_f (T_{set} - T_r) - Q_{LTH}}{C_P \gamma V_a + T_r} \tag{5.1}$$

T_{set}：設定温度，T_r：室内温度，G_f：フィードバックゲイン，Q_{LTH}：日射や車内外温度差による伝熱負荷と自然換気ロスの和

伝熱負荷 $= K_1 (T_{am} - T_r) + K_2 Q_s + C'$

自然換気ロス $= C_P \gamma V_v (T_{am} - T_r)$

V_v：(自然換気量)，C_P, γ：空気の物性値（比熱，比重），V_a：風量，Q_s：日射熱負荷

式 (5.1) の右側の第 1 項は，設定温度と室内温度との差にフィードバックゲインを掛けたもの，つまり室温を設定温度にするための補正項である。第 2 項は，伝熱負荷と換気ロスの総和を空気物性値と風量で割ったもの，つまり現在の日射や外気温によって単位時間当たりでどれぐらい温度が上昇または下降するかの予測値であり，その補正を行わせる項である。

よって，T_{ao} とは現在の室温 T_r に対して，設定温度と室温との差によるフィードバック補正と予測される伝熱負荷へのフィードフォワード補正を行うための吹出温度ということになる。

この T_{ao} は，各センサ信号との関係式に変換すると，Q_{LTH} は T_{am}，T_r，T_s（日射熱負荷 Q_s による温度上昇分）の 1 次式であるので次式のようになる。

$$T_{ao} = K_{set} \cdot T_{set} - K_r \cdot T_r - K_{am} \cdot T_{am} - K_s \cdot T_s + C \tag{5.2}$$

ここで，T_{am}，T_s はそれぞれ外気温度，日射強度信号であり，K_{set}，K_r，K_{am}，K_s は各信号のゲイン，C は定数である。T_{ao} は吹出温度であるが，エアコンの送風量を一定とするなら車室内に放出される熱量と考えてもよい。

エアコンユニットにおいて，温度のコントロールはエバポレータの冷気とヒータコアの暖気の混合する比率によって行われるが，その混合比（SW）は次式で

求めることができる。

$$\mathrm{SW} = \frac{T_{ao} - T_e}{T_H - T_e} \times 100 \ [\%] \tag{5.3}$$

ここで T_e はエバポレータ温度であり，T_H はヒータコア温度である．混合比（SW）は 0 % が最大冷房，100 % が最大暖房となる．

2) ブロワ風量制御

夏季や冬季のエアコン始動時などは，車室内が外気温度や日射の影響で快適な温度からはほど遠い温度になっている．オートエアコンは，車室内温度をこの状態からできるだけ早く快適領域になるように，大きな冷暖房能力を要求される．風量制御では，このように大きな冷暖房能力が必要なときには大風量で送風し，室温が設定温度に近づき能力が要らなくなってきたら，送風量を少なくするようにブロワモータを制御している．

オートエアコンの場合，パワートランジスタを用いてブロワモータ電圧を上下することにより，モータ回転数を制御する方式をとっているが，高速パワーFET の出現により PWM（第 5 章 1 節参照）を用いて省電力を図る方式も採用されだしている．

また，以上の基本制御に加えて冬季の始動時には，エンジン冷却水の暖まり具合に対応して送風量をゼロから徐々に増加させていくことにより，冷風の吹出しによる不快感をなくすウォームアップ制御を行っており，夏季ではエバポレータが十分に冷えてから送風を開始することにより，温風吹出しによる不快感をなくす遅動制御（クールダウン制御）が行われている．図 5.15 には，ブロワ風量の基本制御パターンとウォームアップ制御パターンの一例を示す．

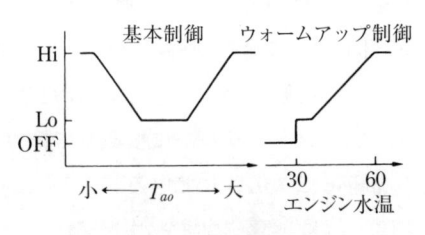

図 5.15 ブロワ風量制御パターン

3) 吹出口制御

吹出口は，冬季など外気温度が低く吹き出す風の温度が高いときには足元（FOOT モード）から吹き出させ，逆に夏季などの風の温度が低いときには顔の付近を冷やすようにインパネ各所（FACE モード）から吹き出させるというように切り換えて使用するほうが人間の感覚に合う．高級なオートエアコンでは，

この切換えを自動で行わせることにより，乗員の感覚に合った空調を実現している．

自動で制御する場合は，この切換えをFOOTモード←→FACEモードで直接切り換えるのではなく，切換前後の温度感覚の差を緩和するように中間領域としてFOOT，FACE両方のモードから風を出すバイレベル（B/L）モードを設けている．この吹出口制御パターンの一例を図5.16に示す．一部のさらに高級なオートエアコンでは，FOOT，FACEの風量配分をリニアに変化させる制御方式もある．

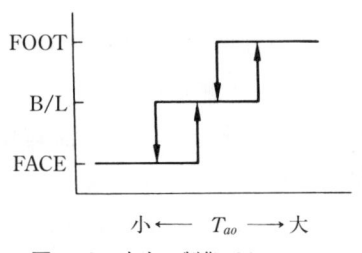

図5.16 吹出口制御パターン

4) その他の制御

オートエアコンには，以上の制御のほかにもより人間のフィーリングに合った空調を行うための制御や動力を節約するための制御があるので，以下に簡単に説明する．

(1) 吸込口制御

吸込口は，通常換気を兼ねて外気吸込モードで使用することが多いが，排気ガスの多い所など外気の汚れている所を走行するときや冷房能力を上げたいときに内気吸込モードを使用する．図5.17にその制御パターンの一例を示す．一方，汚染濃度が高い（外気が汚れている）場合，フロントグリル部に搭載して排ガスセンサを用いて内気にする制御は，一部の高級車で採用されている．

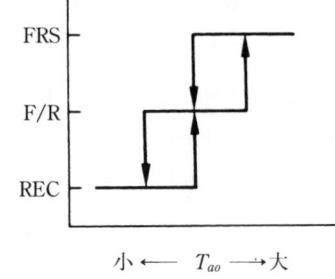

図5.17 吸込口制御パターン

(2) 温度感覚（フィーリング）向上制御

外気温度補正制御：外気温度の低い冬季は暖かめに，外気温度の高い夏季は涼しめに制御する（式 (5.2) の K_{am} を大きくする（図5.18））．

日射補正制御：日射の強いときは乗員に直射日光が当たるために，実際の室温上昇以上に乗

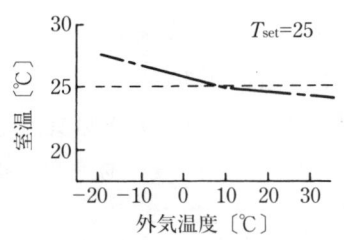

図5.18 外気温度補正制御の例

員は暑く感じるので，涼しめに制御する（式(5.2)のK_sを大きくする）とともに，風量も多めに制御する（図5.19）。

(3) 省動力制御（コンプレッサ制御）

コンプレッサのフロスト制御において，冷房能力のあまり必要としない春秋では，エバポレータ温度を高くしてコンプレッサの作動時間割合を下げることで省動力化することも実用化されている。さらに，湿度センサを用いることで窓が曇りそうな高湿度のときは，コンプレッサ作動時間割合を上げることで冷房能力（除湿能力）を高めることもできる。

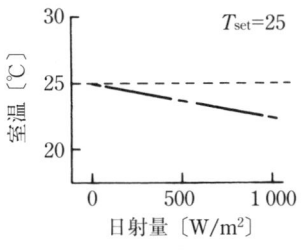

図5.19 日射補正制御の例

以上，オートエアコンで行われている各機能について，その概要を説明してきたが，次にこれらの機能を具体的に実現するオートエアコン制御システムのハード構成について説明する。

(3) システムのハード構成

図5.20にシステムハード構成を示す。設定温度，車室内温度，外気温度，日

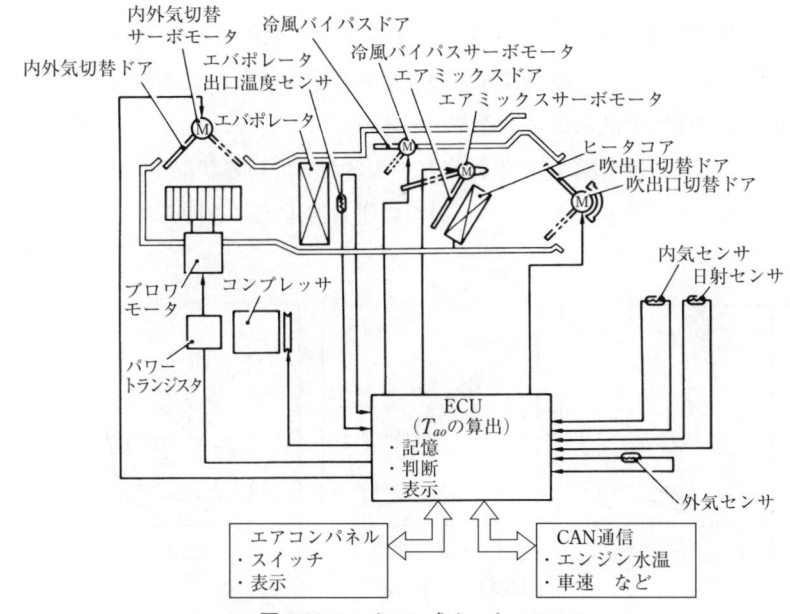

図5.20 マイコン式オートエアコン

5.3 オートエアコンの制御　93

射強度，エバポレータ後空気温度，エンジン水温など各種信号がマイコンを用いた制御 ECU にそれぞれ独立に入力される．最近は，車両通信（CAN）と接続されており，エンジン水温やエンジン回転数や車速を CAN 通信でもらうことが多い．ECU はこれらの信号に基づいて，車室内温度を設定温度に近づけるために必要なエアコンからの放出熱量を算出し，エアミックスドアの開閉ブロワモータの電圧，コンプレッサの作動停止などの制御を行う．

(4) オートエアコンの動向

これまでのオートエアコンは，車室内全体を希望の温度（設定温度）に維持するように制御するものであったが，その性能が向上するにつれてどうしても制御しきれないものとして日射方向つまり太陽の位置の影響が明確になってきた．また，乗員一人ひとりに温度感覚の差あるいは温度に対する好みの差によるエアコンへの不満も聞かれるようになってきた．

図 5.21 は，冬季において，乗員に強い日射が当たった場合のオートエアコンの制御を示しているが，従来方式のオートエアコンでは日射熱負荷分だけ暖房能力を下げることにより室温を維持するよう主に足元の吹出温度を下げて制御するため乗員の快適感を満足できない．この不快感を解消するものとして登場したのが上下独立温度制御であり，図 5.21 に示すように，頭部のみが暑いときは頭部のみの温度を下げ，足元の温度は元の温度を維持することができるので，このような状況でも快適感を満足させることができる．

図 5.22 は，日射が車両に対して右前方から当たっている状況を示しているが，このような状況でオートエアコンは，日射による温度上昇を抑えるために室温全

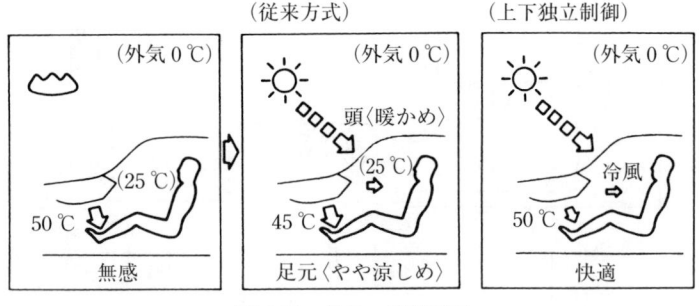

図 5.21　冬季の日射補正

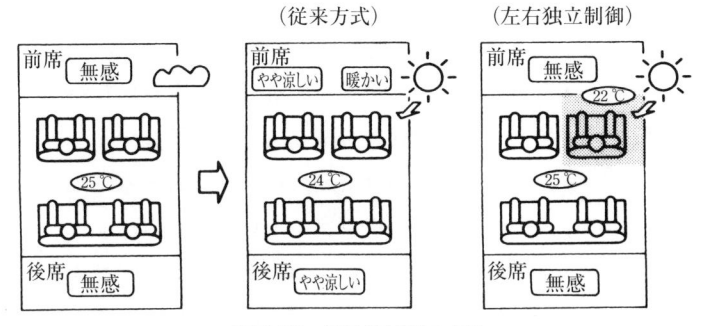

図 5.22　偏日射補正の方法

体を下げようとするので従来方法では図の中央に示すように日射の当たっている側の乗員は暖かく，日射の当たっていない側の乗員はエアコンが効き過ぎているように感じてしまい，前の例と同様に快適感を満足できなくなる。

　このような不快感の解消や乗員一人ひとりの温度感覚の差（暑がり，寒がり）を解消するものとして開発されたのが左右独立温度制御であり，図の右に示すように日射の当たる側の温度を下げるようにして乗員の快適性を維持するよにしている。図5.23は上下左右独立温度制御の例を示しており，上記の両方の機能をもつほか，日射の左右方向をも検出できる2Dセンサ（第6章8節）により，日射の当たる側のみ自動的にFACE吹出風量を増やし，温度を下げて乗員の快適感を満足させている。このためのエアコンユニットは左右が対称なセンタ置きユニットが望ましく，上下左右それぞれ独立に切替ドアが駆動できるようにしている。

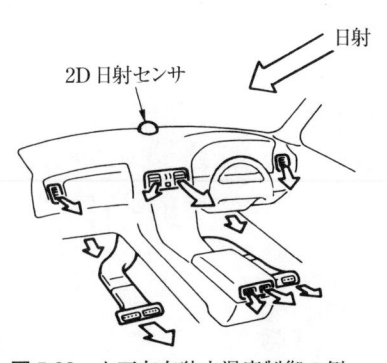

図 5.23　上下左右独立温度制御の例

　また，このほかの独立温度制御として，後部座席の快適性向上を狙った前後独立温度制御（1つのエアコンユニットで制御するシステムを前後独立制御オートエアコン，2つのエアコンユニットを用いたワゴン車などのシステムをデュアルオートエアコンと一般に呼んでいる）も実用化されてきた。

　以上に述べたような独立温度制御システムは，最近高級車を中心に実用化が始

まっている。

　最近では温度のほかに車室内の湿度を検出して，窓の曇りの防止とコンプレッサの省動力の両立を図るシステムや，車周辺の排気ガスを検出したときに自動的に吸込口を内気モードにして車室内への排気ガス侵入を低減するシステムの実用化も始まってきた。また，車室内への排気ガス侵入を低減するシステムの実用化も始まってきた。車室内の湿度や空気質をコントロールすることは，乗員の健康にも寄与することであり，湿度や排気ガスを検出するセンサの普及とともにさらに広まっていくと考えられる。

第6章 カーエアコン主要構成部品

6.1 コンプレッサ

　カーエアコン用コンプレッサは，エンジンよりベルトおよびクラッチを介して駆動力を受け，エバポレータで車室内の熱を奪って気化した低温・低圧の冷媒ガスを吸入，圧縮して，高温・高圧になったガスをコンデンサに送り出す役目をしている。

（1）基礎知識

　図6.1に今はほとんど使われていないがコンプレッサの基本型である往復式の構造図を示し，図6.2に往復式を例にした理論圧縮線図を示す。

　図6.2の1→2で，吸込圧力P_sのガスを吐出圧力でP_dまで圧縮し，2→3でこのガスを高圧側に吐出しながらピストンは上死点3に至る。

　図6.2の3→4では，ピストン上死点3ですき間に残った体積V_dのガスを4の吸入圧力P_sまで膨張する。4→1では，作動室内が吸入圧力に達すると新しい冷媒ガスが吸入弁を押し開いて吸入する。

　ここで，吸入容積Vは，3→4の再膨張行程によりピストン行程容積V_0より小さくなる。実際には，さらに内部洩れや吸入圧力損失の影響があり，実際の吸入容積V'は図6.2のVより小さな値となる。V'とV_0の比を体積効率と呼び，次式で表す。

$$\eta v = \frac{V'}{V_0} \tag{6.1}$$

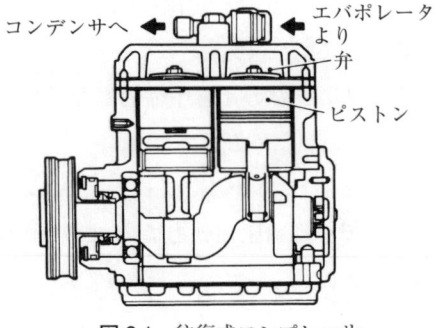

図6.1　往復式コンプレッサ

図6.2　理論圧縮線図

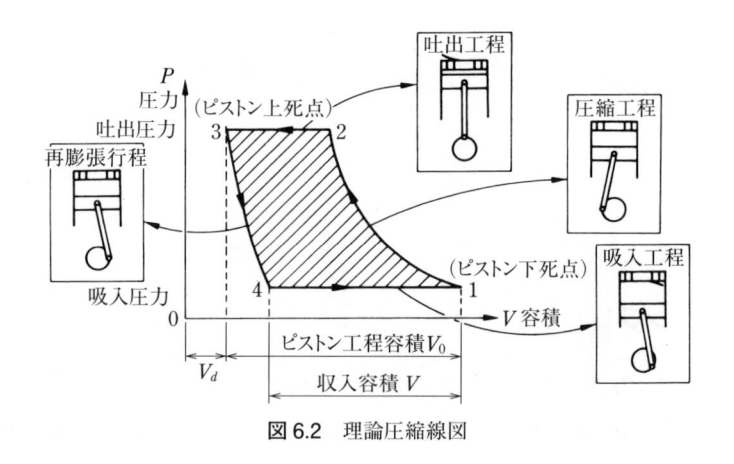

図6.3に実際の往復式コンプレッサの圧縮線図を理論線図と比較して示す。P-V線図で囲まれた面積を図示圧縮動力として表すことができ，理論圧縮動力L_{th}（1234）に比べ，実際の図示圧縮動力L'（$1'2'3'4'$）は図中の各損失が加わり大きくなる。

このL_{th}とL'の比を圧縮効率と呼び，次式で表す。

$$\eta_c = \frac{L_{th}}{L'} \tag{6.2}$$

ここで，理論圧縮動力L_{th}は断熱圧縮理論より断熱係数κを用いると次式となる。

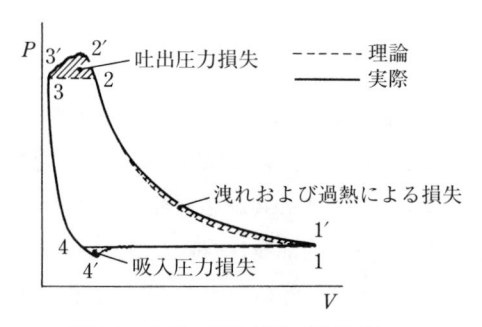

図6.3　実際の圧縮線図（往復式）

$$L_{th} = \left\{ \frac{\kappa}{\kappa - 1} P_s V' \left(\frac{P_d}{P_s} \right)^{(\kappa-1)/\kappa} - 1 \right\} \tag{6.3}$$

また，実際のコンプレッサには P-V 縮図上に現れない各部の摩擦による動力損失が存在するため，所要動力 L は図示圧縮動力 L' よりさらに大きくなる。この L' と L との比が機械効率である。

$$\eta_m = \frac{L'}{L} \tag{6.4}$$

したがって，式 (6.2)，式 (6.4) より，実際の所要動力と理論動力の関係は次式となる。

$$L = \frac{L_{th}}{\eta_c \cdot \eta_m} \tag{6.5}$$

一般的な運転条件においては， $\eta_c = 0.7 \sim 0.8$， $\eta_m = 0.8 \sim 0.9$ である。

(2) 種類と特徴

コンプレッサを分類すると容積形とターボ形に分かれるが，カーエアコン用はすべて容積形である。容積形の分類と採用の歴史を図 6.4 に示す。現在の主流は斜板形であるが，小形・低騒音化ニーズに対応して回転式が採用され，また省動力・快適性ニーズに応えるため形式ごとに可変容量のコンプレッサが普及している。さらに，地球環境保護，燃費規制のニーズに応えるため電動コンプレッサが普及し始めている。

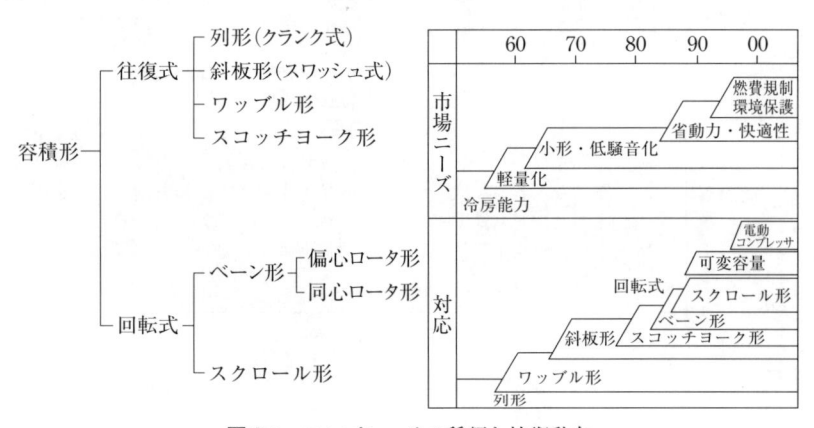

図 6.4 コンプレッサの種類と技術動向

(1) 往復式コンプレッサ

表 6.1 に往復式の代表例の構造と特徴を示す。往復式で主に使われている斜板形（スワッシュ式）の構造と作動原理を図 6.5 に示す。列形のクランクに代わり、駆動軸に固定された斜板の回転により斜板上を摺動するシューを介してピストンが往復作動する。1本のピストンの両側にシリンダ室が形成され、ピストン前後で吸入→圧縮→吐出が行われる。

表6.1 往復式コンプレッサの構造と特徴

形式(代表例)	構造	特徴
列形 （クランク式）		・クランク，コネクティングロッド，ピストンより構成される往復式の最も基本的形式 ・信頼性に優れるが，アンバランスが大きくトルク変動も大きいため，振動騒音の面で劣る ・高速回転に適さない
斜板形 （スワッシュ式）		・シャフト中央に固定された斜板の回転により，ピストンをシャフトに平行に作動させ圧縮する ・特性，信頼性に総合的にバランスのとれた形式である
ワッブル形		・両斜板タイプのピストンを片側だけに配したもの ・連続容量可変（ストローク可変）に適し，可変制御性，省燃費で競争力あり ・斜板形に比べ，気筒数，動バランスなどから振動騒音高速耐久性の面で劣る ・高速耐久性も課題
スコッチ ヨーク形		・クランクシャフトで直交したピストンを往復運動させる ・径方向は大きいが軸方向の長さを短くできる

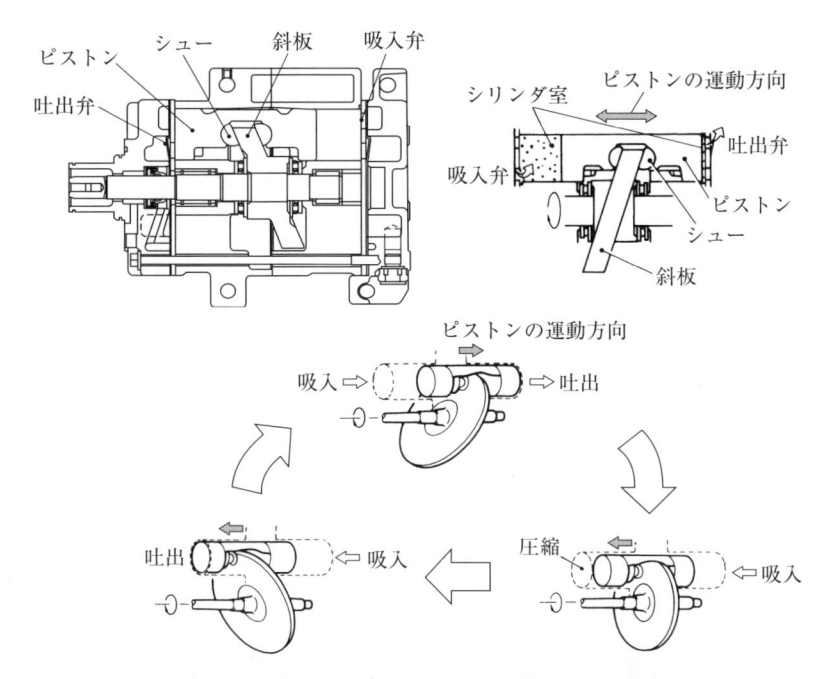

図 6.5 斜板形(スワッシュ式)の構造と作動原理

(2) 回転式コンプレッサ

表 6.2 に回転式の代表例の構造と特徴を示す.図 6.6 〜 6.8 に表 6.2 中のそれぞれの作動原理を示す.

ベーン形は,シャフトと一体に回転するロータとベーンおよびハウジング内周面とで形成される作動室の容積が,増加から減少することによって冷媒ガスを吸入・圧縮・吐出する.

スクロール形は,2 つの渦巻き(可動と固定スクロール)をかみ合わせることによって,複数の接触点で三日月状の作動室を形成する.そして,可動スクロールに自転を許さず公転運動させることにより,作動室が外周側より容積を減少させながら内側へ移動する.複数の作動室で吸入・圧縮・吐出が同時に行われ,圧縮された冷媒ガスは中央部の吐出ポートから排出される.

(3) 可変容量コンプレッサ

カーエアコンに対する省動力ニーズおよびコンプレッサの ON-OFF 制御時の車室吹出温度変化やショック低減といった快適性ニーズに対し,1980 年代から

表 6.2 回転式コンプレッサの構造と特徴

形式(代表例)		構造	特徴
ベーン形	同心ロータ形	吸入ポート、吐出ポート、吐出ポート、吸入ポート、ロータ、ベーン	・断面形状がだ円のシリンダと，ベーンの付いたロータから構成されている ・斜板形に対し，部品点数が少なく，小形，多気筒化に向く ・ベーンとシリンダとの摺動抵抗大のため，消費馬力が難点
	偏心ロータ形(スルーベーン形)	吐出弁、吐出ポート、吸入ポート、ロータ、ベーン	・特殊プロフィールからなるシリンダ，シリンダに対し偏芯したロータ，およびロータを貫通した2枚の直交するベーンから構成される ・ベーンとシリンダとの摩擦損失が少なく，消費馬力あたりの冷房能力が高い ・ベーン飛出量が大きく，小形化に有利
スクロール形		固定スクロール、吸入ポート、吐出ポート、可動スクロール	・可動スクロールと固定スクロールが組み合わさり，可動スクロールが旋回運動をして，吸入，圧縮を行う ・圧縮が緩やかで洩れが少なく，高効率であるが，胴径が大きい ・1気筒であるため，脈動，トルク変動が大きいが，低周波のためにボデー共振音なし

吸入　　　　　圧縮　　　　　吐出　　　　　吐出終わり

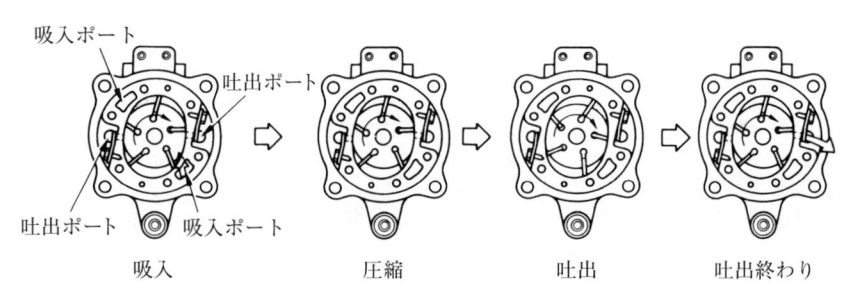

図 6.6　同心ロータ式ベーン形の作動原理

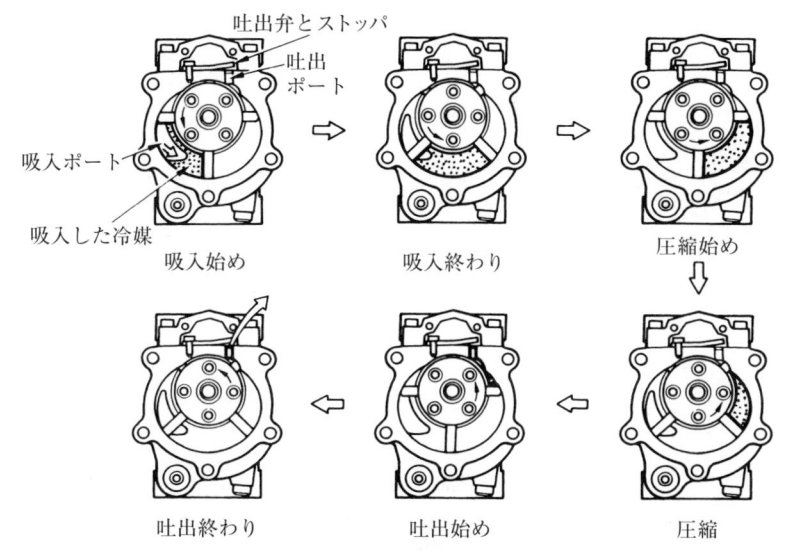

図 6.7 偏心式ロータ式（スルーベーン形）の作動原理

コンプレッサの可変容量が普及するようになった。ここでは，各種の可変容量方式と可変容量の制御方法について述べる。

1) 可変容量方式

図6.9にコンプレッサの冷房能力の因子と能力を可変する方法を示す。カーエアコン用コンプレッサはエンジンにより駆動されるため，家庭用エアコンのように回転数を任意に変えることができない。よって，図6.9に示すように回転数以外の行程容積，体積効率，気筒数で冷房能力を制御する方法が実用化されている。

(1) ストローク可変式

往復式の斜板形コンプレッサの斜板，ワッブル型コンプレッサのワッブルプレートの傾きを連続的に変えることにより，ピストンストロークを変化させて連続的に容量を変える方式で可変容量コンプレッサの主流である。図6.10に斜板形，図6.11にワッブル形の例を示す。可変容量における基本的な作動原理は，両タイプともに同じであるためここでは斜板形を用いて構造および作動について以下説明する。

図6.12に可変容量機構，図6.13に斜板角度を変化させるための作動原理を，

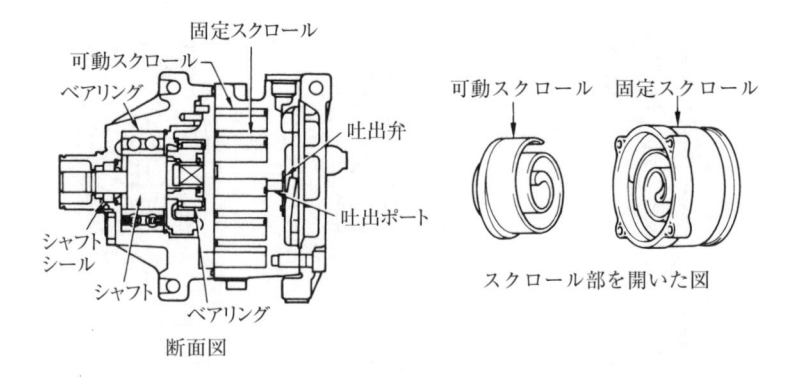

図6.8 スクロール形の断面図と作動原理

吐出容量 = 行程容積 × 体積効率 × 気筒数 × 回転数

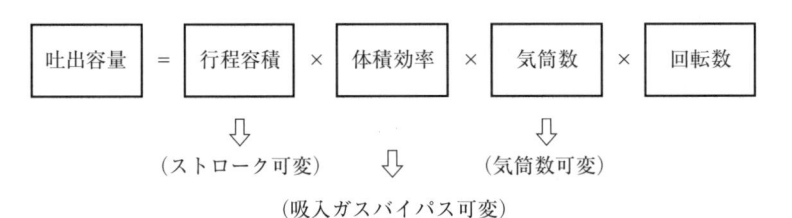

⇩（ストローク可変）　⇩（吸入ガスバイパス可変）　⇩（気筒数可変）

図 6.9　コンプレッサの能力可変方式

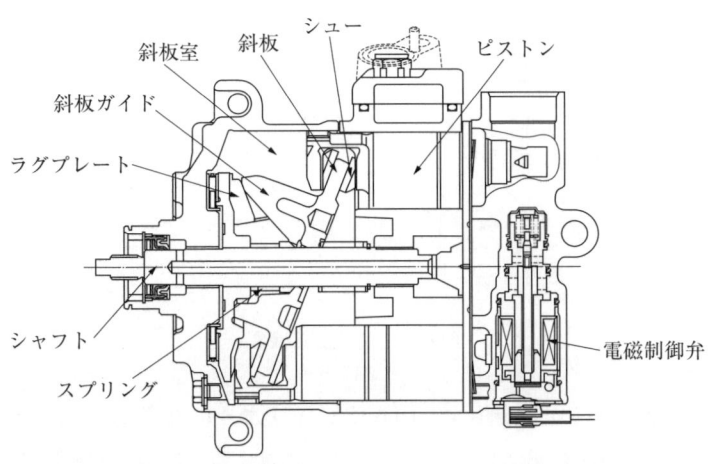

図 6.10　斜板形可変容量コンプレッサの構造

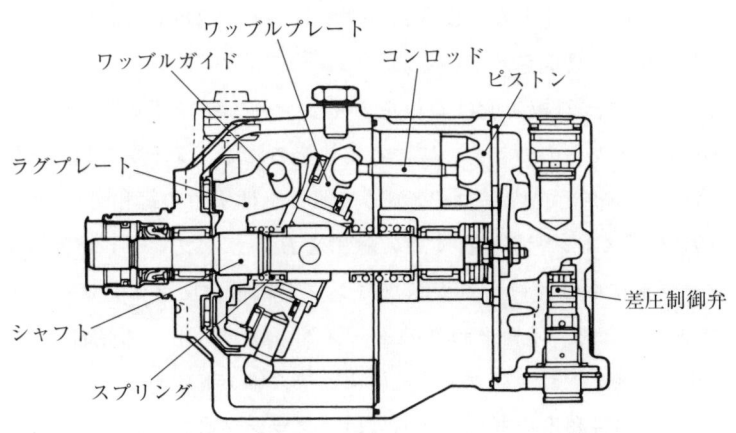

図 6.11　ワッブル形可変容量コンプレッサの構造

6.1　コンプレッサ

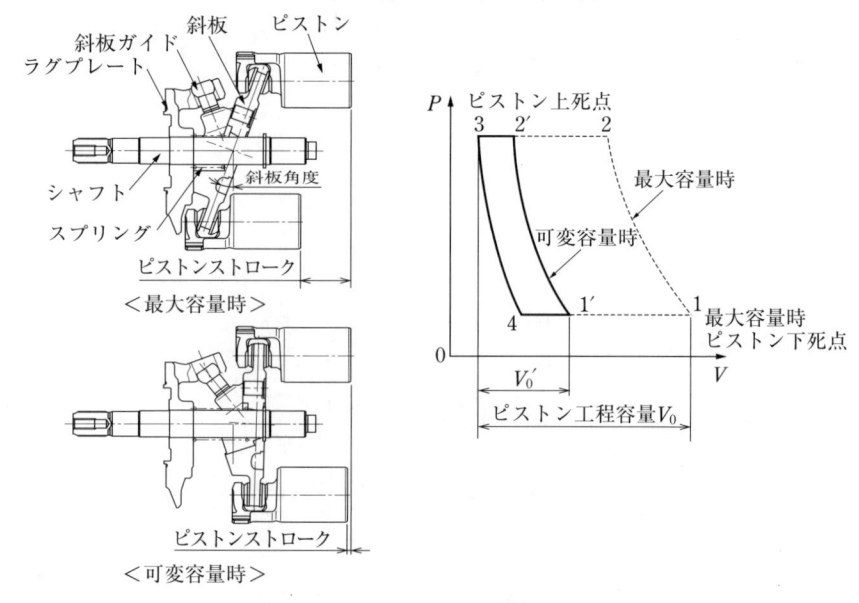

図6.12　可変容量機構

図6.14に可変容量の作動を示す。図6.12に示すように可変機構は，シャフトに直結されて回転するラグプレートとシャフトに対する角度が連続的に変化できる斜板から構成されている。ここで，ラグプレートと斜板は，斜板角度に関係なくピストンの上死点が一定となるようにラグプレートと斜板間に設けられた独特のヒンジ機構を介して構成されている。

図6.13において，斜板角度は斜板をシャフト軸方向に押す力のつり合いとZ軸まわりのモーメントのつり合いによって決定される。シャフト軸方向に作用する力は，各シリンダボア内圧力P_{bi}がピストンを押す力の総和ΣP_{bi}と，クランク室圧力P_cがピストン背部を押す力の総和ΣP_{ci}，ラグプレートからの反力$F\alpha \cdot \sin\alpha$とシャフトに取り付けられたスプリングが斜板を反ラグプレート方向に押す力F_sである。一方，Z軸まわりのモーメントはピストンの慣性モーメント，斜板の慣性モーメントおよびガス圧縮によるモーメントである。

したがって，斜板角度を変化させるには，クランク室の圧力コントロールで可能となる。クランク室圧力を支配する冷媒の流入と流出は，①吸入室との連通孔（小径の孔）を介した流出，②クランク室圧力を制御する制御弁を介した吐出室

<力のつり合い>

$$A \cdot \sum_{i=1}^{n} (P_{ni} - P_c) - F_s = F_a \cdot \sin a$$

<モーメントのつり合い>

$$M_p + M_s + F_a \cdot L = M_g$$

- A : シリンダボア断面積
- n : 気筒数（1～n）
- P_{ni} : シリンダボア内圧力
- P_c : クランク室圧力
- F_s : スプリング力
- F_a : ラグプレート反力
- a : ラグ角度
- M_p : ピストン慣性モーメント
- M_s : 斜板慣性モーメント
- M_g : ガス圧縮モーメント

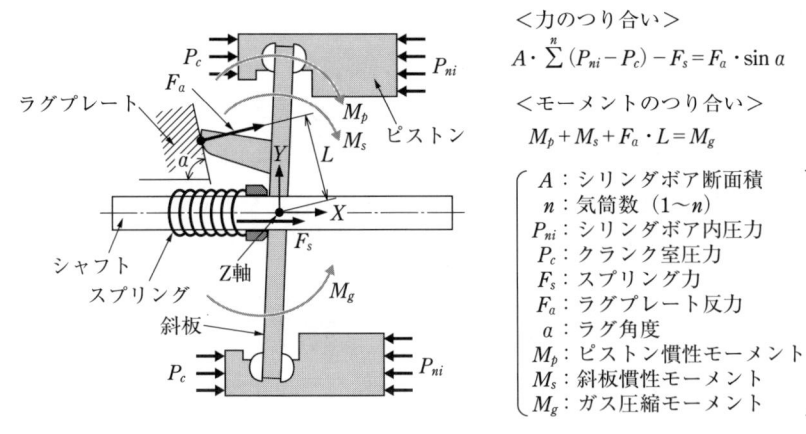

図 6.13 斜板形可変コンプレッサの作動原理

からの流入，③シリンダボアからピストンサイドを介したブローバイガスの流入の3つがある。よって，制御の最も容易な②の高圧ガスの流入流量コントロールで，クランク室内の圧力を昇圧＆減圧させて斜板角度を変化させる。

以下，具体的な作動を図6.14で説明する。容量を大きくする必要がある場合，制御弁を閉じて吐出室からクランク室への吐出ガスの流入をしゃ断し，クランク室内圧力 P_c を低くする。これにより，シリンダボア内圧力の総和 ΣP_{bi} が，ピス

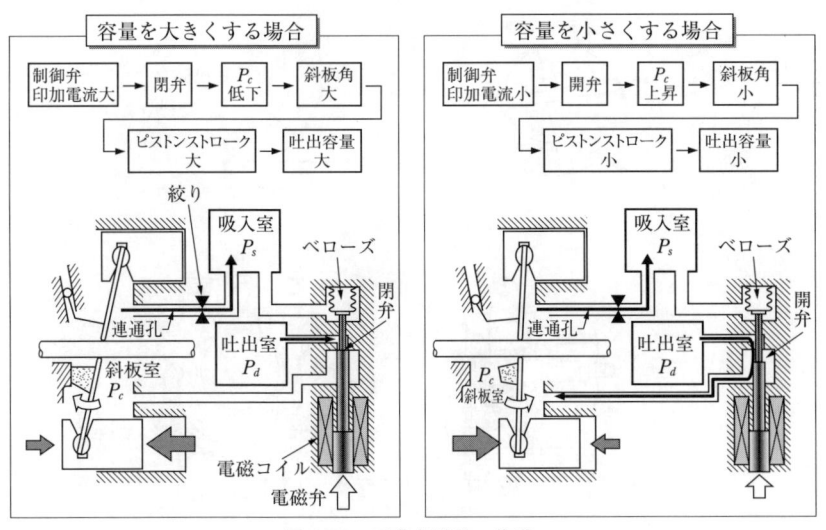

図 6.14 可変容量時の作動

トン背部を押す力の総和ΣP_{ci}＋ラグプレート反力＋スプリング力より大きくなり，ピストンがラグプレート方向に動かされて斜板の傾きを大きくする。この結果，ピストンストロークは大きくなり，吐出容量が大きくなる。

一方，容量を小さくする必要が生じた場合，制御弁を開いて吐出室から高圧ガスを斜板室に流入させる。これにより，ピストン背部を押す力の総和P_{ci}＋ラグプレート反力＋スプリング力がシリンダボア内圧力の総和ΣP_{bi}より大きくなり，ピストンはラグプレートと反対方向に動かされて，斜板の傾きを小さくする。この結果，ピストンストロークは小さくなり，吐出容量が小さくなる。

これを$P\text{-}V$線図上に表すと図 6.12 のようになる。最大容量時のピストン下死点は 1 であるが，可変容量時はストロークが減少して下死点は$1'$となる。したがって，ピストン行程容積はV_0からV_0'に変化し，冷房能力が減少する。

(2) 吸入ガスバイパス方式

吸入ガスバイパス方式は，回転式のベーン型またはスクロール型で実用されているもので，圧縮室に設けたバイパスポートを開閉して圧縮開始時の容量を連続的に変化させる方式である。

図 6.15 にベーン型の可変容量機構および作動原理を示す。フロントサイドハウジング内に，スプール弁とスプリングおよびバイパス孔（圧縮室→吸入室に通

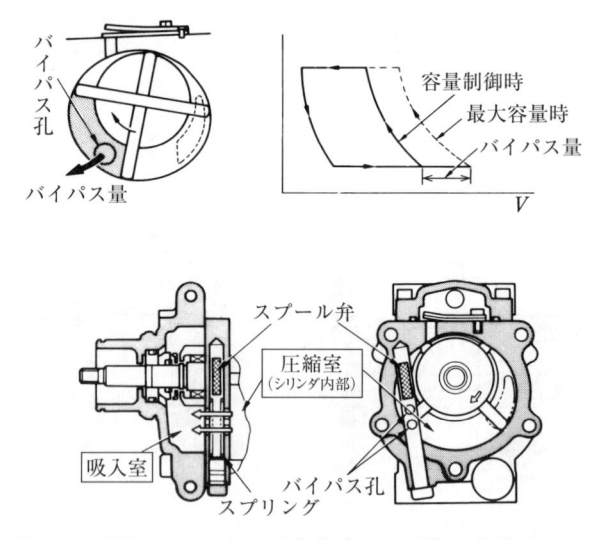

図 6.15　吸入ガスバイパス可変式（ベーン形）の作動原理

じる通路）が設けられている。エンジン回転数が上昇するとそのままではコンプレッサの吐出容量も大きくなってしまうが，吸入圧力の低下をレギュレータで検知し吸入圧力が下がっていくとスプール弁が上に押され，バイパス孔を次第に開き，冷媒を図中の矢印のように圧縮室から吸入室に戻すことにより吐出容量を制御している。図中の P-V 線図で示すように，バイパス量によって実線の P-V 線になり，冷房能力を変化させることができる。

(3) 気筒数可変式

図 6.16 に斜板式コンプレッサの気筒数可変容量の例を示す。この方式は，可変容量コンプレッサの導入時期に採用されていた方式で，10気筒の斜板式コンプレッサのリア側に電磁弁を取り付け，電磁弁の ON-OFF によってリア側5気筒の吸入側と吐出側の通路を開閉する。

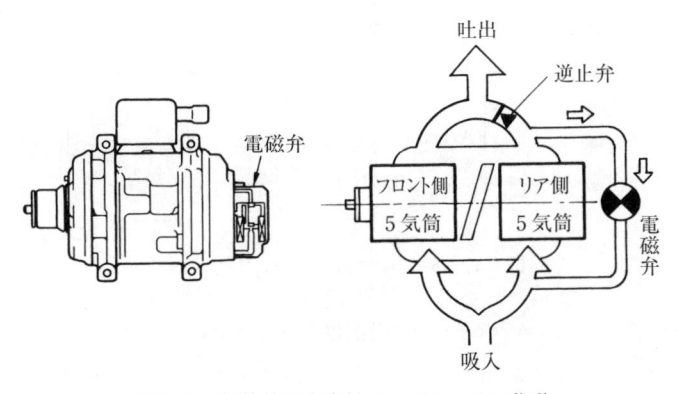

図 6.16　気筒数可変容量コンプレッサの作動

電磁弁が ON するとリア側の吸入側と吐出側が連通して圧縮不能となる。これによって，コンプレッサの能力を 100 %（電磁弁 OFF，10気筒作動）と 50 %（電磁弁 ON-5気筒作動）の2段階に切り替えることができる。

2) 可変容量制御

コンプレッサの吐出容量を変化させる制御方法は，外部可変制御方式と内部可変制御方式に分けられるが，以下斜板形コンプレッサの場合について説明をする。

(1) 外部可変制御

外部可変制御は，第5章で述べた各種制御を達成するために適した制御で，可

変容量コンプレッサの主流であるストローク可変式斜板形コンプレッサの普及とともに内部可変制御に取って代わって採用されている。制御方式は，その制御対象から吸入圧力制御と冷媒流量制御に分けられ，それぞれ図 6.17，図 6.18 に概要を示す。

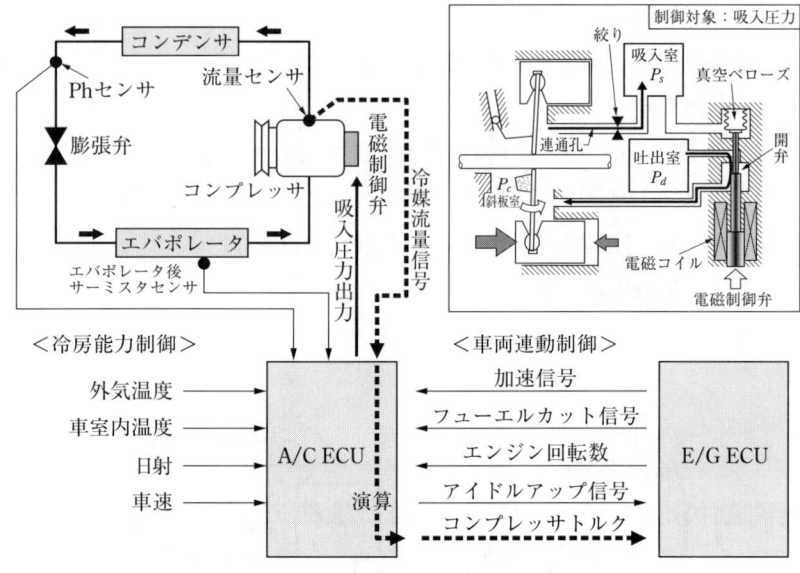

図 6.17　外部可変制御（吸入圧力制御）

吸入圧力制御は，エバポレータ吹出温度に直接関係する吸入圧力を制御対象として電磁制御弁の開度をコントロールしている。図 6.17 に示すようにエアコン ECU が外気温度，車室内温度，日射，車速などの冷房能力制御にかかわる種々のセンサ信号を受け取り，これらの情報をもとに最適な冷房能力となるように目標吸入圧力を電磁制御弁へ出力し，クランク室圧力 P_c を制御する。

なお，外部制御ではより制御精度をアップするためにエバポレータ後サーミスタ温度（またはフィンサーミスタ温度）を検出して吸入圧力を補正している。また，車両連動制御のためにエアコン ECU とエンジン ECU との間では，加速信号やコンプレッサトルク信号などの授受が行われている。車両連動制御時にはきめ細かいトルク検出による制御が必要であるため，冷媒流量を直接検出するセンサを吐出通路に設けてコンプレッサトルクを演算しているものもある。

冷媒流量制御方式は，吸入圧力に代わりコンプレッサ動力と相関のある冷媒流

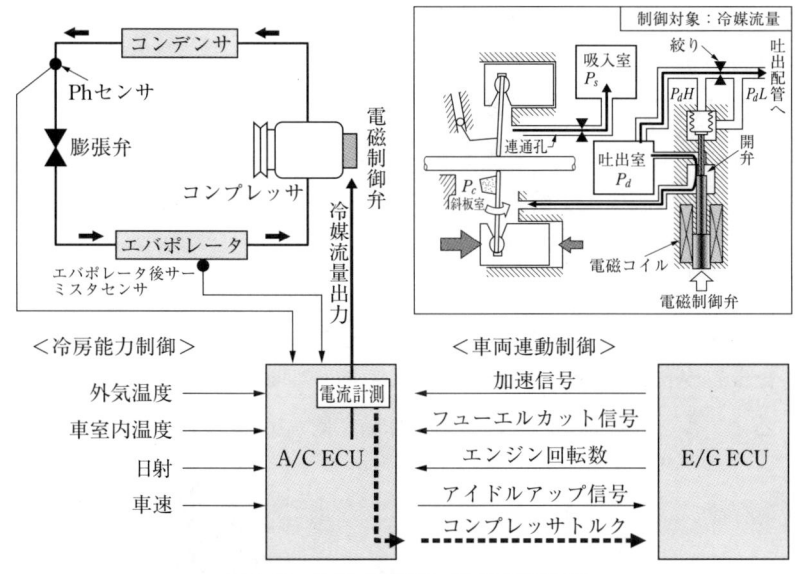

図6.18 外部可変制御（冷媒流量制御）

量を制御対象とした車両連動制御に適した制御方式で，吐出通路に設けられた絞り前後の差圧を電磁制御弁に導いてその開度をコントロールしている。冷房能力の制御に当たっては，エバポレータ後サーミスタ温度を検知して目標温度になるように電磁制御弁の開度をコントロールする。車両連動制御時には，制御弁の制御対象である吐出流量と相関のある電磁弁制御電流を直接計測し，これからコンプレッサトルクを推定してエンジンECUに出力している。すなわち，電磁弁制御電流からコンプレッサトルクを推定できるので，吸入圧力制御で必要な流量センサは不要となる。

(2) 内部可変制御

内部可変制御は，エバポレータがフロストしない0℃付近の吹出空気温度になるように常に一定の吸入圧力を目指したコンプレッサ容量制御で，構成は図6.17の電磁制御弁を圧力制御弁に置き換えたものである。

(4) 潤滑

カーエアコン用コンプレッサの潤滑は，冷媒とともにサイクル内を循環するオイルにより行われる。すなわち，冷媒とともに吸入側よりコンプレッサに帰還してくるオイルが，コンプレッサ内部の各摺動部・作動室を流れることによって潤

滑がなされる。また，作動室内ではオイルが各摺動部のすき間をシールして冷媒ガスの洩れを防ぐ役目も果たす。

オイルの量は潤滑のためには多いほどよいが，冷媒とともに循環するオイルは冷房性能にはマイナスの作用をするので，適切な循環オイル量を選定しなければならない。一般に，オイル循環率を３～７％になるように封入している。

$$\text{オイル循環率} = \frac{\text{オイルの重量流量}}{\text{冷媒＋オイルの重量流量}}$$

また，潤滑とシールの機能をより効果的にするために図 6.19 のスクロール形のようにコンプレッサ内部吐出側にオイルセパレータを設け，吐出ガス中に混入しているオイルを分離して，吐出圧力で作動室側へ圧送するものもある。

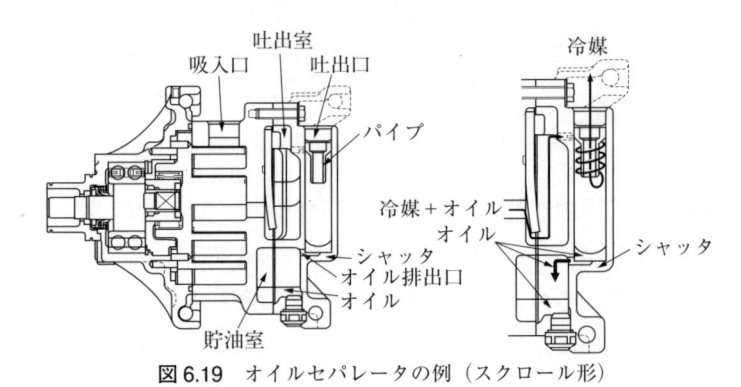

図 6.19　オイルセパレータの例（スクロール形）

カーエアコンには，PAG（ポリアルキレングリコール）系オイルが使用されており，次の基本特性が要求されている。

① 適切な粘度
② 引火点の高いこと
③ 流動点の低いこと
④ 酸化安定性に優れること
⑤ Ｏリング，ゴムホースなど有機材への影響が少ないこと
⑥ 油膜強さの大きいこと
⑦ 水分の少ないこと
⑧ 冷媒と化学反応を起こさないこと
⑨ 冷媒との溶解性に優れること

⑩ 消泡性に優れること

各コンプレッサは使用するオイルが指定されており，この指定されたオイルを定められた量だけ封入しなければならない。

(5) コンプレッサのロック保護機構

前述したように，コンプレッサは冷媒とともに A/C サイクルを循環するオイルにより潤滑されているが，冷媒洩れなどによる冷媒不足状態で運転されると，コンプレッサへのオイル戻り量が不足して摺動部が潤滑不良となり，コンプレッサの焼付きやロックという不具合に至る可能性がある。コンプレッサは，エンジンクランクプーリと直結されて駆動されているため，コンプレッサがロックするとベルトが滑り「異音や煙の発生」，最悪「エンジンにダメージを与える」といったような車両走行へ重大な影響を及ぼすことにつながる。このような事態を避けるため，コンプレッサにはロックに対する保護機構の設定がある。

図 6.20 にコンプレッサロック時の検出システムを示す。コンプレッサロック時検出システムは，コンプレッサシャフトの回転状態を検知して適正な回転がされているか否かを判断し，回転異常と判断した場合はマグネットクラッチへの通電をしゃ断するものである。コンプレッサシャフトの回転状態は，コンプレッサ胴部に取り付けられた電磁式ピックアップで斜板に埋め込んだ磁石の磁界変化を

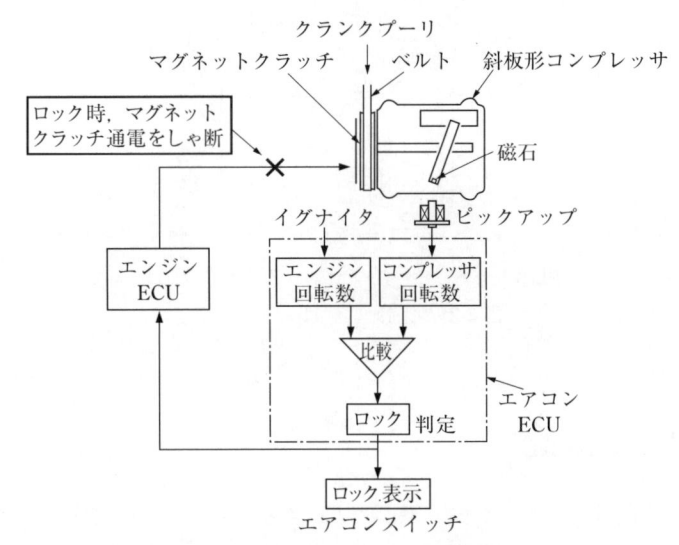

図 6.20 コンプレッサロック時検出システム

回転信号として検出する。エアコン ECU またはエンジン ECU は，検出されたコンプレッサ回転数とエンジン回転数を比較して所定値以上の回転数差となったときに回転異常と判定し，マグネットクラッチへの通電をしゃ断する。

(6) 電動コンプレッサ

図 6.21 にハイブリッド自動車用の電動コンプレッサの構造を示す。電動コンプレッサの基本構成はルームエアコンのものと同じであるが，車載に適するように横置きとし，かつ軽量化のためハウジングはアルミ製となっている。コンプレッサの圧縮方式は，モータ駆動トルクを小さく抑え，かつ振動や騒音面で優れるスクロールタイプが主流である。駆動モータは，効率面で優れるブラシレス DC（永久磁石型同期）モータが主流となっている。

なお，図 6.21 で示した電動コンプレッサは搭載性向上のためインバータが一体化されているタイプのものであり，インバータ部の IGBT（Insulated Gate Bipolar Transistor）は冷媒により冷却する方式を採用している。また，モータ部とコンプレッサハウジングは絶縁をする必要があるため，潤滑オイルには絶縁性の高い POE（ポリオールエステル）系が採用されている。

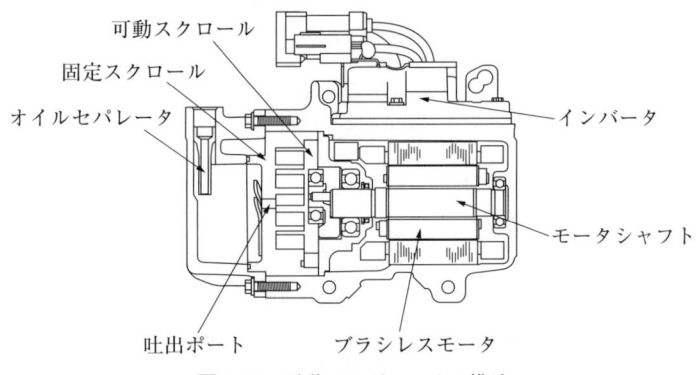

図 6.21 電動コンプレッサの構造

6.2 動力伝達装置

動力伝達装置は，エンジンからの駆動力をコンプレッサに伝達する装置である。カーエアコン用の動力伝達装置としては，マグネットクラッチと常時運転型コン

プレッサ用のクラッチレスプーリがある。

6.2.1　マグネットクラッチ
（1）マグネットクラッチの機能

マグネットクラッチは，エンジンとコンプレッサとの機械的な連結を制御する装置である。カーエアコン用クラッチで多く用いられているものは，摩擦面が一対で乾式摩擦面方式の乾式単板クラッチ（図6.22）で，その機能と特徴は次のとおりである。

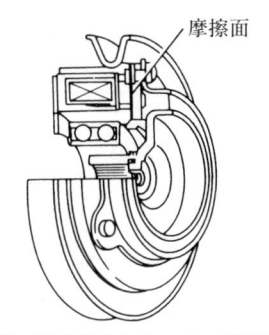

（1）機能
① エンジンとコンプレッサとの間のトルクの伝達およびしゃ断
② プーリ径の選択によるコンプレッサ回転数の調整
③ コンプレッサ起動時の衝撃緩和と定常回転時のトルク変動吸収
④ コンプレッサ停止時アイドルプーリとしての作動

図6.22　乾式単式クラッチの概観と断面図

（2）特徴
① 構造が簡単で小型・軽量
② 応答性が速く空転トルクが小さい
③ 高速回転での連結・しゃ断が可能
④ コンプレッサへの脱着が容易でメンテナンスしやすい

（2）マグネットクラッチの作動原理

図6.23の作動原理で，スイッチを入れコイルに通電すると発生した磁力により鉄片が強く吸引されて吸着する。鉄片に相当するのがクラッチ板で，実際のマグネットクラッチでの作動を図6.24に示す。

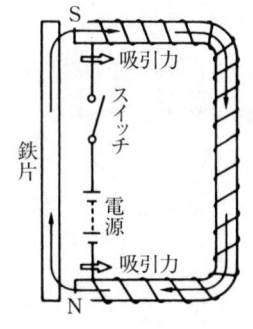

図6.24中のステータのコイルに通電すると点線で示す磁束が発生し，ステータ，ロータ，クラッチ板の間に磁気回路が形成され，クラッチ板が

図6.23　作動原理

6.2 動力伝達装置

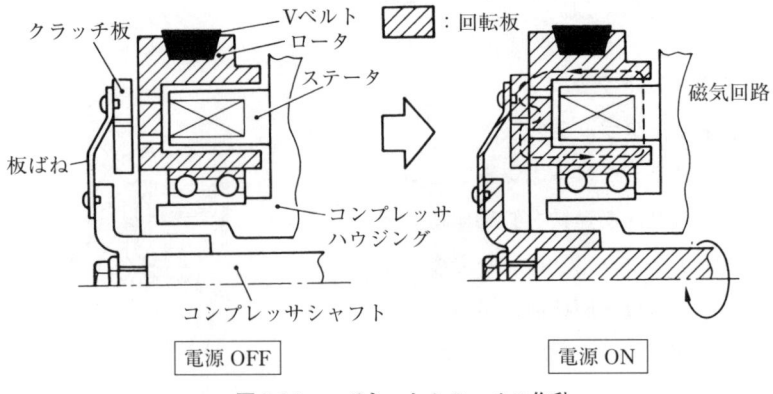

図 6.24 マグネットクラッチの作動

ロータに吸引されてコンプレッサが回転作動する。

通電をしゃ断すると磁束が消滅してクラッチ板は吸引力を失い，ロータから離脱しコンプレッサへの動力伝達が止まる。クラッチ板をロータから離脱させる方法としては，従来より図 6.24 のような板ばねが用いられていたが，最近ではクラッチ板とロータが吸着するときに発生する音を低減させるためにゴムの弾性力を用いたものが使われ，主流となっている。

吸引面は図 6.23 では 2 極であるが，通常は吸引力を増すため図 6.24 のように 4 極の磁気回路が主流である。

(3) マグネットクラッチの構造

図 6.25 に実際のマグネットクラッチの例を示す。ステータ，ロータとハブの 3 部品から構成されている。ステータは，コンプレッサのフロントハウジングにスナップリングなどで固定されており，内蔵された励磁コイルによってロータにクラッチ板を吸引するための電磁力を発生させる。

ロータは，ベアリングとプーリを有しエンジン駆動中は常時回転しており，エンジンのクランクシャフトプーリからベルトを介して駆動力をハブへ伝達する。プーリは従来のシングルVベルトから伝達力を増すために，最近主流となっているポリVベルト用プーリを図示した。

ハブは，クラッチ板とコンプレッサのシャフトとの嵌合部を有し，ロータからの駆動力を嵌合部を介してコンプレッサへ伝達する。

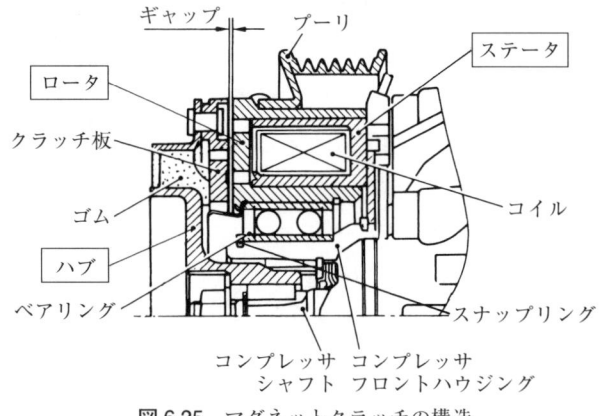

図 6.25 マグネットクラッチの構造

(4) 伝達トルク

クラッチの重要特性の1つに伝達トルク特性があり，この伝達トルクによりエンジン側の駆動力を負荷側のコンプレッサへ伝達する．伝達トルクの大きさはコンプレッサ駆動時のコンプレッサトルクで決定される．したがって，クラッチ伝達トルク≧コンプレッサトルクとなるようにし，確実に駆動力がコンプレッサに伝達されるようにしなければならない．

乾式単板クラッチにおける伝達トルク式は次式で表される．

$$T = \mu \cdot F \cdot R \tag{6.6}$$

T：伝達トルク〔Nm〕，μ：摩擦係数，F：軸方向の吸引力〔N〕，R：摩擦面の有効平均半径

クラッチ伝達トルク＜コンプレッサトルクになると滑り現象を生じ，駆動力が伝達できなくなり，場合によっては滑り焼付きに至ることもあるので，伝達トルク T 値は適用されるコンプレッサの特性を十分把握したうえで決定する必要がある．

(5) マグネットクラッチの技術動向

小型・軽量化のニーズにこたえるため，次の2つの方式が製品化され，採用されつつある．

(1) 摩擦材クラッチ（図 6.26）

式 (6.6) の摩擦係数 μ を上げるために摩擦材をロータに組み込んだもので，

摩擦材として，ノンアスベスト系のものを用いている。従来の軟鋼－軟鋼の摩擦係数 0.2 ～ 0.3 に対して 0.4 ～ 0.6 となり，クラッチ重量当たりの伝達トルク効率が 30 ～ 40 ％向上している。

(2) 非磁性体クラッチ（図 6.27）

式（6.6）の吸引力 F を上げる方法として，ロータに非磁性体の銅リングを接合したものである。これにより，強度上必要であったステーを通して洩れていた磁束をしゃ断でき，伝達トルクが 10 ～ 20 ％向上している。

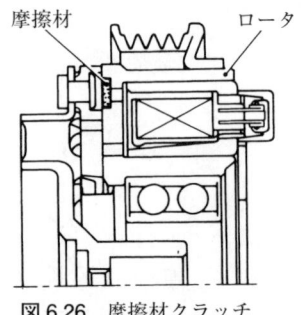

図 6.26 摩擦材クラッチ

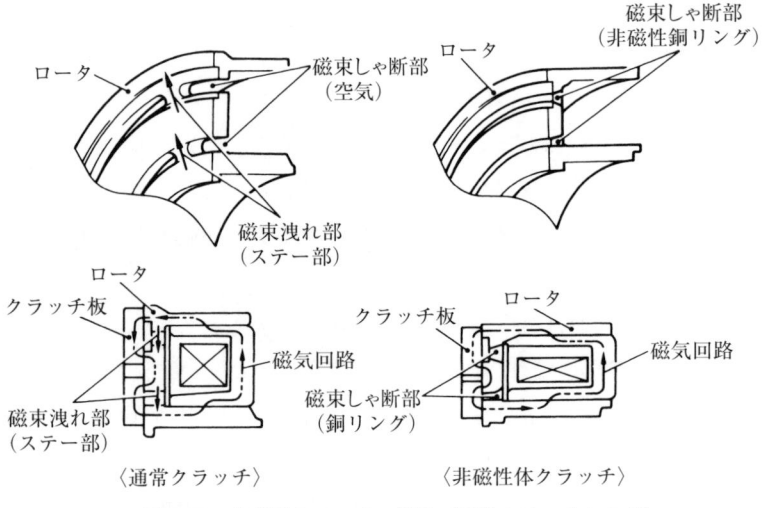

図 6.27 非磁性クラッチの構造（通常クラッチとの差）

6.2.2 クラッチレスプーリ

可変容量コンプレッサは，省燃費・省動力・加速性の向上およびマグネットクラッチの ON-OFF ショック低減を目的に，欧州市場をはじめ全世界に需要を拡大してきた。この可変容量コンプレッサでは，一般的に片斜板構造で容量を 0 ～ 100 ％まで連続的に変化させるため，マグネットクラッチの機能の 1 つであった断続機構をさらになくすことができたため，1997 年にはマグネットクラッチ機能をなくしたクラッチレスプーリが製品化された。

(1) クラッチレスプーリの機能

クラッチレスプーリは，構造的にも断続機能がないためマグネットクラッチに比べ簡易で低コストも可能であるが，この代替としてコンプレッサのトルク変動を吸収するためのダンパ機構と，コンプレッサが万が一ロックしたときのベルト保護のためのリミッタ機構が新たに必要である。

ここでは，クラッチレス化とプーリの樹脂化により，従来のマグネットクラッチに対して70％以上の軽量化（1200 g → 700 g）を達成した樹脂クラッチレスプーリについて紹介する。

(2) クラッチレスプーリの構造

クラッチレスプーリの構造を図6.28に示す。クラッチレスプーリはベアリングを内蔵し，ベルトを介してエンジンからの動力を受けるプーリと，コンプレッサに動力を伝達するための締結部であるハブ，この2部品を連結するダンパの3部品から構成されている。プーリ部は耐熱性・耐摩耗性の高い樹脂材料を採用し，ベアリングを内蔵している。

エンジンからの動力をベルトを介してハブに伝達するが，途中の動力伝達経路にはダンパが設置されており，コンプレッサの圧縮仕事で発生する回転変動を吸収する機能がある。

次に，リミッタについて説明する。コンプレッサが万一ロックしたときのベルト保護のためのリミッタであるため，1回作動できればよい。しかも，最近コンプレッサのロックは非常に低減しているので，できるだけ簡素な構造が望まれる。

(3) クラッチレスプーリのトルクリミッタの作動原理

ここでは，コンプレッサの軸の先端に設置したねじと，クラッチレスプーリのハブに設置したねじとのねじ結合を利用したねじ式トルクリミッタ装置を紹介する。

この構造は，図6.28のに示すように前記のコンプレッサの軸とプーリ側のハブのねじで結合されている。

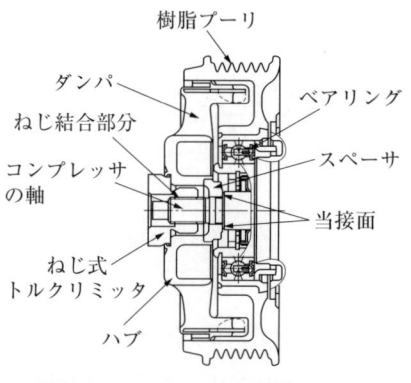

図6.28 クラッチレス樹脂プーリ

図 6.29 では，このトルクリミッタ装置の作動前後について説明する。ハブに設置されたトルクリミッタのねじと，コンプレッサの軸に設置されたねじの結合は，初期の組付トルクで組み付けられ，その発生軸力でシャフトの軸の端面とスペーサからなる当接面は静摩擦力で保持されている。この当接面でトルク伝達を行うが，通常のコンプレッサの駆動トルクでは初期の締付トルク以下であればねじが締まらず，当接面が滑ることはない。

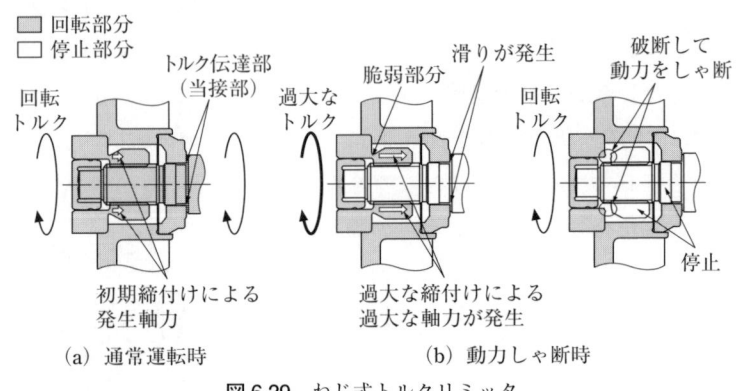

図 6.29　ねじ式トルクリミッタ

(a) 通常運転時　　(b) 動力しゃ断時

しかし，コンプレッサがロックし過大なトルクが負荷されると，前記のねじ結合が増し締められ，当接面に滑りが発生することで過大な軸力が発生する。この過大軸力により，あらかじめ設置されている脆弱部分が破損することで，エンジンからコンプレッサへの駆動経路を断つ。この構造は，一般的な構造物で使用されているボルトの締結において，過大な締付力（トルク）が発生した場合にボルトなどが破壊する原理を応用したものである。つまり，規定の締付力（トルク）以下のコンプレッサの通常運転時は，コンプレッサのトルク変動などの繰返疲労ストレスがかからないので信頼性も非常に高い。また，動力伝達経路のコンプレッサとクラッチレスプーリとの結合部分を利用しているので，非常に安価で製造が可能である。

特に最近は，エンジン周りのベルトレイアウトがサーペンタイン化されすべての補機が1本のベルトで駆動されるので，ベルトの信頼性は車両メーカーにとっても非常に重要視されている。

ミニ知識

```
クラッチ ─┬─ 電磁クラッチ（電磁作動による）
         ├─ 機械クラッチ（機械作動による）
         ├─ 油圧クラッチ（油圧作動による）
         └─ 空圧クラッチ（空気圧作動による）
```

＜電磁クラッチの構造的分類＞

```
電磁クラッチ ─┬─ 摩擦式 ─┬─ 乾式 ─┬─ 単板クラッチ（カーエアコン用として100％使用）
             │          │        └─ 多板クラッチ（高価となるが小型化が可能）
             │          └─ 湿式 ── 多板クラッチ（油を用いた密閉構造で高価で
             │                                   あるが半永久的寿命）
             │
             ├─ スプリング式 ── ラップスプリングクラッチ
```

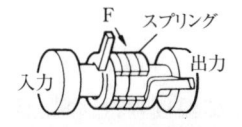

・小径で大トルク可能
・連結時にショックあり

```
             ├─ かみあい式 ── ツースクラッチ
```

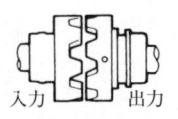

・確実なトルク伝達
・連結は極めて低速に限られる

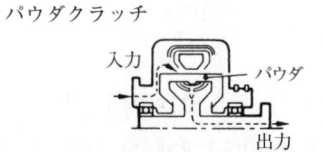

```
             └─ 空隙式 ─┬─ パウダクラッチ
```

（結合状態）

・自由なトルク制御が可能
・連結ショックなし
・密閉で複雑な構造

```
                        └─ ヒステリクラッチ
```

・自由なトルク制御が可能
・半永久的寿命
・伝達トルク小

6.2 動力伝達装置

6.3 熱交換器

カーエアコンの熱交換器には，コンデンサ，エバポレータとヒータコアがある。これらの熱交換器は，冷媒またはエンジン冷却水と空気との熱交換を目的とするもので，冷媒を冷やしたり熱交換器を通過する空気を冷やしたり，暖めたりする役目を果たす。

6.3.1 項では，熱交換器の特に熱移動に関する基礎知識を述べ，6.3.2 項ではコンデンサ，エバポレータ，ヒータコアの代表的な構造とそれぞれの主な特徴を述べる。6.3.3 項から 6.3.5 項までは，コンデンサをはじめとするそれぞれの熱交換器の機能，種類と構造およびその特徴について詳述する。

6.3.1 基礎知識

図 6.30 は，管壁を介して温度 T_h℃ の高温流体から温度 T_c℃ の低温流体への熱移動の概念図である。このときに熱量 Q〔W〕は次式で定義される。

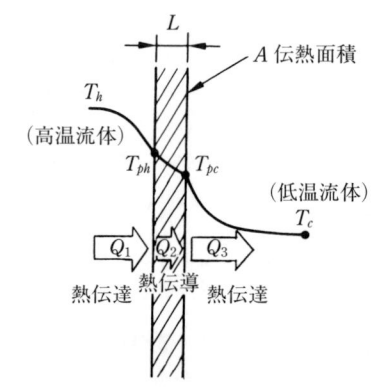

図 6.30 管壁を介しての熱移動

$$Q = KA(T_h - T_c) \tag{6.7}$$

$$\frac{1}{KA} = \frac{1}{h_h A} + \frac{L}{\lambda A} + \frac{1}{h_c A} \tag{6.8}$$

K：熱通過率〔W/m²・℃〕, λ：熱伝導率〔W/m・℃〕,
h：熱伝達率〔W/m²・℃〕, A：伝熱面積〔m²〕
添字 h：高温側, c：低温側

式 (6.8) の証明

$$Q_1 = h_h A(T_h - T_{ph}) \quad \rightarrow \quad \frac{Q_1}{h_h A} = T_h - T_{ph} \tag{6.9}$$

$$Q_2 = \frac{\lambda}{L} A(T_{ph} - T_{pc}) \quad \rightarrow \quad \frac{Q_2 L}{\lambda A} = T_{ph} - T_{pc} \tag{6.10}$$

$$Q_3 = h_c A\,(T_{pc} - T_c) \quad \rightarrow \quad \frac{Q_3}{h_c A} = T_{pc} - T_c \tag{6.11}$$

$Q = Q_1 = Q_2 = Q_3$ であることから式（6.9）＋式（6.10）＋式（6.11）とすれば，式（6.7），式（6.8）が導かれる。

式（6.7）で，熱量 Q を電流 I，温度差（$T_h - T_C$）を電位差 V，熱抵抗（$1/KA$）を電気抵抗 R と対応して考えることができ，式（6.8）は，高温側の流体から低温側の流体に熱が伝わるときの熱抵抗の和の式である。

また，式（6.8）の第2項は，熱交換器の管壁の厚さが非常に薄いので，この熱抵抗は他の2つに比べて小さく無視できる値である。第1項と第3項の熱抵抗の大きいほうで全体の熱抵抗は決まるが，空気の熱伝達率 h は冷媒もしくは冷却水のそれに比べ1～2桁ほど小さいので，空気側の熱抵抗を小さくするための種々の工夫がなされている。

図6.31はその実例を示すもので，空気側の伝熱面積を増やすためにコルゲート状に加工したフィンがチューブに接着されている。また，フィンにはルーバと呼ばれる切起こしが施され，図示するような空気の流れにすることによりルーバ1枚1枚の熱伝達率を高め，空気側全体の熱伝達率を向上させた例である。このルーバの角度およびピッチ，フィンの高さ，ピッチおよび長さは，熱交換器の用途に合った形状によりそれぞれ最適な値が選定されている。

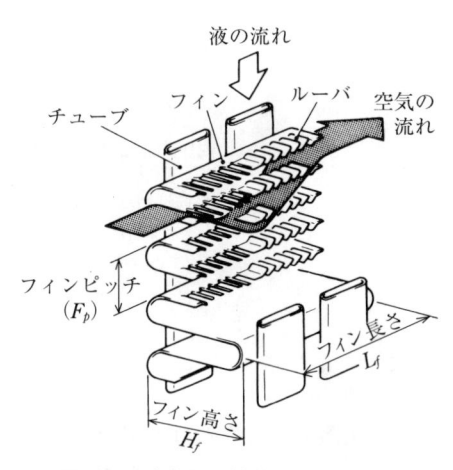

図6.31 空気側の放熱フィンの例

6.3.2 各熱交換器の特徴

表6.3に，コンデンサ，エバポレータおよびヒータコアの代表的な構造とそれぞれの熱交換器に求められる特性からの主な特徴を示す。各熱交換器の詳細については，6.3.3～6.3.5項で記述する。

表 6.3 各熱交換器の主な相違

熱交換器名		コンデンサ	エバポレータ	ヒータコア
形状（代表例）				
管内	流体	冷媒（HFC-134a）		温水（LLC）
	循環手段	コンプレッサ		ウォータポンプ
	管内圧力	～3.6 MPa	～1.1 MPa	～0.1 MPa
管外	使用空気温度	－5～50 ℃	－5～60 ℃	－40 ℃～40 ℃
	送風手段	冷却ファン＋車速風	ブロワ	
搭載位置		・車載最前部（ラジエータの前方） ・フレームに直付けもしくはラジエータと共付け	・エアコンユニット内部	・エアコンユニット内部
主な特徴		1. 前面面積をできるだけ大きくとり，コア厚さを薄くして放熱性能を大きくしている 2. 管内圧力が高いのでタンク形状，チューブ形状は耐圧構造となっている	1. 熱交換器を通過して吐き出される空気温度が重要で，決められた風量で決められた温度に冷えるように仕様が決められている 2. 除湿作用があるのでコア表面は凝縮した水分を流しやすい処置がなされている	1. エバポレータと同様に，吐き出される空気温度が暖かさを感じるように仕様が決められている 2. 管内にはラジエータと同様に温水が流れるが，流量範囲が大きく異なるため，独自に設計されることもある

ミニ知識　フィン効率を考えた熱抵抗の式

実際の熱交換器は上記のようにフィン付伝熱面であるので，フィン効率 η を導入して次式となる．

$$\frac{1}{KA_a} = \frac{1}{h_w A_w} + \frac{1}{h_a (A_p + \eta A_f)} \quad (6.12)$$

ここで，フィン効率は次式で表される

$$\eta = \frac{\text{フィンによって実際に放出される熱量}}{\text{フィン全表面がフィン根元温度に等しいとした時の熱量}} = f\left(\frac{h_a}{\lambda_f b_f}, H_f\right)$$

b_f：フィン板厚〔mm〕，H_f：フィン高さ〔mm〕
添字 a：空気側，p：チューブ，w：液側，f：フィン

フィン効率は $h_a/\lambda_f b_f$, H_f の関数であるので，熱交換器の形状によっても異なるが，エバポレータでは約 90 %，ヒータでは約 95 %で設計されているものが多い．

6.3.3 コンデンサ

(1) 機能

コンデンサは，コンプレッサから送り込まれてきた高温・高圧の冷媒ガスを冷却し，凝縮液化させるための熱交換器である．このときに，コンデンサが放出する熱量はエバポレータで吸収した熱量と，コンプレッサによる圧縮により与えられた熱量の和である．

自動車用空調装置に用いられるコンデンサは，一般にラジエータの前面に配置され，外気で冷却されている．

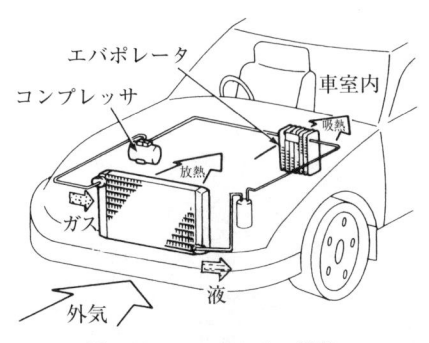

図 6.32 コンデンサの機能

(2) 種類と構造

表 6.4 に，代表的なコンデンサの種類と構造およびその特徴を示す．ヨーロッパで発達したプレートフィンタイプは，機械的接合のため設備費が安くてよいが性能が悪いためサイズは大きくなる．コルゲートフィンを使うことのできるサーペンタインタイプは，炉中ろう付けではあるが比較的つくりやすいので長い間主流であった．しかし，1990 年代になると小形で高性能なパラレルフロー (PF) タイプの出現により，主流は PF タイプに移った．PF タイプは，コンデンサに入ってきた冷媒が入口側タンクより多数のチューブから吐出側タンクに流れることで，マルチフロー (MF) タイプとも呼ばれる．

近年，PF タイプのタンクにレシーバを取り付けたサブクール (SC) タイプが製品化されている．SC タイプにより，システムの冷房性能を向上することができる．特徴として，凝縮部を通って液化された冷媒がタンクを通ってレシーバ部に入る．そこで，気液分離され液のみサブクール部に入って過冷却される．

表6.4 コンデンサの種類と構造

タイプ	形状（代表例）	製造法	特徴
プレートフィンタイプ		・フィンにチューブを挿入した後にチューブを拡管し，機械的に接合する	・ろう付け不要のため設備費が安価 ・フィンとチューブは拡管接合のため性能が悪く，サイズは大きくなる
コルゲートフィンタイプ　サーペタインタイプ		・チューブを蛇行状に曲げ，その間にフィンを入れて，炉中ろう付けで接合する	・ジョイント部へのチューブの取付け本数により2パス，3パス化し抵抗を下げ，性能の最適化を図っている
コルゲートフィンタイプ　パラレルフロー（PF）タイプ		・フィンとチューブを積層して，炉中ろう付けで接合する	・多チューブに冷媒が同時に流れるので抵抗が下がる分，薄いチューブを使えて，それだけフィンを多くできる ・タンク内に仕切板を入れることにより，最適なパス設定が容易にできる（右図にUターン，Sターンの例を示す）
サブクール（SC）タイプ		（PFタイプ同様）	・レシーバ一体である ・冷媒を液化する凝縮部と過冷却するSC部で構成される

（3）取付け

コンデンサはラジエータの前面に配置し，独自にボデーにゴムマウントを介して固定されるのが一般的である．図6.33は，コンデンサ冷却用ファンをコンデンサに固定し，一緒にボデーに固定する例である．コンデンサ冷却用ファンはラ

ジエータ冷却ファンと共用したり，コンデンサ専用のファンを備えたりしている。

図6.34にコンデンサとラジエータの配列の例を示す。パラレル配列は，コンデンサ，ラジエータともコンパクトにできるが，エンジンの高出力化とエアコンの高性能化にともない大きなラジエータ，コンデンサが必要となり，シリーズ配列が一般的である。

エアコン装着が一般的となった近年，コンデンサの冷却とラジエータの冷却を同時に考え，ライン装着も同時に行おうとする「クーリングモジュール」という思想が普及する傾向がある。図6.35はその一例で，ラジエータにコンデンサを固定したものである。

(4) 風量制御

図6.36にコンデンサとラジエータのシリーズ配列における電動ファンの配置の例と冷媒圧力スイッチのON-OFFの関係を示す。冷却ファンは例のような電動モータによるファンのほかに，エンジン直結のカップリングファンや油圧駆動モータによるファンが用いられている場合もある。

圧力スイッチは，一般にコンデンサ出口圧力を検知している。冷媒圧力と水温のどちらかを優先して，ファンを作動させている。

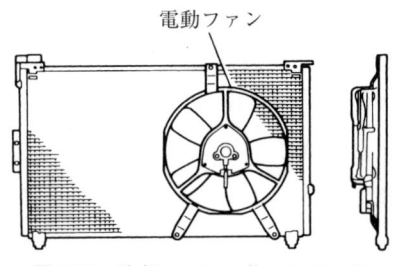

図6.33 冷却ファン一体コンデンサ

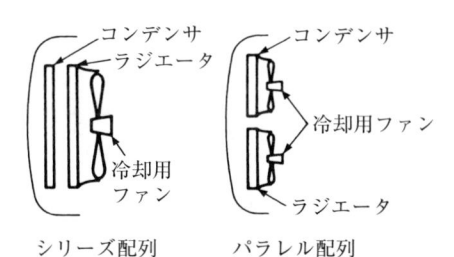

図6.34 コンデンサとラジエータの配列

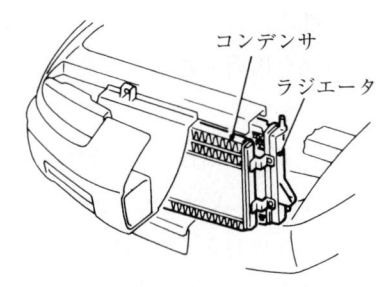

図6.35 ラジエータに固定したコンデンサ

6.3.4 エバポレータ

(1) 機能

エバポレータはコンデンサで液化され，膨張弁で低温・低圧の状態になった液

冷媒を蒸発させることによりエバポレータ外部を通過する空気から熱を奪い，冷たい空気にする役目を果たす。冷えた空気は，同時に除湿されて車室内に送り込まれる。

(2) 種類と構造

表 6.5 に代表的なエバポレータの種類と構造およびその特徴を示す。エバポレータは，フィンの構造からプレートフィンタイプとコルゲートフィンタイプに大別される。コンデンサと同様にヨーロッパで発達したプレートフィンタイプは，チューブが横置きに構成されるため長手方向のサイズの自由度が高い。また，チューブ拡管による接合のため小規模設備の生産が可能であり安価であるが，性能が悪いため，サイズが大きくなる。最近では性能を改善するため扁平チューブを用いたプレートフィンタイプが開発されている。

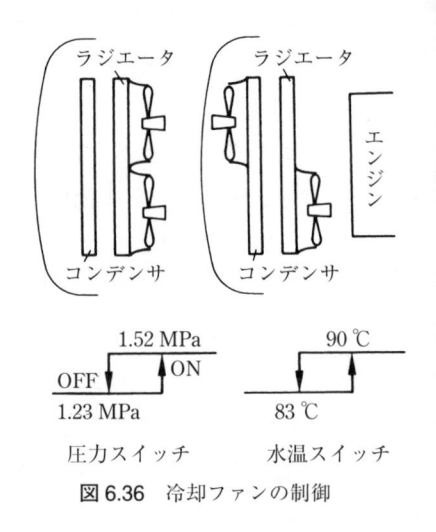

コルゲートフィンタイプは性能が高く小型化が可能であり，現在では搭載スペースの厳しさや，高性能への要求によりコンデンサと同じくパラレルフロータイプが主流となっている。

パラレルフロータイプにはドロンカップタイプとタンク別体タイプがある。ドロンカップタイプとは，板材を絞り加工（drawn）し，一対のプレートで冷媒側通路を形成し，コルゲートフィンと積層してなる熱交換器である。ドロンカップタイプには，冷媒の流路構造によりシングルタンク方式，マルチタンク方式に大別される。タンク別体タイプとは，タンクとチューブが別部品となり，タンクにチューブを差し込んで構成される熱交換器である。タンク別体タイプはタンクとチューブの板厚を個別の最適値に設定することでさらなる小型化が可能となり，洩れへの信頼性が高いため今後の主流になると思われる。

エバポレータの外部表面は，前述のように除湿作用のため凝縮した水分が付着するので，凝縮した水が通風抵抗にならないように，また凝縮した水膜が熱伝達を悪くしないように，凝縮水をスムーズに排出するための処理がなされている。

図 6.36 冷却ファンの制御

表6.5 エバポレータの種類と構造

熱交換器の形式	構造および空気冷媒の流れ		特　徴		
プレートフィンタイプ	丸チューブ形		・チューブを拡管し，フィンと機械的接合をする ・フィンは波状もしくはスリットしたフィンを用いる	・ろう付け炉を必要としないので設備は小規模でできる	・丸チューブは風下側に死水域が発生するため，性能は悪く大型となる
	扁平チューブ形				・扁平チューブを用いることで性能を改善
コルゲートフィンタイプ（パラレルフロー）	ドロンカップ形	シングルタンク方式	・両面にろう材を貼り合わせた圧延プレートとフィンを積層して一体ろう付けをする ・プレートにリブを形成もしくはインナーフィンを挿入し，接合させる	・薄肉材の使用が可能であり，フィンの高さも自由にできるので小型化できる	・冷媒流れをUターンさせることでタンクを1つにし，小型化を可能にした
		マルチタンク方式			・タンクを上下前後に設置し冷媒経路を工夫することで空気温度分布を均一に改善
	タンク別体形		・タンクとチューブを別部品とする ・チューブをタンクに差し込みチューブの間にフィンを挿入し，一体ろう付けする	・タンクとチューブの板厚を個別の最適値にすることでさらなる小型化を可能にした	

一般に親水性という処理でフィンの表面で凝縮水が液滴状に付着することを防ぎ液膜状に付着させるもので，1μm以下の樹脂コーティングが施されている。

また，通風抵抗を下げることと水はけ性をよくするために，図6.37に示すようにフィンの切起こしをルーバ形状に対し，スリット形状にしたものもある。さらに，水分でいつも濡れて腐食しやすいため，チューブに犠牲腐食層等の耐食機

能をもたせ保護している。また，ほこりなどが付着しバクテリアも繁殖するため，その臭いへの対応も必要である。それらを防ぐ化学的な防菌処理が施されているものもある。また，車室内に水滴が飛んでこないように形状的な工夫がなされ，場合によっては水滴防止ネットがエバポレータの風下側に付けられることがある。

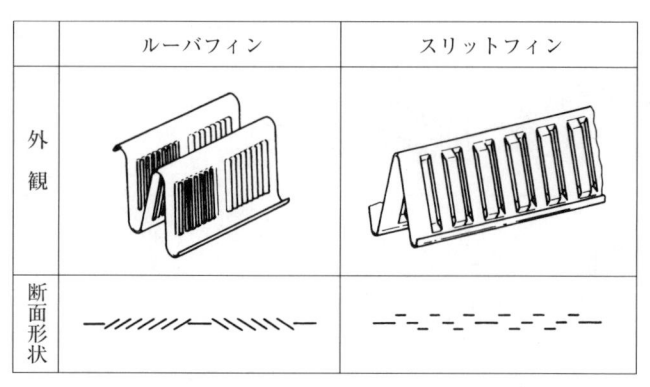

	ルーバフィン	スリットフィン
外観		
断面形状		

図 6.37 フィンの切起こし形状

6.3.5 ヒータコア

(1) 機能

ヒータコアの役割は，エンジンの発熱により温められたエンジン冷却水と車室内の冷たい空気とを熱交換させることで，車室内を暖めることにある。

ヒータ通水系回路を図 6.38 に示す。ウォータポンプにより車室内の HVAC に搭載されたヒータコアにエンジン冷却水が循環する。近年では，ウォータバルブレスで冷房時でも温水をしゃ断せず，エアミックスドアで通風をしゃ断しているものが多い。

(2) 種類と構造

ヒータコアは HVAC への小型化・軽量化要求から，1990 年前後に従来の各部品をはんだ付けで接合する真鍮製のものから炉中で一体ろう付けするアルミニウム製のものに代わり，さらにコア部分の最適化により薄幅化が進んできた。同時にはんだ接合をなくしたことにより，鉛を使用しない製品へと進化してきた。ただし，アルミニウム化にともない液側にエンジン冷却水が流れるヒータコアは，その劣化によるチューブの腐食が懸念される。そこで，チューブ内面に Zn 合金

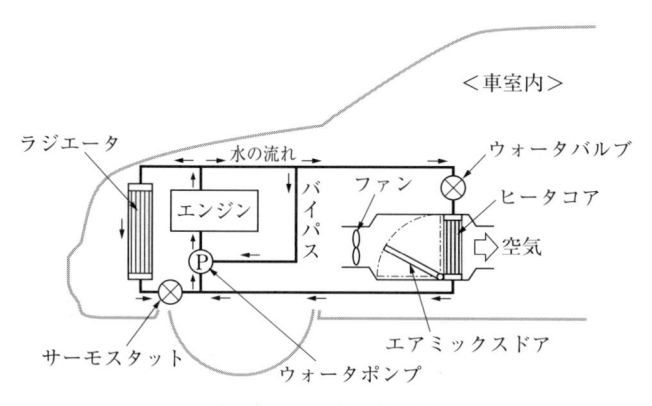

図 6.38 ヒータ通水系回路

を配した材料を用い，防食することが一般的である。

表 6.6 に代表的なヒータコアの種類と構造およびその特徴を示す。ヒータコアは管内を流れる流量がラジエータの 20～80 ℓ/min に対して 5～20 ℓ/min と少ないので，従来は流れを U ターンさせて流速を上げ，さらに管内のディンプルもしくはリブによる乱流効果によって低流量時の管内側の熱伝達率を上げた U ターンタイプのヒータコアが多かったが，近年高性能のフィンに流路高さとチュ

表 6.6 ヒータコアの種類と構造

タイプ	全パスタイプ	U ターンタイプ	
		左右 U ターン	前後 U ターン
形状			
性能(Q/V)	100	72	72
特徴	最も小型軽量であり，また安価であるため，ヒータコアの主流である	HVACへの搭載性に優れた従来タイプ	均一な温度分布を得られやすいためリヒート式A/Cなどに採用されるが，高価である

6.3 熱交換器

ーブ間ピッチを小さくした扁平チューブを組み合わせることによって、層流での性能を向上させた全パスタイプのヒータコアが主流となってきている。一般的なヒータコアの液と空気の流れを図 6.39 に示す。

6.4 ウォータバルブ

(1) 機能

ウォータバルブは、ヒータコアに流入するエンジン冷却水の流量を制御する弁のことで、この温水の制御により

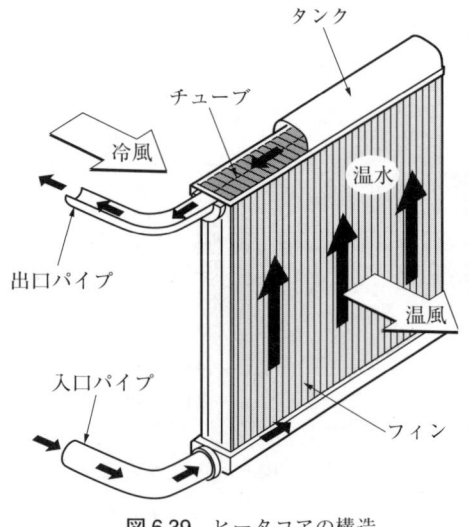

図 6.39 ヒータコアの構造

車室内の空気温度が調整される。車室内空気温度制御方式については、第 3 章で詳しく述べたが、エアミックス方式とリヒート方式それぞれのなかで方式に適したウォータバルブが用いられる。図 6.40 にエンジン冷却水系統図の一例を示す。ウォータバルブはヒータコアの上流部に設置されるのが一般的である。

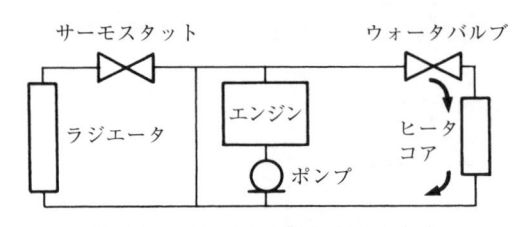

図 6.40 エンジン冷却水系統図（例）

(2) 種類と構造

表 6.7 にウォータバルブの種類と構造を適用するシステムとともに示す。ON-OFF 式が広く一般に使われている方式で、レバーの ON-OFF はマニュアルエアコンの場合は手動で、オートエアコンの場合はバキュームスイッチもしくはサーボモータなどで行われる。表に示すの弁形状はロータリ式の例を示しているが、その他の弁形状と特徴は「ミニ知識」を参照されたい。

空気温度制御のリヒート方式に用いられるデューティ制御方式は，精度のよい温水の制御が可能なので，特に高級車用に一部使われている。

表6.7　ウォータバルブの種類と構造

システム	適用バルブ	システムおよびバルブ構造（代表例）	特　徴
エアミックス方式	ON-OFF方式	（ブラケット，レバー，Oリング，ボディ，エンジン，弁体，パッキン，カバー，ファン，エバポレータ，ヒータコア，エンジン，エアミックスドア）	・レバーのON，OFFにより弁の開閉を行う ・レバーのON時はエアミックスドアで吹出温度を制御　最大冷房時はレバーをOFF ・バルブ構造が簡単で安価
リヒート方式	デューティ比制御方式	（エンジン，副弁，主弁，ヒータコア，エンジン）	・弁をソレノイドにより断続的に開閉し，開閉時間割合によりヒータコアへの温水流入量を調整し，吹出温度を制御 ・精度の高い制御が可能 ・構造が複雑でコスト高
リヒート方式	弁開度制御方式	（エンジン，ロータリ弁，パッキン，ヒータコア，エンジン，均圧弁）	・ロータリ弁の開度によりヒータコアへの流量をアナログ的に調整し，吹出温度を制御 ・均圧弁によりエンジン回転数による流量変動を吸収し，流量を制御する ・比較的安価

ミニ知識　バルブ弁形状と特徴

表 6.8　バルブ弁形状と特徴

形　状		特　徴
ポペット式		・構造が簡単 ・気密保持がしやすい ・流量調節がしやすい ・流れの方向変化が大きく，通水抵抗大 ・弁操作に大きな力が必要
スライド式		・流れ方向に変化なく，通水抵抗小 ・気密保持用の弁体押付けばねなど要 ・操作力に水圧の影響を受ける ・気密保持が難 ・部品精度要
ロータリ式		・流れ方向に変化なく，通水抵抗小 ・操作力が水圧の影響を受けない ・気密保持が難 ・部品精度要
バタフライ式		・構造が簡単 ・小形化が可能 ・流れ方向に変化なく，通水抵抗小 ・気密保持が難

6.5　レシーバ

（1）機能

レシーバは，コンデンサとエキスパンションバルブの間に取り付けられており，一般的には下記の機能をもっている。

1）　コンデンサ出口冷媒制御

コンデンサで液化した冷媒を，レシーバ内で気液を分離して液冷媒を一度貯え，液冷媒のみを膨張弁に送り出す。液面が存在することでコンデンサ出口の冷媒が凝縮完了状態と

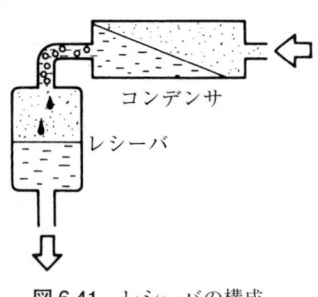

図 6.41　レシーバの構成

なるように制御されていることは第2章に述べたとおりである。

冷凍サイクルの余分な冷媒を液として蓄えているため，

① 冷媒負荷などの運転状態が変動して，必要な冷媒量が変化しても常にレシーバ内部に液面を保っている。

② Oリングやゴムホースなどにより徐々に冷媒が透過して洩れるので，冷凍サイクル内の冷媒の量を補い，一定に保つようにしている

2) 空気の分離

サイクル内には，取付時の真空引き不足やゴムホースからの透過により空気が含まれる。空気はレシーバ内でも凝縮しないため，ガスとしてレシーバ上部に貯えられてサイクルには流出しない。

3) 水分の除去

カーエアコンではゴムホースなどより水分が浸入するため，乾燥剤をレシーバ内に設置し，水分の除去を行う。HFC-134a サイクルは冷媒・オイルとも水分溶解度が高いため，通常は吸水力に優れる合成ゼオライトを使用している。

4) 異物の除去

サイクル内の異物は，エキスパンションバルブの詰まりなどの原因となるため，フィルタなどにより異物の除去を行う。

5) サイトグラス（冷媒量の確認）

レシーバ内の液冷媒量が不足するとレシーバから気泡（ガス冷媒）が多量に流出する。このため，サイトグラスをレシーバの出口流路に設けて，内部の冷媒状態を観察することで冷媒量の適否を判定する。

(2) 外観と構造

レシーバの外観を図 6.42 に，構造を図 6.43 に示す。レシーバは，コンデンサとエキスパンションバルブの間に取り付けられ，ブラケットにより車両ボデーに固定される。

形状は，小形，軽量で耐圧性を確保するため円筒形状としている。配管取付部は，図 6.42 右のナット〜ユニオン接続するタイプと，左のジョイント部を形成したブロックを

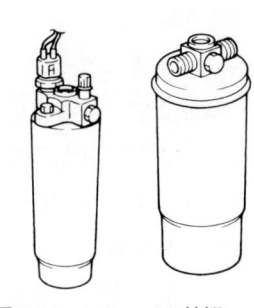

図 6.42 レシーバの外観

上方よりボルト締めするタイプがあるが，最近は組付作業性の良好なボルト締めタイプが多くなっている。

　気泡の分離にはある程度の液面高さが必要であり，この部分の断面積が大きいと冷媒の使用量が多くなるので，気泡の分離性を維持しながら冷媒使用量を削減するために，底部の形状を図6.43のように円すい形状にしているケースが多い。

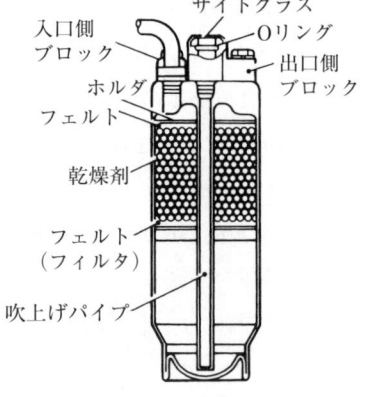

図 6.43　レシーバの構造例

6.6　冷媒制御部品

（1）膨張弁

1）機能

膨張弁には，大きく2つの機能がある。

① レシーバを通ってきた高温・高圧の液冷媒を小さな孔から噴射することにより減圧・膨張させて，低温・低圧の霧状の冷媒にする。

② エバポレータ出口で，冷媒の蒸発状態が適度な過熱度をもつよう冷媒流量を調節する。

　そのために，車室内温度（冷房負荷）の変動およびコンプレッサ回転数の変動に応じて冷媒量を自動的に調節している。その方式として，カーエアコンではエバポレータ出口温度を制御する温度作動式を採用している。

2）作動原理

　図6.44の構造でダイヤフラムの差圧 ΔP により，スプリング力で押え付けられている弁を開弁する。差圧 ΔP と弁リフト，流量の関係は図6.45に示すようにある差圧より開弁し差圧 ΔP に応じて必要な流量を確保するようになっている。差圧 ΔP は，エバポレータ出口の過熱度に対応しているため，必要流量に応じて過熱度が決まる。

　ダイヤフラム上側の圧力 P_T はエバポレータ出口温度相当の飽和圧力であり，ダイヤフラム下側の圧力 P_E はエバポレータ出口圧力である。ここで，差圧 ΔP

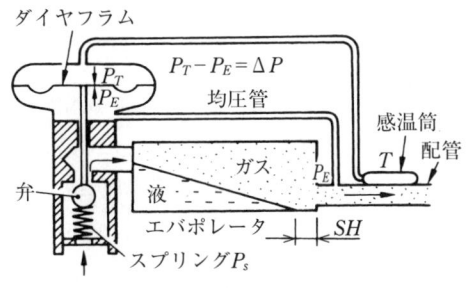

図6.44 膨張弁の作動原理

についてガスチャージの場合を例に説明すると、感温筒内にはサイクルと同一冷媒が気液混合状態で封入されており、感温筒内の圧力は温度に対応した飽和圧力を示すため過熱度分だけ圧力上昇し、差圧 ΔP が生じるのである。

スプリングおよびダイヤフラムのばね特性に応じて、流量特性は傾きをもつため、冷媒流量が大きくなるほど過熱度は大きく

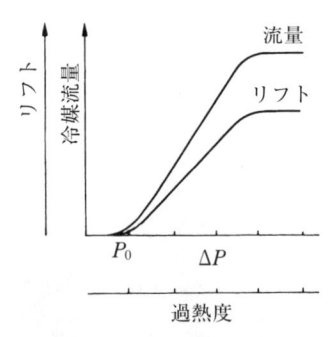

図6.45 流量・リフト特性

なる特性となっている。過熱度を小さくするためにはこの傾きを立たせるほうがよいが、弁振動異音や冷凍サイクルの不安定な脈動が生じる原因となるので、ある程度の傾きが必要である。

作動の具体的な例をあげると、ブロワ風量を Hi → Lo に下げるとそのままの冷媒流量では冷媒が蒸発しきれず過熱度が小さくなっていく。そして、感温筒内のガス冷媒が凝縮し圧力 P_T が下がるため差圧 ΔP が小さくなり、弁を閉じる方向に動かす。その結果、ブロワ Lo 風量に相当する必要冷媒量まで流量を低下することになる。

ミニ知識　膨張弁の設定値 P_{SET} とは

静止過熱度設定値のことであるが、略して設定値と称している。例えば、$P_{SET}=0.245$ MPa のものは感温筒を 0℃ とし、そのときの感温筒内圧力 $P_T\,(T=0℃)=0.293$ MPa であるため、$\Delta P_0=0.048$ MPa（加熱

度5℃相当)としたものである。

図 6.46 において ϕ 0.8 mm オリフィスより P_{SET} 大気圧の差圧分だけ空気が流れるが,オリフィスは弁の開弁量を規定するためのもので,ϕ 0.8 mm にすることで弁がわずかに開いた状態(リフトで約 0.05 mm)となるために,ほぼ開弁点における差圧 ΔP_0 すなわち過熱度を表している。真の開弁は図 6.45 のようにダレが生じているため,わずかに開弁した点をもって設定している。

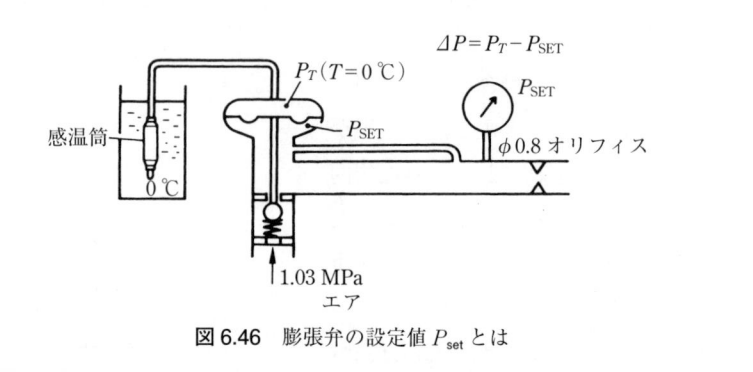

図 6.46 膨張弁の設定値 P_{set} とは

3) 感温筒の応答性とチャージ方式

膨張弁は,感温筒のフィードバックを受けて弁が作動したとき圧力は即変化するがエバポレータ出口の温度は,冷媒がエバポレータ出口に到達するまで数秒〜10 秒程度の時間がかかる。

感温筒の温度が即応答ではフィードバック補正がかかりすぎサイクルが不安定な状態となり,現象としては周期が 10 〜 20 秒程度の圧力変動(ハンチングと称している)が生じる。このため図 6.47 のように感温部への温度応答を遅らせている。

また,確実に応答を遅らす手段として活性炭の吸着を利用する吸着チャージ方式がある。吸着特性を利用して温度を圧力に変換するが,活性炭の熱伝導が悪いため活性炭全体が均一温度になるには時間がかかることを利用して応答を遅らせている。

(a) ガスチャージ方式 　　　　(b) 吸着チャージ方式

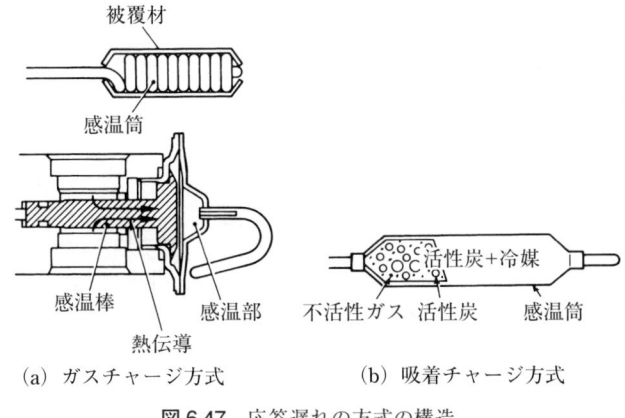

図 6.47　応答遅れの方式の構造

ミニ知識　クロスチャージ方式

　クロスチャージ方式とは，感温筒内の圧力特性を冷凍サイクル使用冷媒の飽和圧力特性よりも勾配をゆるくしたものである．ガスチャージ方式では，感温筒内に使用冷媒とは異なるガスを封入することでクロスチャージとなる．この場合，ガスクロスチャージ方式と称する．

　クロスチャージを使用すると，温度が低い低負荷時では感温筒圧力がガスチャージ方式より高くなるため液戻りが生じやすい．これを利用して最近では可変容量コンプレッサの小容量時のオイル戻りを確保するために使用されている．しかし，高負荷時には逆に感温筒圧力が上がりにくいため，過熱度が大きくなるのでうまくバランスをとる必要がある（図 6.48 参照）．

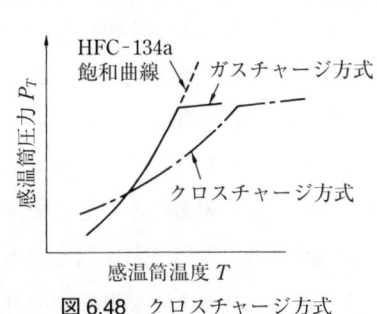

図 6.48　クロスチャージ方式

ミニ知識　ガスチャージ方式の作動

　感温筒内は，冷媒の液とガスが共存してはじめて温度を圧力に変えることができる．ガスチャージ圧力以下では液が存在するが，温度が上昇

しチャージ圧力までくるとすべてガス化してしまう。それ以上ダイヤフラム上部の圧力は上昇しないため，膨張弁の開きが制限される（図 6.49 参照）。

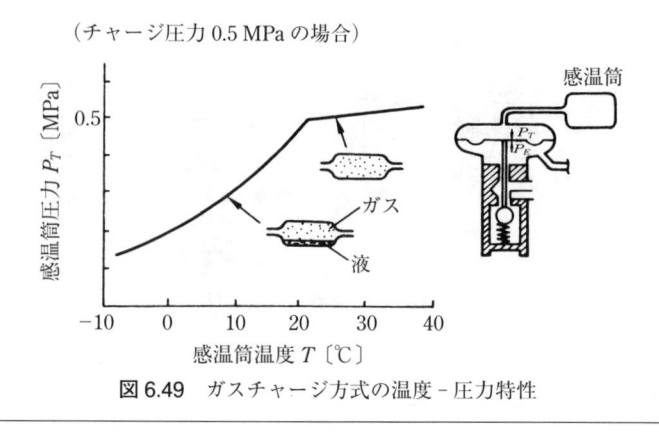

図 6.49　ガスチャージ方式の温度‐圧力特性

4）　構造と特徴

膨張弁の代表的な構造と特徴を表 6.9 に，容量と主な用途を表 6.10 に示す。容量は JIS B 8619 標準定格条件 A（凝縮温度 38 ℃，蒸発温度 5 ℃）を基準とするものであり，トン数はアメリカ冷凍トンで表示しており，1 トン = 3 520 W（3 024 kcal/h）である。

なお，公称容量については明確な定義はないが，最大容量の約 50 〜 60 % をもって公称容量としている例が多い。

5）　内部均圧式膨張弁

エバポレータの出口圧力をフィードバックする外部均圧式が一般的であるが，その場合均圧管が必要となる。そこで，構造をシンプルにするために均圧管をなくしてエバポレータ入口圧力を取ったものを内部均圧式という。

一般に，エバポレータ内を冷媒が流れる場合には，流路抵抗による圧力損失がある。そのため，内部均圧式はエバポレータの圧力損失 ΔP_E 分に相当する過熱度が大きくなるので，ΔP_E の小さいリアクーラなどのエバポレータに用いられる。

表6.9 代表的な構造と特徴

構造	ジョイント接続形	ボックス形	カセット形
管温部位置	管路外	管路内	管路内
ダイヤフラム部位置	管路外	管路外	管路内
チャージ方式	ガスチャージ・吸着チャージ	ガスチャージ	吸着チャージ
特徴	エバポレータ出口部に管温筒と均圧管の接続が必要である	エバポレータ出口冷媒を膨張弁内部に通しているため，圧力・温度を内部でセンシングできる	小形ダイヤフラムのため弁リフトが大きくとれず大径の弁が必要である

（液冷媒，霧状冷媒，ガス冷媒）

表6.10 容量と主な用途

公称容量	0.6トン	1トン	1.5トン	2トン以上
適用冷房能力	1 160～2 330 W (1 000～2 000 kcal/h)	2 330～4 070 W (2 000～3 500 kcal/h)	3 490～5 810 W (3 000～5 000 kcal/h)	4 650 W 以上 (4 000 kcal/h 以上)
最大容量	3 490 W 以上 (3 000 kcal/h)	6 980 W 以上 (6 000 kcal/h)	9 300 W 以上 (8 000 kcal/h)	11 600 W 以上 (10 000 kcal/h)
主な用途	・リアクーラ用	・軽四輪車 ・リアクーラ用	・一般車用	・バス用

(2) STV（サクションスロットル・バルブ）

1) 機能

STVは，冷房能力制御の一手段であり，エバポレータ（蒸発器）とコンプレッサ（圧縮器）の間に設置されており，冷房負荷が小さくなるとコンプレッサへ戻る冷媒流量を絞ることによりエバポレータの蒸発圧力P_Eを一定値（設定値

P_{EO}）以上に保ち，フロストしないように制御している。P_E を一定に保つことにより EPR（Evaporator Pressure Regulator）とも呼ばれている。

同じフロスト防止機能であるサーミスタ素子を利用したコンプレッサのマグネットクラッチの ON-OFF 制御とは異なり，コンプレッサを入れたり止めたりしないため，フィーリング上の向上が望めるほかエバポレータ吹出温度変化もほとんどない。

2) 構造および作動

図 6.52 に作動原理を示す。STV は，蒸発圧力 P_E が設定圧力 P_{EO} 以上になるとベローズ内の一定圧力（通常真空）とばね力に打ち勝って弁が開くため，高負荷時には配管の一部として冷媒通路を形成する。冷媒負荷が低下して P_E が下がり，P_{EO} に近づくと弁が閉じだし抵抗が生じるため，コンプレッサへの吸入圧力 P_S は低下し，冷房負荷に見合うだけ冷媒流量が減少する。通常，STV は $0.28 \sim 0.29$ MPa で制御するように設定値を決めている。

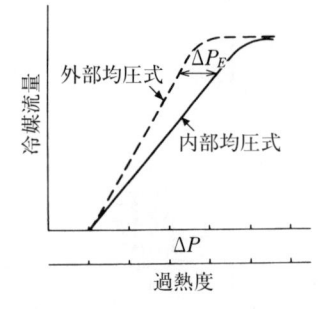

図 6.50 外部均圧式と内部均圧式の相違

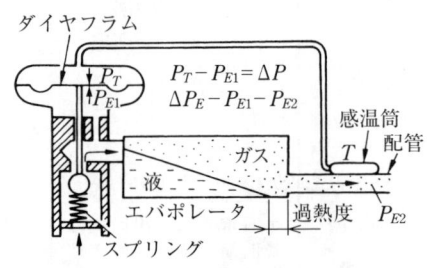

図 6.51 内部均圧式の作動原理

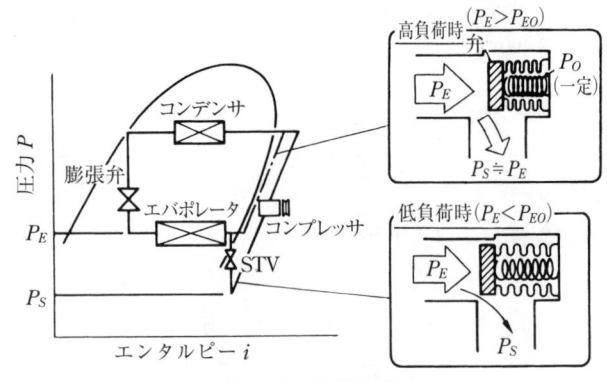

図 6.52 作動原理

3) 適用例

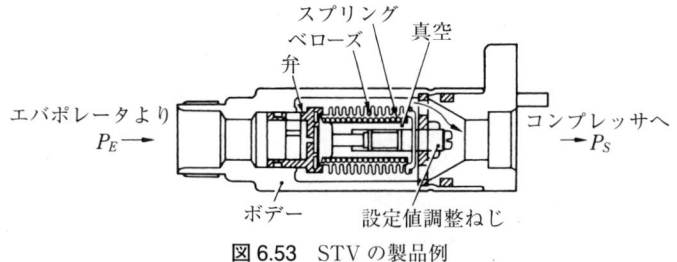

図 6.53 STV の製品例

製品例を図 6.53 に示す。STV が作動している状態でさらに負荷が下がると冷房能力が低下し，P_S は負圧となりオイルも冷媒とともに戻らなくなるため，通常は膨張弁のダイヤフラム下部への均圧孔を STV 下流に設け STV が絞り，P_S が下がるにつれて膨張弁の SH 制御機能をカットして膨張弁を開弁させ，コンプレッサへ液バックさせている（図6.54）。このため，本方式は低負荷時にもコンプレッサがその分の仕事をするためサイクル効率は悪くなる。エアコンシステムとして同様な制御を行う可変コンプレッサが，低コストでできれば置き替わっていくと思われる。

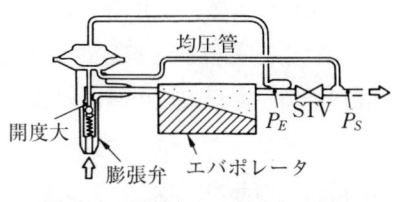

図 6.54 膨張弁との組合わせ例

(3) 電磁弁

電磁弁は，1つのコンプレッサで複数のエバポレータを使用している冷凍サイクルにおいて，冷媒流路の開閉を行い運転状態の切換えを行うものである（図6.55 参照）。

通常，通電したときのみ開弁する方式を採用している。また，この開弁方式には直動式とパイロット式があり，表6.11 のように使い分けを行う。

1) 直動式電磁弁

作動は，主弁と一体となったプランジャがコイル通電時に電磁力により上方へ移動し開弁し，無通電時とスプリングによるば

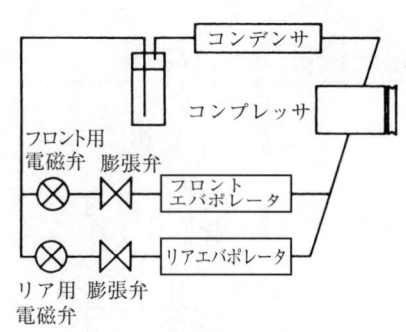

図 6.55 デュアルエアコン

6.6 冷媒制御部品　143

表6.11 電磁弁の方式別特徴

方式	直動式	パイロット式
弁口径	約φ2 mm	約φ6 mm
断面図	(ステータ、スプリング、スリーブ、プランジャ、コイル、連通孔、主弁、入口、ボディ)	(ステータ、スプリング、コイル、プランジャ、スリーブ、パイロット弁、パイロット孔、主弁、入口、ボディ)
特徴	・小流量用 ・構成部品が少なく小形	・大流量用 ・弁口径を大きくとれるため、圧力損失が小さい ・コイル小形化、省電力化可能

ね力－出口圧力差により開弁する。

弁口にかかる高圧と低圧の圧力差に打ち勝つ電磁力が必要なため、通常φ2 mm程度の小流量用に用いている。

2) パイロット式電磁弁

名前のとおりパイロット弁を用いることにより、大流量を開閉できる構造となっている。電磁力は直接冷媒流路を開閉せず、主弁の背圧を制御する小さなパイロット弁口のみでよく、電磁コイルも小さくできる。作動は表6.12のとおりである。

表6.12 パイロット式電磁弁の作動

状態	① 無通電時	② 通電直後	③ 通電し、時間経過後
作動図	(プランジャ、パイロット弁、主弁背圧 P_H、主弁、入口、出口、高圧圧力 P_H、低圧圧力 P_L)	(P_L、P_H、P_L)	(P_H、P_H、P_L)

① 無通電時は，プランジャはスプリングで押え付けられ主弁も閉じている。このときパイロット弁は閉じているため，主弁の周囲より入口側の高圧圧力 P_H が背圧に加わるため強力にシールできる。

② 通電直後は，電磁力によりプランジャが主弁より離れパイロット弁口が開くことにより，主弁背圧は出口側の低圧圧力 P_L と等しくなる。このとき，主弁の下部の周囲は P_H が加わり主弁は開くこととなる。なお，パイロット弁により低圧側に吸引されるため，主弁回りのクリアランスはパイロット弁口に比べ十分小さくしている。

③ 通電時，一度主弁が開いてしまうと入口，出口ともに高圧圧力 P_H となり圧力差が生じず，主弁背圧も再び P_H となるが，主弁は流体力に押されて弁開度が維持される。

6.7 配管

(1) 全体

配管は，各機能品を連結するために必要な部品である。冷媒を輸送する機能と振動系が異なる部位では振動吸収の機能，最近では隣接する配管の温度差を利用して熱交換の機能をもったものが現れている。図 6.56 にレイアウトの一例，表 6.13 に配管仕様の一例を示す。

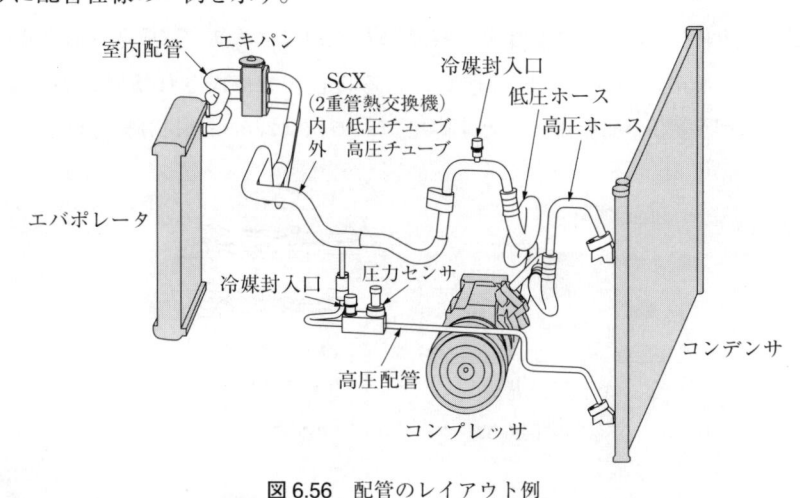

図 6.56 配管のレイアウト例

表 6.13 配管仕様の一例

配管名	冷媒状態	サイズ	仕様例
高圧ホース	高圧・高温ガス	D3/8 〜 D1/2	樹脂ホース
高圧チューブ		D3/8 〜 D1/2	AIチューブ
リキッドチューブ	高圧・高温液	$\phi 8$ 〜 D3/8	AIチューブ
低圧チューブ	低圧・低温ガス	D5/8 〜 D3/4	AIチューブ
低圧ホース		$\phi 14.5$ 〜 D3/4	総ゴムホース

　配管に要求される重要なポイントは，過酷な環境に耐える信頼性，エンジン，コンプレッサに起因する振動の吸収性に加え，自動車ラインでの組立てのしやすさと非常に小さい分子サイズの冷媒を洩らさないよう上手く締結するかが重要である。また，冷媒の封入口，圧力センサが配管に装着されることが多い。

(2) クーラパイプ

　通常 AI3000 系が広く用いられている。端末加工，曲げ加工がしやすいことが重要であるが，床下など過酷な環境で使用される場合は耐食性を考慮した材料かあるいは耐食性向上のための工夫が必要である。

(3) クーラホース

　振動吸収するゴムホース管体と，接続のための口金具部で構成される。ホース管体は，図 6.57 に示すように各種層による複合体で構成され使用目的により，内面に樹脂層をもつ樹脂ホースとすべてゴムの総ゴムホースに分類される。

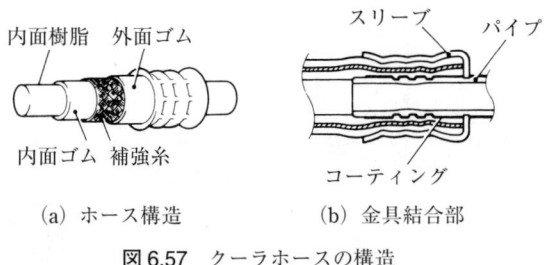

(a) ホース構造　　(b) 金具結合部

図 6.57　クーラホースの構造

口金具は，ホースとの接続で必要であるカシメ部と通常の配管部で構成される。このカシメ部位は過酷な環境に耐えるうえで重要であり，樹脂ホースでは特殊な接着材が用いられる。

(4) ジョイント

搭載性，サービス性の観点で必要な機能であり，ニーズにより種々の形が開発されている。特にエアコンが標準装着になってからは，作業性，位置決め性からブロックジョイントタイプが多く使われている。締結のための部材も洩れ箇所を減らすために無ろう付けのものが多くなってきている。また，年々狭くなったエンジンルームのため，非常に小さい曲げRでの無ろう付けブロックジョイントとか，搭載時工具が不要なクイックジョイントも使われている（図6.58）。

(5) SCX（Sub-Cool Accelerator）

最近では，内部を流れる冷媒の温度が異なる配管を合体し，熱交換をさせてシ

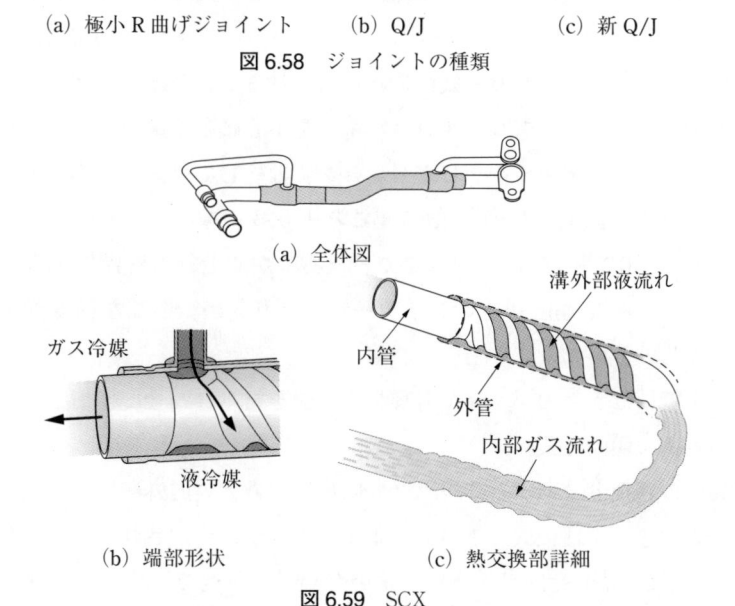

(a) 極小R曲げジョイント　　(b) Q/J　　(c) 新Q/J

図6.58　ジョイントの種類

(a) 全体図

(b) 端部形状　　　　　　(c) 熱交換部詳細

図6.59　SCX

ステム効率を上げることを実施している。その代表的な製品が図 6.59 に示す SCX で，内部を低温ガス冷媒が流れ，螺旋溝を高温液冷媒が流れる。配管レイアウトに沿って曲げることができ，内管の螺旋溝が伝熱を促進することにより 400 mm の SCX でシステム効率を 5 〜 10 ％向上することができる。

6.8　電気制御部品

(1) パネル

自動車用空調装置を制御するための入力装置，または入力装置に制御回路を組み込んだものをコントロールパネル（またはパネル）と称し，主にインスツルメントパネルの中央部に設置されている。

パネルには，主に温度設定，吹出モード切換え，内外気モード切換え，風量切換え，コンプレッサの運転/停止の 5 つの機能がある。

1) パネルの操作方式

パネルを操作方式で分類すると，レバー式，ダイヤル式，プッシュ式の 3 種類がある。操作性の観点から見ると，操作部を凝視せずに操作できるダイヤル式が優れており，次に操作荷重の少ないプッシュ式である。操作力が構造的に重く，狙った位置に止めにくいレバー式は近年採用されることがほとんどない。

ダイヤル式は，マニュアルエアコンパネルを中心に多く採用されている。プッシュ式は，カーオーディオやナビゲーションに近接して設置されるためデザインの統一性，操作性向上の目的で 1985 年ごろより多く採用されている。スイッチストロークは，0.3 〜 3.5 mm 程度まで各種あるが，走行中に操作するという自動車の特殊性から 1 mm 以上のストロークがあり，かつ明瞭な節度感を有するものが望ましいといわれている。

なお，実際には 1 つのパネルで各種の操作法を組み合わせて使用している。

2) パネルの駆動方式

空調装置の各種ドア（エアミックス，吹出口切換え，内外気切換え）の駆動方法から分類すると，機械式，電気式，電子式の 3 つに分類される。

1980 年以降，機械式は操作荷重が重いため，低荷重で操作できる制御用マイコンやサーボモータ駆動用 IC を回路基板に備えた電子式パネルが軽四輪車クラ

表6.14 パネルの駆動方式

駆動方式	内　　容	適　用	
		マニュアル	オート
機械式	パネルのつまみに接続されたケーブルで，直接各種ドアを引っ張り駆動する	○	×
電気式	サーボモータで各種ドアを駆動するもので，スイッチ機構で機械的にスイッチ信号を保持する（セルフロックスイッチを使用）	○	○
電子式	サーボモータで各種ドアを駆動するもので，スイッチを押したときのみ電気信号を出して電子回路でスイッチ信号を保持する（モーメンタリスイッチを使用）	×	○

スまで採用されてきている．

3) パネルの作動表示

　パネルで選択した作動状態を表示する方法として，従来の機械式ではプラスチックの銘板に文字，マークなどを印刷したものをケース表面に貼り付けて，ツマミの指針の位置でわかるようにしている．しかし，プッシュ式パネルの採用，オートエアコンの装着率拡大化にともないインスツルメントパネルデザインの商品力向上のために，エアコン作動状態の表示が多様化してきている．まずプッシュ式パネルでは，選択したスイッチのつまみ内またはつまみのすぐ上にアクリル製の小型レンズを設けて，その後方のLED（Light Emitting Diode）を点灯させて作動表示を行っている．

　オートエアコンの作動表示では，設定温度をデジタルで表示するものや吹出モード，吸込モード，風量をアイコンで表示したりするものもある．

　その作動表示用素子には，液晶（LCD：Liquid Crystal Display）―蛍光表示管（VFD：Vacuum Fluorescent Display）が使用されている．それぞれの特徴を活かし，すぐ近くに装着されるオーディオやナビゲーションの表示との調和を考慮して表示素子が選択される．また，オーディオの操作表示パネル自体を一体で構成したインテグパネルが設定される場合もある．

　また，ナビゲーションシステムが標準装着されるようになってきたが，ナビゲーション用ディスプレイにエアコンの作動表示をさせたり，ディスプレイ上にタッチスイッチを設けてエアコンを操作するものがある（図6.60）．

　なお，エアコンパネルの表示シンボルは，ISO 7000，JIS D 0032で推奨シン

ボル形状が規定されている（図 6.61 参照）。

しかし，車両メーカーごとに修正を加えたり，独自のシンボル形状を設定している場合が多い。

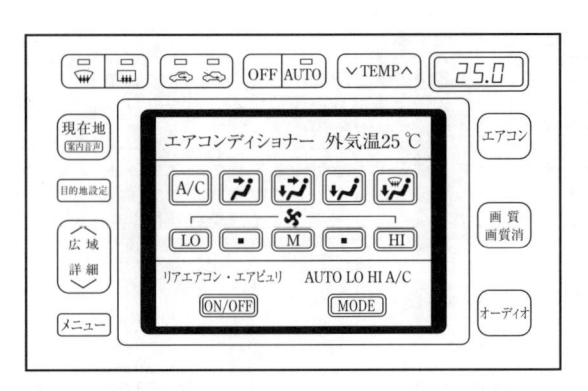

図 6.60　ナビゲーション用液晶ディスプレイでのエアコン作動表示例（トヨタ・クラウン）

		ISO7000，JIS D 0032	実施例（トヨタ車）
主	エアコンスイッチ	❄	A/C
風	風量スイッチ	🌀	🌀
内外気	内気循環	—	🚗
	外気導入	—	🚗
吹出モード	FACE 吹出し	↗	↗
	B/L 吹出し	↘	↘
	FOOT 吹出し	↙	↙
	FOOT/DEF 吹出し	—	↙
	DEF 吹出し	⇧	⇧

図 6.61　エアコンパネルの表示シンボル

(2) ECU

ECU（Electronic Control Unit）は，オートエアコンの各種制御を行うコンピュータである。ECUは，操作パネルと一体化されてインスツルメントパネル中央に取り付けられるものと，別体でエアコンユニットに組み込まれてインスツルメントパネル内に取り付けられるものがある。

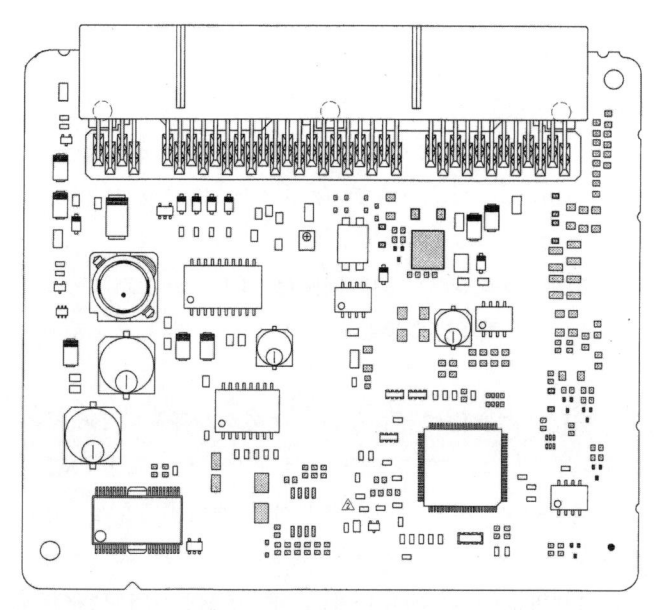

図6.62　ECU基板の一例

ECUは，16ビットのCPU（中央演算処理装置）が主流でクロック周波数は数MHz～10 MHzを使用している。入力としては，操作パネルからのスイッチ信号，各所に設置されたセンサからのセンサ信号があり，これらの信号がデジタル信号としてCPUに入力される。CPUで計算された結果，オートエアコンの制御対象である吹出温度を調節するエアミックス開度調節用サーボモータ，送風機の速度調節用パワートランジスタ，吹出口切換用サーボモータ，吸込口切換用サーボモータ，コンプレッサの運転/停止用マグネットクラッチ，操作パネルの表示装置を駆動する。

ECUの回路は，図6.63に示すようにCPUを中心に大きく7つの回路ブロックより構成されている。電源回路は，CPU用5 V定電圧電源，キースイッチオ

6.8　電気制御部品　　151

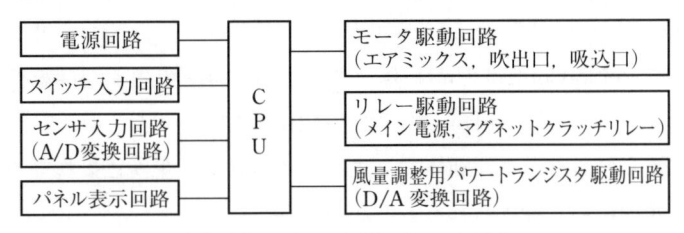

```
┌──────────────┐       ┌──────────────────────┐
│   電源回路   │       │   モータ駆動回路     │
├──────────────┤       │(エアミックス、吹出口、吸込口)│
│ スイッチ入力回路 │   C   ├──────────────────────┤
├──────────────┤   P   │   リレー駆動回路     │
│ センサ入力回路  │   U   │(メイン電源,マグネットクラッチリレー)│
│ (A/D変換回路)  │       ├──────────────────────┤
├──────────────┤       │風量調整用パワートランジスタ駆動回路│
│ パネル表示回路 │       │   (D/A変換回路)      │
└──────────────┘       └──────────────────────┘
```

図 6.63　ECU の回路ブロック構成

フ時のデータ記憶用電源およびリセット回路から成り立っている。センサ入力回路は，5V定電圧でプルアップされたセンサ端子電圧（アナログ電圧値）を 8～10 ビットのデジタル信号に変換する A/D 変換回路である。モータ駆動回路は，モータ正転/逆転の切換え，目標位置での停止，モータロック時の過電流保護（モータ印加電圧のしゃ断）を行う回路である。

　風量調整用パワートランジスタ駆動回路は，CPU からデジタル信号で出力された風量信号をアナログ電圧に変換してパワートランジスタを駆動する回路である。

　制御機能の多様化，高度化にともないプログラム容量も 256K バイトに増強されてきている。また，エンジン ECU やナビゲーションと CAN 通信を行い，パネルと LIN 通信を行い，サーボモータと BUS 通信するなど，通信機能をもつようになっている。

　将来は，さらに制御機能の高級化が進み，32 ビット CPU に移行するとともに周辺回路との集積化により小形化が進んでいくものと思われる。

(3) サーボモータ

　サーボモータは，通風路の切換えを行うドアを駆動させるためのもので，3 つのタイプに分けられる。これらはダッシュボード上のパネルスイッチ操作により，またオートエアコンでは自動的に駆動される。

① 内外気切換用：内外気切換ドアの駆動を行うもの
② 吸出口切換用：吹出口切換用ドアの駆動を行うもの
③ エアミックス用：冷風・温風の混合割合を調整するエアミックスドアの駆動を行うもの

図 6.64 に，各用途のサーボモータを示す。

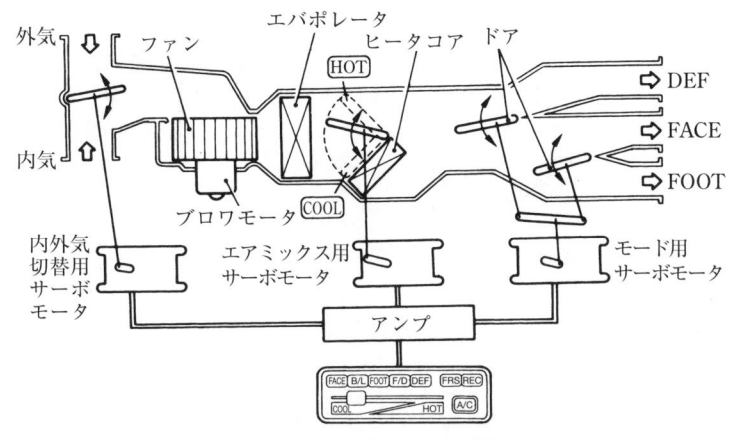

図6.64 サーボモータの用途

1) 構成

サーボモータの構成は，ドアを駆動する力を発生するためのモータ（駆動部）と数段のギヤで減速する（減速部）および停止位置を制御するための電気回路部分（位置検出部）からなっている（図6.65）。

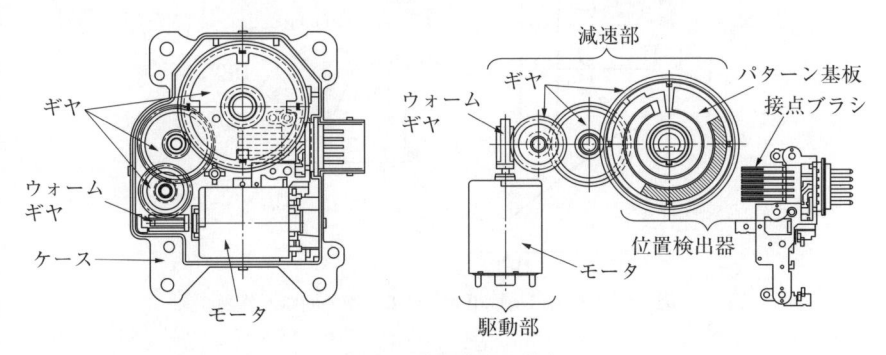

図6.65 内部構造と構成

構造的には，樹脂部分のケースに駆動部（モータ）・減速部（ウォームギヤ・ギヤ）・位置検出部（パターン基板・接点ブラシ）を収納し，機械的出力はクランクアームの回転運動として伝達する。

2) 用途別作動説明

(1) 内外気切換用サーボモータ

スイッチを内気（REC）→外気（FRS）に切り替えると，モータは通電され回

6.8 電気制御部品　153

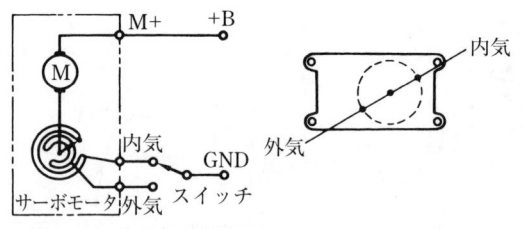

図 6.66　内外気切換サーボモータの回路と作動

転する。約180度回転すると接点がOFFしモータは停止し,外気位置に停止する。

(2)　吹出口切換用サーボモータ

サーボモータには吹出口切換用ドアの位置を検出するポテンショメータが内蔵されており,その位置信号をアンプへフィードバックして,吹出口切換スイッチの操作やオート制御により,必要な吹出口位置まで切換用ドアの駆動を行う。

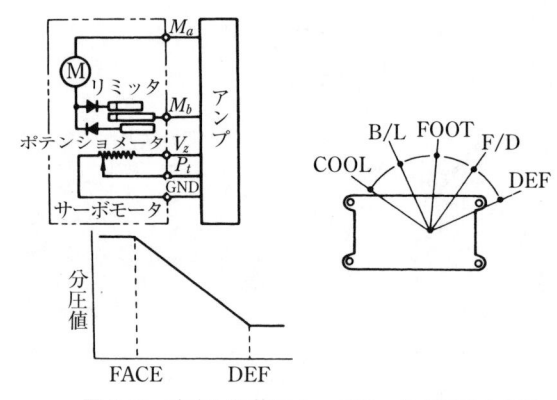

図 6.67　吹出口切換用サーボモータの回路と作動

(3)　エアミックス用サーボモータ

サーボモータには,エアミックスドアの位置を検出するポテンショメータが内蔵されており,その位置信号をアンプへフィードバックしてモータを回転させて設定温度になるようエアミックス用ドアの駆動を行う。また,リミッタが内蔵されており,サーボモータがフルストローク駆動時（MAX COOL または,MAX HOT）にモータへの通電をしゃ断し,オーバランを防止している。

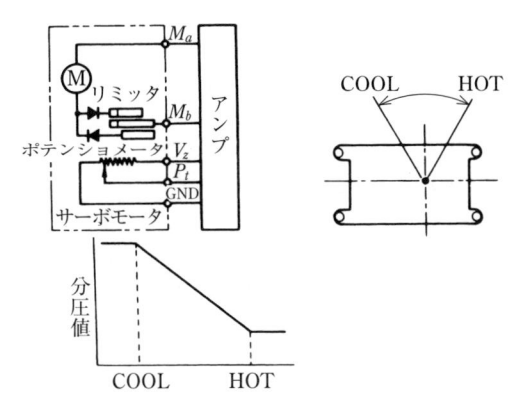

図 6.68 エアミックス用サーボモータの回路と作動

(4) ブロワモータ

カーエアコンや空気清浄機器において，冷温風を送り出すためのファンを駆動する。一般的に，永久磁石式の DC12V（DC24V）直流モータが用いられている。用途により必要な風量が異なり，ブロワモータは $\phi 50 \sim \phi 70mm$（外径）体格モータを風量に応じて使い分けている（表 6.15）。

表 6.15 ブロワモータの用途別使用例

用途	必要風量	消費電力	体格（外径）
エアピュリファイヤ用	$50 \sim 100$ m³/h	$20 \sim 40$ W	約 $\phi 50$
リア用	$70 \sim 120$ m³/h	$30 \sim 220$ W	$\phi 50 \sim \phi 62$
フロント用（軽四車）	$250 \sim 350$ m³/h	$80 \sim 170$ W	約 $\phi 62$
フロント用（普通車）	$400 \sim 600$ m³/h	$170 \sim 300$ W	約 $\phi 62 \sim \phi 70$

1）作動原理

磁界中に置かれた導体に電流を流すと，図 6.69 のフレミングの左手の法則に従って導体は図 6.70 のような力を受けるので，図 6.71 のようなループ状の導体にして電流を流すと図のような回転力を得ることができる。しかし，このループ状の導体に常に同方向の電流を流していたのでは 1 回転もすることができないため，コンミテータとブラシを用いて回転途中で導体に流れる電流の向きを変えている。このモータの作動原理の基本をベースに，実際にブロワモータは導体数を

増やし，円滑に回るようにしている。

模式図を図6.72に示す。コンミテータのセグメント数を増やしているが，1つの導体（図中のA）を見ると，回転するにつれて矢印方向に流れていた電流が点線矢印へと電流の流れる方向が変わり，コンミテータが半回転した位置で再び電流の向きを変える。

2）モータ特性

永久磁石式直流モータの特性を図6.73に示す。直流モータの特徴としては，トルクに対する回転数が直線となることであり，この性質は交流モータやステッピングモータにはない性質である。

トルク＝0の回転数が無負荷回転数であり，回転数＝0のトルクが拘束トルクである。モータに電源を投入したときこの拘束トルクで起動し，負荷トルクとバランスしたところで回転する。

電流とトルクの関係も直線で表わされる。モータ出力はトルク×回転数に比例するため出力はトルクに対して2次曲線で表され，最大出力点は拘束トルクの半分のトルク点である。

効率は出力÷入力（入力は電流に比例）のため，最大効率点は最大出力点より低いトルク側となる。モータの効率を考えた場合，この最大効率点付近で使用するのが効率のよい使い方となるのだが，実際にはより大きな出力を得る目的で高トルク側で使う傾向にある。

3）構造

ブロワモータ構造の製品例を図6.74に示す

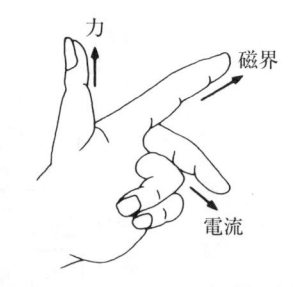

図6.69 フレミングの左手の法則

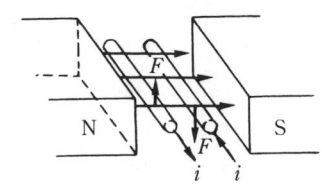

図6.70 磁界中の導体の受ける力

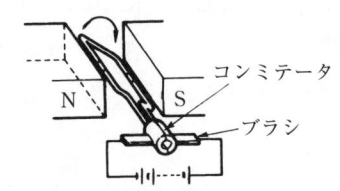

図6.71 直流モータの作動原理

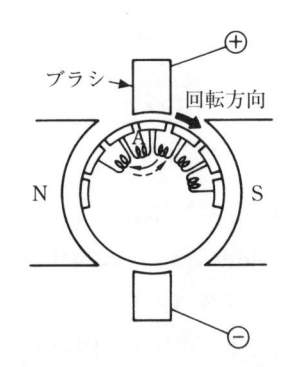

図6.72 実際のブロワモータ模式図
（コンミテータセグメント数を増やした場合）

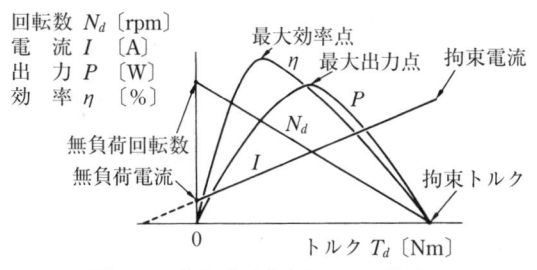

図 6.73 永久磁石式直流モータ特性

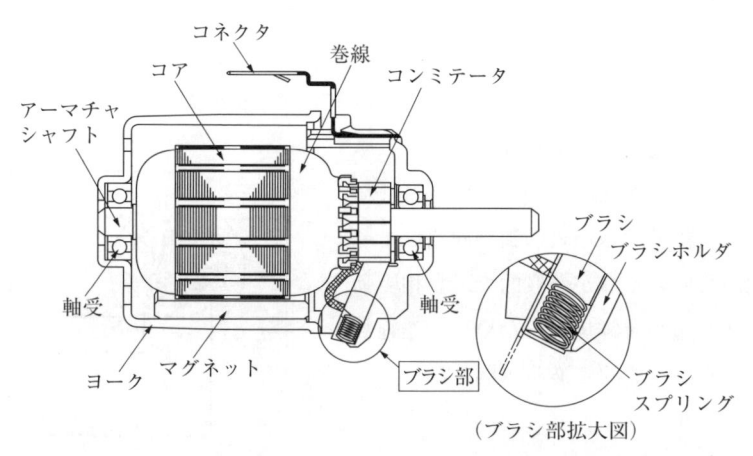

図 6.74 ブロワモータ構造（製品例）

が，直流モータはすべてほぼ同じ構造であり，この構造図で各部品の特徴を説明する。

① 外周（ヨークと呼ばれる鉄板）に永久磁石を固定し，アーマチャシャフトに固定された鉄心（コア）に巻線は巻かれ，コンミテータに接続されている。
② コンミテータ，コアはモータ回転時の回転ムラ，振動を押さえる目的などにより 10 ～ 14 分割（図では 12 セグメント，12 スロット）されている。
③ ブラシは銅＋カーボンが主成分であり，配合比，添加物によりモータの性能が左右する（具体的には騒音（ブラシ音）寿命に影響する）。低騒音，長寿命を目的にブラシの改良開発が行われている一方，ブラシレスモータ化することで低騒音，長寿命とすることも可能である。また，低騒音を目的にブ

ラシホルダをゴムフローティングしたり，ブラシホルダ形状を工夫しブラシを制振している製品がある。

④ 磁石は高出力，軽量，小型化を図るために，高性能な湿式異方式フェライト磁石が一般的に採用されている。高性能磁石として希土類磁石が知られているが，コスト面でまだ採用されていない。

⑤ 軸受はこれまで銅，銅鉄系，オイルレスメタルが一般的であったが，最近小型化，長寿命化などの市場要求によりボールベアリングの採用が増えてきている。

4) ブラシレスモータ

低騒音・長寿命の面で優れている。直流モータはコンミテータと巻線が回転することで電流の通電方向を切り換えているが，ブラシレスモータは電気回路側でコイルへの通電切換えを行う。つまり，磁石が回転する可動側に巻線が固定側になる。また，駆動するための制御回路はモータに内蔵しているのが一般的で，多相駆動とすると回路が複雑化するために，巻線数は三相駆動が一般的である（図 6.75）。

(5) センサ

エアコンシステム，特にオートエアコンにはさまざまなセンサが使われている。これらセンサは，いわばエアコンシステムの「触覚」であり，エアコンの作動状態や外部環境がどのようになっているのかを常に監視している。

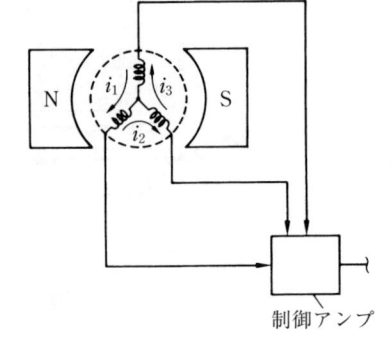

図 6.75 一般的なブラシレスモータの模式図

本節では，標準的なエアコンセンサである①温度センサ（内気センサ・外気センサ・エバ後センサ・水温センサ），②日射センサ，③排気センサおよび最近一部の車種で使われ始めている④湿度センサ，⑤赤外線センサを取り上げる。

1) 温度センサ

エアコンシステムで使われている温度センサは主に表 6.16 の 4 種類である。これらのセンサはすべてサーミスタ素子を用いており，温度により抵抗が変化するサーミスタの物理的性質を利用している。この特性は抵抗値 R，絶対温度 T

表6.16 カーエアコンの温度センサ

	検出対象	主取付場所	目的
エバ後センサ	エバ吹出空気温度	エバポレータ	フロスト防止
内気センサ	車室内温度	インパネ	オートエアコン制御
外気センサ	車外温度	バンパ付近	オートエアコン制御
水温センサ	ヒータ水温	ヒータコア	オートエアコン制御

とすると次のようになる．

$$T \propto \frac{1}{\log R + A} \quad (A：定数) \tag{6.13}$$

以下に，各温度センサ（除く水温）の取付状況を示す．ここでエバ後センサは，取付用のクランプを用いてエバポレータに差し込まれている（図6.76）．エバポレータのフィン温度を直接検知するフィンセンサが主流になりつつある．

また，内気センサはインパネセンサ付近に取り付けられ，車室内の空気がセンサに吸い込まれるようにエアコンユニットケースの側面に取り付けたアスピレータを用いている（図6.77）．アスピレータにエアコンの風をわずかに洩らすことにより，絞り部の圧による負荷を生じさせ，車室内空気を吸引している．ほかに小形モータ（アスピレータモータ）を使

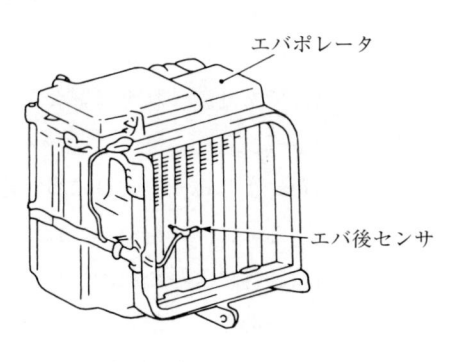

図6.76 エバ後センサ取付け

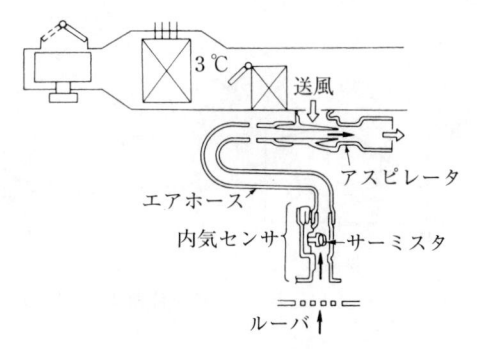

図6.77 内気センサ取付け

って室内空気を吸入しているものもある。

外気センサは，車両前方バンパ付近に取り付けられているが，外気温度を正しく測定するために，エンジンルームの熱気の影響を受けにくい位置に置かれている。

2) 日射センサ

日射センサは，乗員や車室内に当たる日射の強さを検出するもので，この信号をもとにオートエアコンの制御を行うことにより，日射の強いときに乗員が暑くなるのを防ぐのが目的である（図6.79）。

日射センサは，検出素子として一般的にフォトダイオードを用いているが，その特性は図6.80のように日射光量（照度）に比例した出力であり，これをセンシングに利用している。

太陽の仰角により車両・乗員に当たる日射量が変化するので，日射センサは，その仰角－日射量特性に合った指向性をもつのが望ましい。そのため，最近の日射センサでは実際の日射負荷特性に合わせて仰角40度付近で最も出力が大きくなっているものもある（図6.81）。

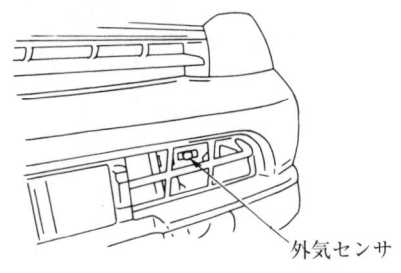

図6.78 外気センサ取付け

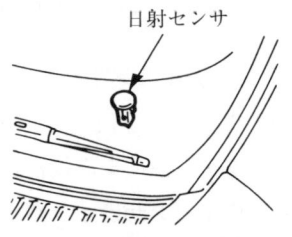

図6.79 日射センサ取付け
（インスツルメントパネル）

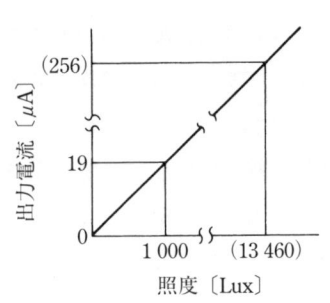

図6.80 照度－出力電流特性

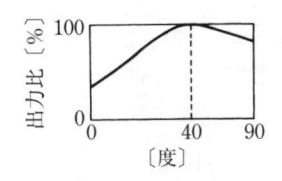

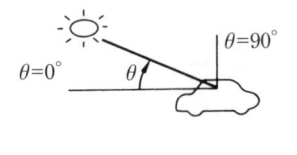

図6.81 日射センサ指向特性（仰角40度出力最大）

このような指向特性を得るために，日射センサとしては素子（フォトダイオード）を傾けたり（図6.82），特殊なレンズを用いて実現している。また，左右独立空調には新しく2D（2素子）タイプの日射センサ（以降2Dセンサと呼ぶ）が開発されている。これらは，左右方向からくる日射に対応した制御を行うためのものであり，センサ内部にフォトダイオードが2素子内蔵されている。そして，それぞれのフォトダイオードの検出光量によって左右の席の空調を行っている。

　今後は左右独立空調のような高級制御が増えることに対応し，2Dセンサのような高機能センサが多く使われると考える。2Dセンサには，一体型（図6.83）と別体型（図6.84）がある。ただし，上記のような2個の別々のフォトダイオード（センサ）を用いる方法は双方の素子のバラツキにより検出精度を上げるには調整が必要となる。

　これを解決するために，2つの素子を同一素子で構成した2Dセンサがトヨタ・セルシオ（1994年～）から用いられている。図6.85のように光の通る穴を素子間の上に設け，同一素子基板上に2つの素子パターンを同時成形することにより素子間のバラツキを解消させて検出精度を向上させ，かつ水平構造にできることで体格（高さ）も小さなセンサとなっている。

3）排気センサ

　車室内の空気質で乗員へ影響を与える物質として表6.17に示すようなものがある。花粉やほこりはフィルタで浄化できる。タバコなどは，空気清浄器の光セ

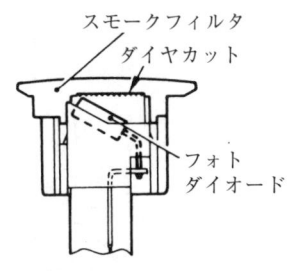

図6.82　日射センサ（素子を傾けたタイプ）

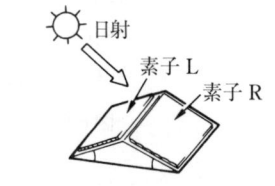

図6.83　2個のフォトダイオードを傾けたセンサ

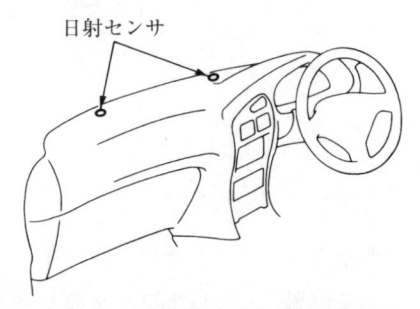

図6.84　2個のセンサを使用した例

6.8　電気制御部品

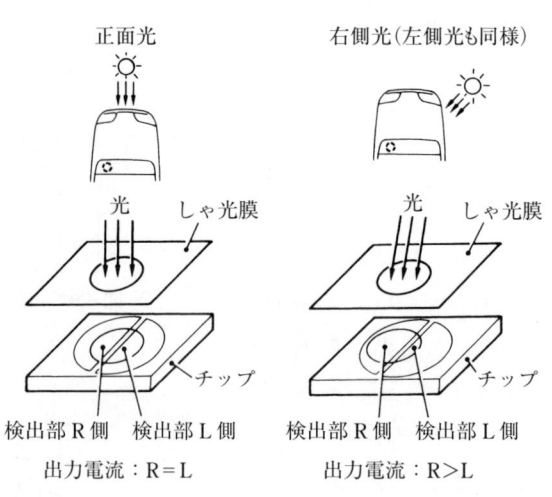

図 6.85 同一素子による 2D センサの作動原理

表 6.17 空気質浄化技術

	対象物質	センシング技術	対応技術
外気	花粉	光センサ	フィルタ
	ほこり	光センサ	フィルタ
	排気ガス	排気センサ	オート内外気
内気	たばこ	光センサ ガスセンサ	空気清浄器 フィルタ
	乗員呼気	CO_2 センサ	換気

ンサまたはガスセンサにより検知し，フィルタにて浄化する．乗員が最も敏感に感じる物質としてはトラックなどディーゼル車の排気ガスがあり，これに対しては，排気センサにより車外の空気の汚染状況を検知し，内外気ドアをコントロールするオート内外気システムがある．

このオート内外気システムは欧州車から始まり，国内でも高級車から展開されている．図 6.86 に排気センサの構造を示す．排気中のカーボンなど粒状物質はフィルタにて浄化され，透過したガスはガスセンサにて検知される．ガスセンサの検出原理は，まずセンサ素子がヒータにより加熱され活性化された状態となる．そこにガスが通ると素子部で酸化あるいは還元反応が起こり，素子の抵抗値が変化するというものである．

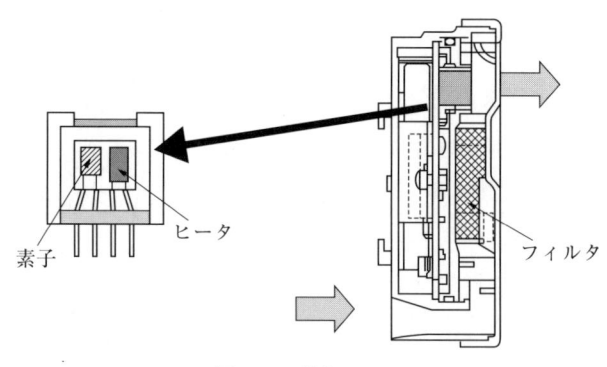

図 6.86　排気センサ

　図 6.87 に排気センサの搭載位置例を示す．カウル内に排気センサを搭載した場合，エアコン吸込口が外気モードでは確実に排気を検知できる位置にある．しかし，ガスを検知し内気モードになると，センサ周りに空気の流れがなくなり，外気が清浄になったかどうかの判断が課題となる．また，フロントグリルに排気センサを搭載した場合，前方車両の排気発生源に近い位置で検知できるが，側方からの排気がフロントグリルに到達せずにカウルから車室内に吸い込まれる可能性がある．

　さらに，排気オート内外気システムは防曇，クールダウン性能などエアコンシステムの機能を考慮する必要がある．例えば，冬季，外気温が低いときは，コンプレッサを駆動できない．したがって，内気モードにすると窓が曇ってしまう．防曇機能は安全面から最優先する必要があるため，エアコンが作動可能なときのみ，オート内外気システムが作動する制御が必要である．本システムはセンサの性能だけでなく，配置場所やオートエアコンシステムの制御なども考慮して車両

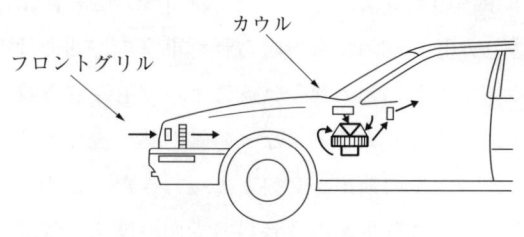

図 6.87　排気センサ搭載位置

6.8　電気制御部品

に適した最適なシステムをつくっていく必要がある。

4) 湿度センサ

最近一部の車種で従来の内気センサ，外気センサ，日射センサに加え車室内の湿度を検出し，空調制御に用いることにより快適性の向上や省動力を図るものが出始めている。図 6.88 に湿度センサの搭載位置の一例を示す。湿度の検出原理は，特殊なポリマーに水分子が吸脱着することによる抵抗値や静電容量の変化を検出するものが一般的に用いられている。図 6.89 に抵抗式湿度センサの形状，特性の一例を示す。

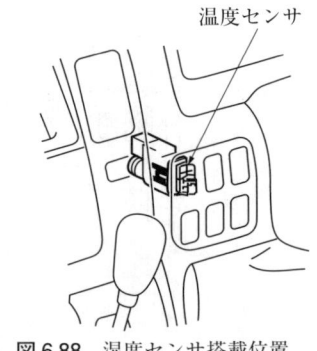

図 6.88　湿度センサ搭載位置

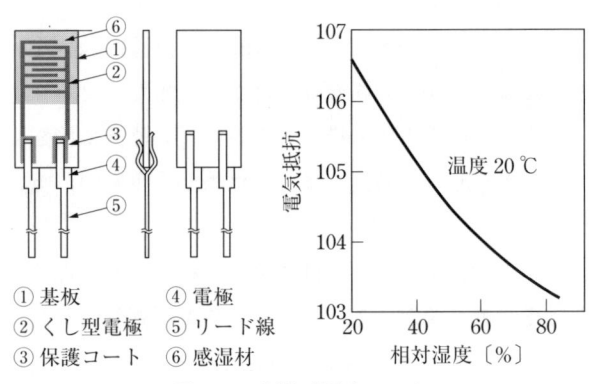

① 基板　　　④ 電極
② くし型電極　⑤ リード線
③ 保護コート　⑥ 感湿材

図 6.89　抵抗式湿度センサ

5) 赤外線センサ

従来のオートエアコンでは内気センサ，外気センサ，日射センサにより車両の熱負荷を検出し，車室内の空気温度を所定値に維持することにより乗員の快適性向上を図ってきた。しかし，車両特有の限られた車室内空間では実際の乗員の温熱感覚は窓ガラスやドアからの輻射熱や気流によっても左右されることから，さらなる快適性の向上には窓ガラスやドアなどの輻射熱（表面温度）の検出や乗員の温熱感を代表する皮膚温度の検出が必要となってきた。この考えから，最近一部の車種で赤外線センサにより車室内や乗員の表面温度を非接触で検出し，より乗員の温熱感に合った空調制御を行うものが出始めている。

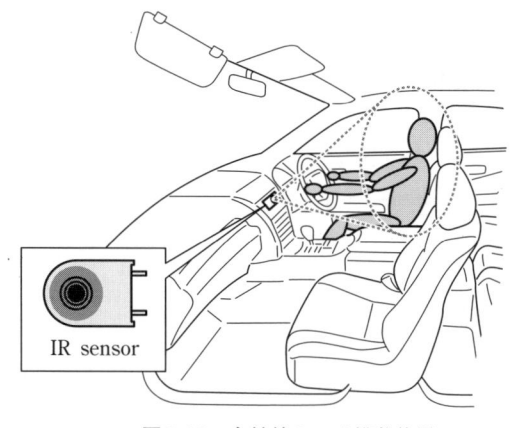

図 6.90 赤外線センサ搭載位置

図 6.90 に赤外線センサ搭載位置の一例を示す。赤外線センサは原理的に大きく熱型と量子型に分けられるが，現在の車両用としては波長帯域が広く常温で使用できる熱型サーモパイル方式が用いられている。熱型サーモパイル方式の検出原理は，検出対象物の絶対温度と放射エネルギーの相関（ステファン・ボルツマンの法則 $E = \sigma T^4$，E：全放射エネルギー，σ：定数，T：絶対温度）を利用し，赤外線エネルギーによる微少な温度上昇をサーモパイル（熱電対）により検出し，対象物の温度に換算・算出するものが用いられており，近年半導体プロセスの進歩による MEMS（Micro Electro Mechanical System）技術により小型，高精度，高品質，低コストなセンサが利用可能となっている。図 6.91 に熱型サーモパイル方式赤外線センサの一例を示す。

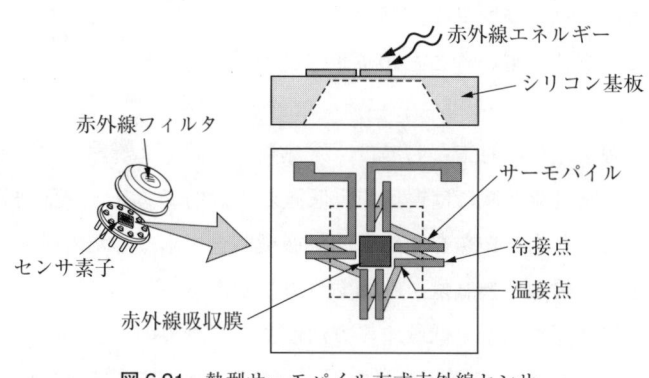

図 6.91 熱型サーモパイル方式赤外線センサ

6.8 電気制御部品

第7章 熱源技術

7.1 補助熱源対応

　カーエアコンは，主にエンジンの発熱により暖められた冷却水を利用して室内の暖房を行っており，エンジン発熱量の変化は直接暖房性能に影響を及ぼすことになる．最近は，燃費向上のため筒内直接噴射エンジン採用による効率向上やHV車などの採用により，エンジン発熱量がますます減少してきている．

　筒内直接噴射エンジンを例にして各部の発生熱量を見てみると，エンジン正味仕事量が同一の場合には，暖房熱源である冷却損失熱量は従来に比べ大幅に低減する（図7.1）．これはエンジンの点火プラグ付近に混合気が集中し，シリンダ壁近傍の燃焼ガス温度が低減されるためである．この結果，暖房熱源が著しく減少し，乗員を快適に保つための室内温度は5～20℃減少してしまう．こうした傾向は，今後厳しい燃費規制に対応しエンジン効率が増すにつれて，さらに深刻化していくことが予想される．

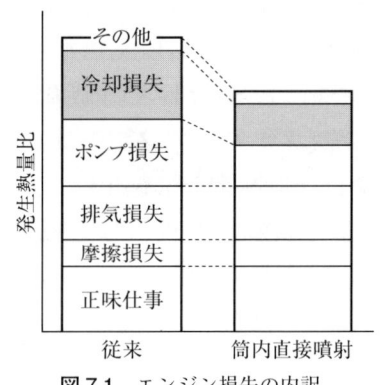

図7.1　エンジン損失の内訳

　こうした熱源不足への対策としては，①熱負荷低減，②新熱源，③廃熱回収がある（図7.2）．熱負荷低減には換気損失低減が一般的であり，一部内気を混入する内気ドア，外気と内気循環を分離し内気循環割合を増やした内外気2層ユニット，さらに湿度を検知し換気量を制御する方法がある．

　一方，乗員に必要な熱量を低減する方法があり，乗員のみを効率よく暖房するパーソナル空調，シート空調などがある．新熱源としては電気利用のPTCヒー

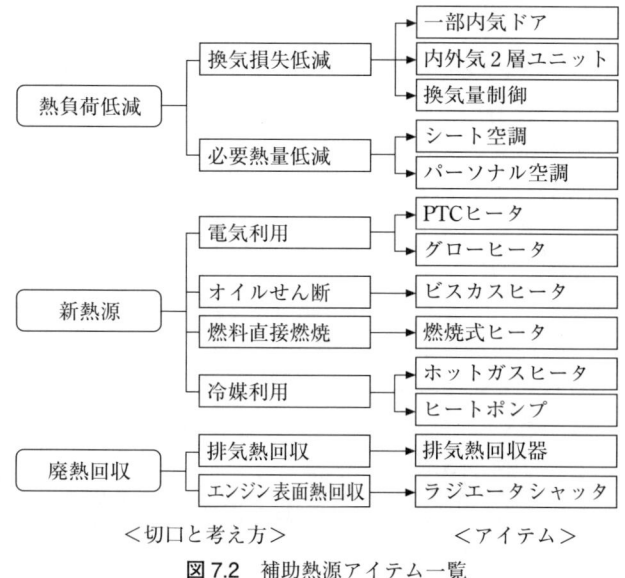

```
                        ┌─ 一部内気ドア
           ┌─ 換気損失低減 ─┼─ 内外気2層ユニット
熱負荷低減 ─┤              └─ 換気量制御
           └─ 必要熱量低減 ─┬─ シート空調
                            └─ パーソナル空調

           ┌─ 電気利用 ─┬─ PTCヒータ
           │            └─ グローヒータ
新熱源 ────┼─ オイルせん断 ─→ ビスカスヒータ
           ├─ 燃料直接燃焼 ─→ 燃焼式ヒータ
           └─ 冷媒利用 ─┬─ ホットガスヒータ
                        └─ ヒートポンプ

廃熱回収 ──┬─ 排気熱回収 ─→ 排気熱回収器
           └─ エンジン表面熱回収 ─→ ラジエータシャッタ

       <切口と考え方>            <アイテム>
```

図 7.2 補助熱源アイテム一覧

タやグローヒータ,オイルせん断力利用のビスカスヒータ,燃料を直接燃焼する燃焼式ヒータ,冷媒の熱を利用するホットガスヒータ,ヒートポンプなどがある。

最後に,廃熱回収としては排気熱を回収する排気熱回収器やエンジン表面からの放熱を低減するラジエータシャッタなどがある。本章では,代表的な技術として内気混入,内外気2層ユニット,PTCヒータ,ビスカスヒータ,燃焼式ヒータ,ホットガスヒータ,ヒートポンプについて紹介する。パーソナル空調については第3章4節の快適性向上技術のところで紹介してある。また,排気熱回収器については第10章1節の熱マネジメントのところで紹介する。

7.2　一部内気利用エアコンユニット

車両の暖房は,外気を導入してこれを加熱することを基本としている。内気循環では,乗員の呼吸により湿度が上昇して窓の曇りが発生するためである。しかし,内気循環では暖かい空気を再加熱するので,暖房能力を向上させることができる。このため,窓の曇りを発生させない程度に一部内気循環空気を利用する場合がある。

(1) 暖房時の換気損失熱量

ヒータコアが外気導入空気を加熱することにより与える熱量 Q_H は，ルーフや窓などボデーからの伝熱により失われる伝熱量 Q_T と，暖かい室内空気を外気へ放出することによる換気損失熱量 Q_V につり合っている．換気損失熱量 Q_V は，低温（例えば -10 ℃）の外気を導入するとき，同じ量の暖かい車室内空気（例えば 30 ℃）を車内から外部へ放出することによって失われる熱量である．換気損失熱量は，車両暖房熱負荷の 60 %程度を占める（図 7.3）．

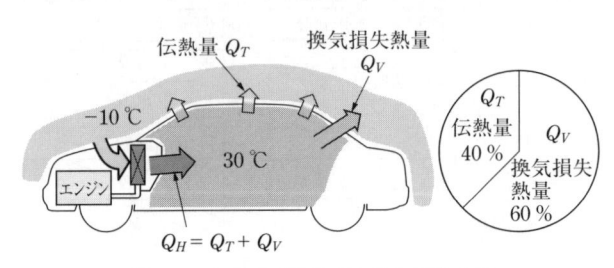

図 7.3　車両暖房熱負荷と換気損失熱量

(2) 種類と構造

1) 内気混入エアコンユニット

内気混入エアコンユニットは，乗員あるいはオートエアコンにより外気導入モードが選択された場合も常に内気を一部混入させて，ヒータコアへの導入空気温度の上昇を狙ったものである．構造は簡単で，第4章2節のブロワユニットで記載した内外気切換ドアに，図 7.4 のような逆止弁構造のサブドアを追加するだけである．窓ガラスの曇りの問題から，一般には内気混入割合は 20 %程度が限界である．

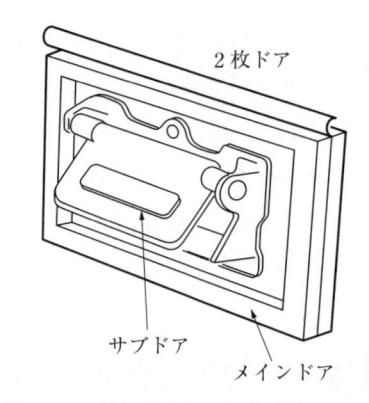

図 7.4　内外気切換ドアとサブドア

2) 内外気2層エアコンユニット

内外気2層エアコンユニットは，外気導入空気と内気循環空気を分離したままヒータコアで加熱し，外気導入側は車室内の上層部に，内気導入側は足元の下層部に吹き出すようにしたものである．外気量と内気量の比率は半々程度にしてい

る。DEF 吹出口やサイド FACE 吹出口からの風は，外気側の乾いた空気となるため窓ガラスが曇ることはない。一方，FOOT 吹出風は内気側となって，その分換気損失を減らすことができる（図7.5）。

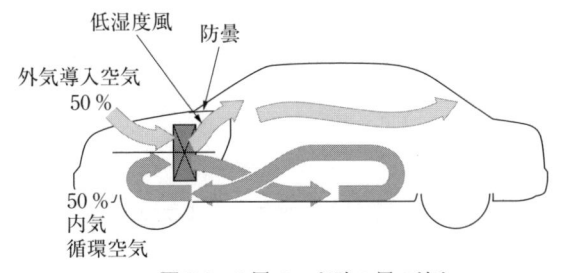

図7.5　2層モード時の風の流れ

ユニットの構造を図7.6に示す。ファンは2層構造となっており，ユニット内も仕切板を入れて外気と内気が混ざらないようにしている。ファンやエバポレータ，ヒータコアの前後に，多少のすき間があっても外気側の送風の圧力を内気側より高めることで内気が外気に混入することを防止できる。

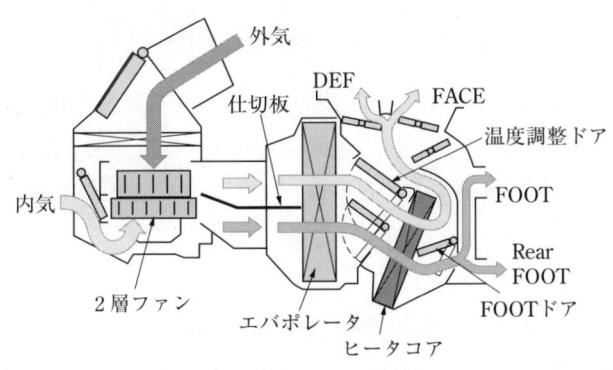

図7.6　ユニットの構造

7.3　燃焼式ヒータ

車両用燃焼式ヒータには，エンジン冷却水を加熱する温水式と空気を加熱する温気式の2種類があるが，ここでは乗用車に適している温水式について詳述する。一般的に燃焼式ヒータは，燃料を燃焼させるために排出ガスが出るとともに燃料回路，排気管などが必要でシステムが複雑になる反面，大きな暖房能力が得られ

る特徴がある。

(1) 機能

車両用燃焼式ヒータは，エンジン冷却水の温度が低く車室内の暖房が不十分なときに，燃料の燃焼により発生する高温の燃焼ガスによってエンジン冷却水を加熱して車室内の暖房を補助することができる。図7.7に，燃焼式ヒータを含むヒータ通水系回路の例を示す。

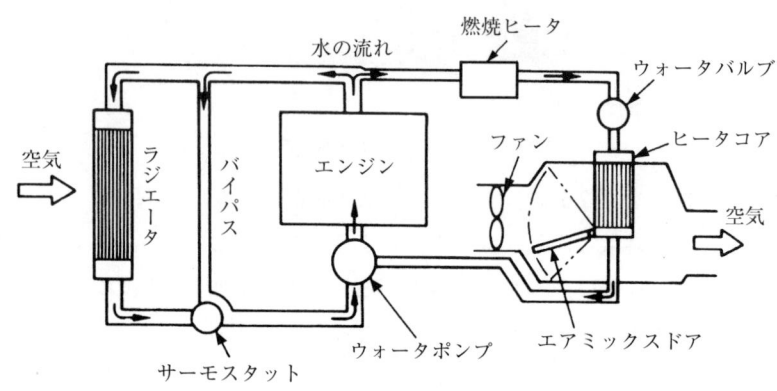

図7.7 燃焼式ヒータの通水系回路

燃焼式ヒータは，エンジンから車室内のヒータコアに接続されるヒータ通水系回路の途中に取り付けられ，エンジンから排出される冷却水を加熱して昇温し，車室内のヒータコアに供給することによって十分な暖房性能を得ることができる。

(2) 構造と作動

図7.8に，燃焼式ヒータの構造の例を示す。始動時には，まずグロープラグに通電して燃焼室内を予熱したあとに，専用の燃料ポンプによって燃料を燃焼室内に供給して気化させるとともに，ファンによって燃焼用空気を燃焼室内に送風して気化燃料と混合させグロープラグによって着火させる。その後，燃料と燃焼用空気の量を増加し，燃焼が安定したあとは燃焼熱により燃料が気化して燃焼が継続するため，グロープラグへの通電は不要になる。

定常時には，適正な空燃比で燃料と燃焼用空気を供給することによって燃焼が継続し，高温の燃焼ガスが発生するとともに，この燃焼ガスは燃焼室の下流に設けられた熱交換器を通過する際にエンジン冷却水と熱交換し，冷却水を加熱する。

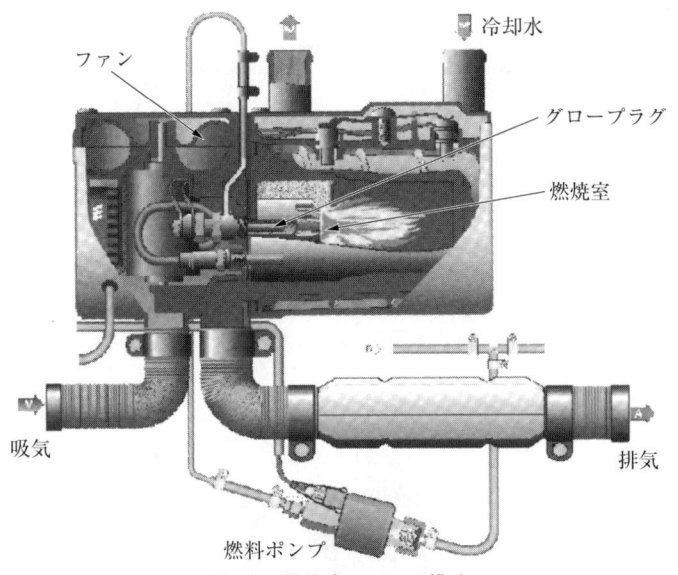

図7.8 燃焼式ヒータの構造

通常，冷却水の温度に応じて燃焼式ヒータの燃料量すなわち燃料供給量と燃焼用空気供給量は調整され，常に適正な冷却水温度を維持するように自動的に制御される。もし，万一何らかの理由で冷却水温度あるいは熱交換器の温度が異常上昇したときには，温度センサによって異常温度を検出し安全に消火，停止するよう制御される。

7.4 ビスカスヒータ

(1) 機能

ビスカスヒータは，高粘度オイルのせん断による発熱を利用してエンジン冷却水を加熱する装置である。図7.9にエンジン冷却水系図の一例を示す。ビスカスヒータは，ヒータコアの上流部に設置されるのが一般的である。

(2) 構造と作動

ビスカスヒータの構造を図7.10に示す。ビスカスヒータはマグネットクラッチに連接されたシャフトに，円板状のロータが固定されている。ロータは，サイドプレート内に封入された高粘度オイル中に設置され，このロータが回転し高粘

7.4 ビスカスヒータ 171

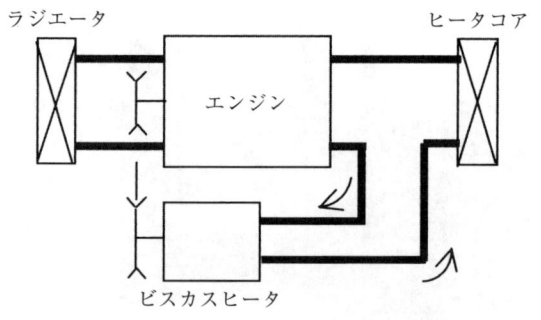

図7.9 ビスカスヒータの通水系回路

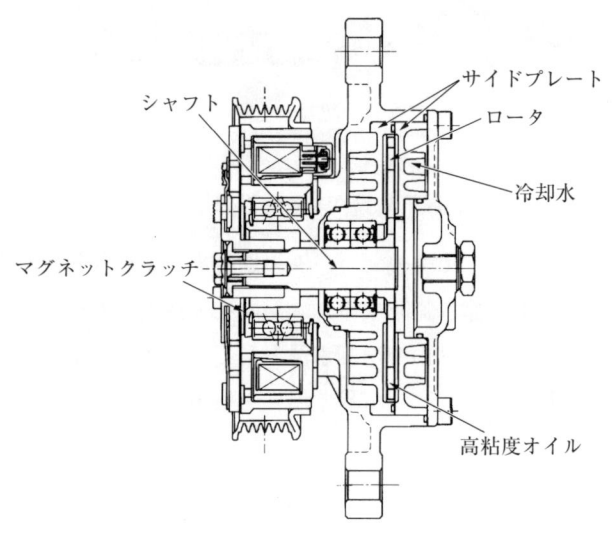

図7.10 ビスカスヒータの構造

度オイルをせん断することで発生するせん断発熱を利用し,エンジン冷却水を加熱する.発熱効率を上げるため,サイドプレートには伝熱面積を増やすためのフィンが,ロータにはオイルを循環させるための溝が設置されている.図7.11に冷却水の流れ,図7.12にオイルの流れを示す.

発熱量は,ロータ外径の4乗,回転数の2乗,オイル粘度に比例して上昇する.ビスカスヒータの使用により,ウォームアップ特性は冷却水温で約17℃,室温で9℃の上昇が見込まれる.

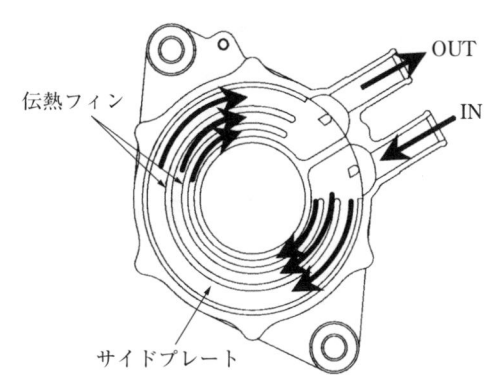

図 7.11　ビスカスヒータ内部の冷却水の流れ

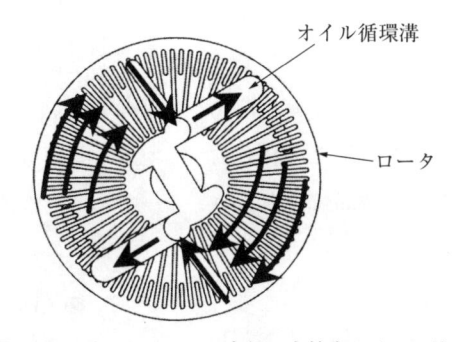

図 7.12　ビスカスヒータ内部の高粘度オイルの流れ

7.5　電気ヒータ

カーエアコン用電気ヒータとしては，PTC サーミスタ（Positive Temperature Coefficient Thermistor）と呼ばれるセラミック素子を用いた PTC ヒータが一般的に用いられている。

本節では，カーエアコンに用いられる PTC ヒータ単体および PTC ヒータをヒータコアと一体化した PTC 内蔵ヒータコア（PTC Heater Integrated in Straight Flow Heater Core）について紹介する。

(1) 機能

PTC ヒータは電流が流れると速やかに温度が上昇し，キュリー点まで達すると抵抗値が急激に上昇して発熱を抑えることにより，PTC ヒータ自体の温度を

一定に保つという特性をもっている（図7.13）。この利点から，自動車用電気ヒータのみならず家電用電気ヒータなどにも幅広く用いられている。

PTCヒータは，一般的にはエアコンユニット内に搭載され，ヒータコアの後流またはユニットの通風路内に配置することにより，ヒータコアで熱交換された温風を再加熱するという役目をもっている（図7.14）。

しかしながら，近年エアコンユニットの小型化が進みPTCヒータを独自に搭載することが困難となり，この欠点を解消するためPTCヒータをヒータコアと一体化したPTC内蔵ヒータコアが製品化されてきた。

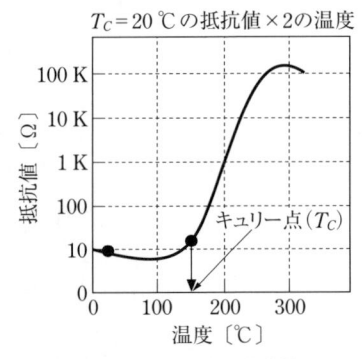

図7.13　PTC抵抗温度特性

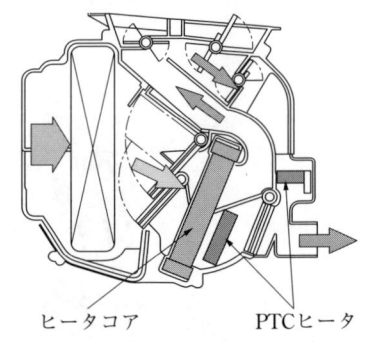

図7.14　搭載位置

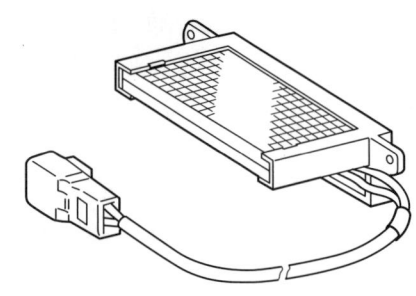

図7.15　ハニカムタイプ

(2)　構造と特徴

図7.15～7.17および表7.1に，下記2種類のPTCヒータの構造および特徴を示す。

1)　PTCヒータ

PTCヒータには小型，小能力のハニカムタイプと中～大能力のフィンタイプの2種類がある。

ハニカムタイプは，PTC素子がハニカム形状となっており，電流を流すとハニカム状のPTC素子自体が発熱し放熱する構造となっている。しかし，ハニカム部分の通風面積を大きくとれないことから，放熱性能が小さく約300 W以下の小能力しか得られず，また通風抵抗が高いという欠点をもつが，比較的小形のため小スペースのユニット内通風路内にも容易に搭載できるという利点がある。

フィンタイプは，その欠点を補うため板状のPTC素子を両面からアルミ製の

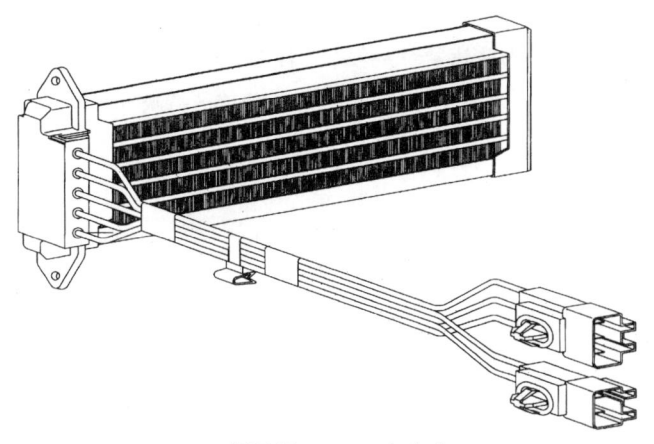

図 7.16 フィンタイプ

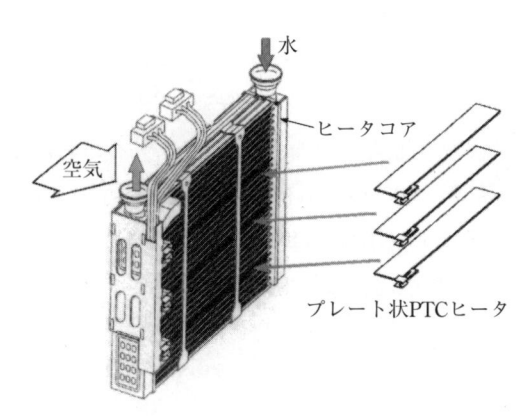

図 7.17 PTC 内蔵ヒータコア

表 7.1 各方式の比較

	ハニカムタイプ PTC ヒータ	フィンタイプ PTC ヒータ	PTC 内蔵 ヒータコア
PTC の出力	300 W 前後	1 000 W 以上	1 000 W 前後
通風抵抗 への影響	大きい	大きい	小さい
搭載性 (スペース)	小さい	大きい	小さい

7.5 電気ヒータ

放熱フィンで挟み込んだ形状となっている．アルミ製フィンにより放熱面積を拡大するため，PTC素子の発熱量が大きくとれ1000 W 以上の高出力が得られるが，サイズが大きくなることからヒータコアの後流へ搭載する必要があり，搭載位置が限定されるという欠点がある．

2）PTC内蔵ヒータコア

PTC内蔵ヒータコアは，前述したエアコンユニットへの搭載性向上を狙いとして，極薄のプレート状PTCヒータをヒータコアチューブと置き換える構造とすることにより，PTCヒータをヒータコアと一体化している．PTCヒータで発生した熱は，隣り合うヒータコアフィンで放熱されるため，PTCヒータ自体にフィンをもつ必要はない．また，PTCヒータの性能は，チューブと置き換えるプレート状PTCヒータの本数で決定され，最大で約1000 W前後と高出力が得られる．

しかし一方では，ヒータコアのチューブをPTCヒータと置き換えるため，ヒータコア自体の放熱性能が若干低下するという欠点が生じる．

また，PTCヒータで発生した熱はヒータコアのフィンを介して隣り合うチューブへ一部移動するため，100％空気側へは放熱されないという欠点があるが，その反面，エンジン水温が低い場合には水温の上昇が速くなるという利点があり，ヒータのウォームアップ性能向上に効果がある．

7.6　ヒートポンプ

（1）機能と特徴

ヒートポンプ冷暖房システムは，すでにルームエアコンなどにおいて一般的に用いられている．その基本構成を図7.18に示す．冷凍サイクルにおける室内の蒸発器と室外の凝縮器の機能が逆になり，室外の蒸発器により外の空気から吸熱し，室内の凝縮器により放熱することにより室内を暖房する機能をもつ．

図7.19に示すように空気からの吸熱した分だけ放熱量が増加するため，ヒートポンプシステムのCOPは1より大きい．動力や電気を直接熱エネルギーに変換する手段と比較して省エネとなる．

カーエアコン用ヒートポンプシステムの特徴は，既存のエンジン車用エアコン

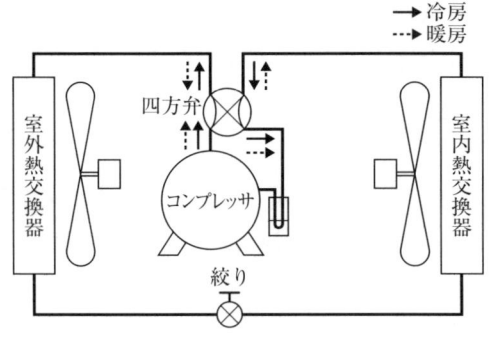

図7.18　ヒートポンプシステム

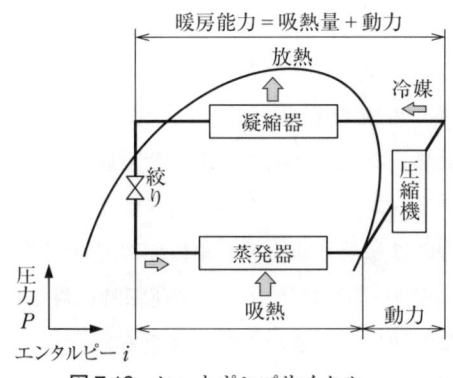

図7.19　ヒートポンプサイクル

と同様，四季を通じて車室内を快適にするとともに窓ガラスの視認性を確保するために，冷房，暖房，除湿および窓ガラスのデミスト，デフロスト機能を果たしている点である．

　これらの機能，特に窓ガラスの曇り防止のために図7.18のように室内熱交換器をエバポレータおよびコンデンサ機能を切り替えて使用することはせず，エバポレータと室内コンデンサを別々に構成している．このような構成とすることで，冷房運転および除湿運転から暖房運転を切り替えた際に，一時的に発生するエバポレータの凝縮水が蒸発することに起因する窓曇りを防止している．

　また，エンジンをもつ車両（一般車，ハイブリッド車，プラグインハイブリッド車など）は，エンジン冷却水を構成することから従来のように流水ヒータコアの直前にコンデンサを構成し，熱源不足を補っているほか，ヒータコアから熱エ

ネルギーを汲み上げて暖房することも可能である。電気自動車のようにエンジンをもたない車両は，冷却水による暖房効果が期待できないため，その暖房におけるヒートポンプシステムの役割はより大きいものといえよう。

(2) 構造と作動

図 7.18 にカーエアコンで使用される基本的なヒートポンプシステム例を示す。その特徴は，ヒータコアに代わりあるいはヒータコアの直前に室内コンデンサを構成することで，下記の作動をすることである。

冷房運転時は，図 7.20 (a) のようにコンプレッサを出た高温・高圧の冷媒が室内コンデンサに流入し，その後室外コンデンサに流入することが異なる。冷房負荷の小さいときには，室内コンデンサにエバポレータ通過後の冷風が当たるよう風路を構成することで放熱能力をアシストし省動力となる。

暖房運転時のシステム構成を図 7.20 (c) に示す。冷房運転時との違いは，室内エバポレータで吸熱した熱を室内コンデンサで放熱するようバルブを切り替えている。このとき，室内エバポレータへの冷媒回路は閉じている。

また，暖房運転時には窓曇り防止のために除湿運転が必要となる。除湿運転時のシステム構成を図 7.20 (b) に示す。冷房運転時に対して，空気を冷却除湿した後に加熱を行う際のリヒート量が大きく異なる。

(3) ヒートポンプシステムの展望

これまで説明してきたとおり，ヒートポンプシステムはカーエアコン，特に暖房にとって必要な技術となってきている。ルームエアコンのように一般的な技術

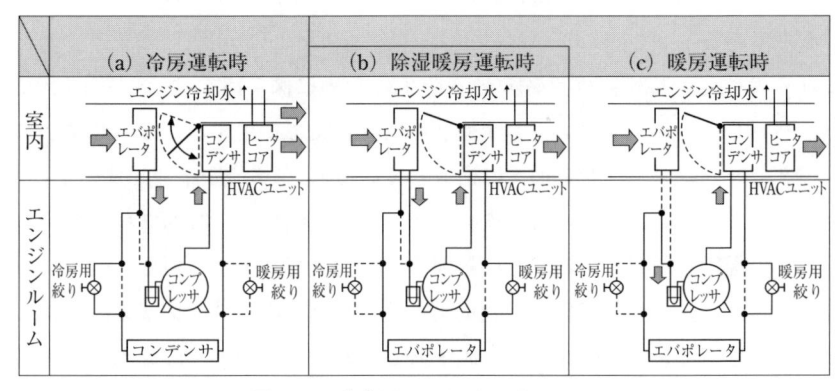

図 7.20　車載用ヒートポンプシステム

にしていくためには,

① 寒冷地への対応

② シンプルな構成での機能実現

が必要不可欠である。寒冷地への対応手段として，ガスインジェクション式ヒートポンプシステムが実用化されている。このシステムの特徴は，高圧・低圧のほかに中間圧を設け，圧縮機を2段圧縮方式とすることで圧縮機に吸入される冷媒密度を増加させることにより，寒冷地での暖房運転を可能にしている。

ヒートポンプは熱エネルギーを効率的につくり出すことができるため，室内の暖房のみならず低温始動時の暖機時間を速めることによる省燃費にも貢献しうる可能性をもったシステムである。

(4) 寒冷地における対応

外気温度が-20℃を下回るような寒冷地においては，冷媒物性により暖房機能が著しく低下する。そのメカニズムを以下に記載する。

蒸発圧力の低下により圧縮機の吸入冷媒密度が低下し，それに比例して冷媒循環量が減少するため，室内コンデンサからの放熱量が低下する。また，蒸発圧力の低下は圧縮機での圧縮比を増大させるため，圧縮機の断熱圧縮効率が悪化して成績係数の悪化を引き起こす。また，吐出温度の上昇によって樹脂材料や冷凍機油にも影響を与える。このような課題を克服するための手段として，ガスインジェクション式ヒートポンプシステムを紹介する。

そのモリエル線図を図7.21に示す。図7.20に記載のシステムとの違いは大きく2つである。1つはコンデンサ下流の暖房用絞りを2段絞りとし，2つの絞り

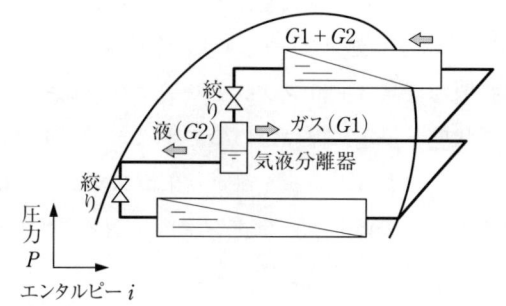

図7.21 ガスインジェクション式ヒートポンプサイクル

の間にある中間圧力部に気液分離器を設置している．暖房時に気液分離後の液冷媒のみをさらに減圧して室外熱交換器で蒸発させ，ガス冷媒は中間圧のまま圧縮機へ吸入させる構成となっている．もう1つは圧縮機が低圧と中間圧を吸入・圧縮する2段圧縮式となっている点である．

この方式は，圧縮機の吸入冷媒の密度を増加させることにより，寒冷地での暖房運転を可能にしている．

7.7 ホットガスヒータ

ホットガスヒータは，冷凍サイクルを利用した補助暖房システムであり，コンプレッサで圧縮された高温ガス冷媒を低圧側のエバポレータで放熱するために減圧してから熱交換するサイクルである（図7.22）．このため，吹出温度は最高でも20℃程度であり，ヒータコアのアシストとして使う．

(1) 機能と特徴

ホットガスヒータは，ヒートポンプとは異なり冷たい外気から熱を汲み上げることはなくコンプレッサの仕事量を放熱

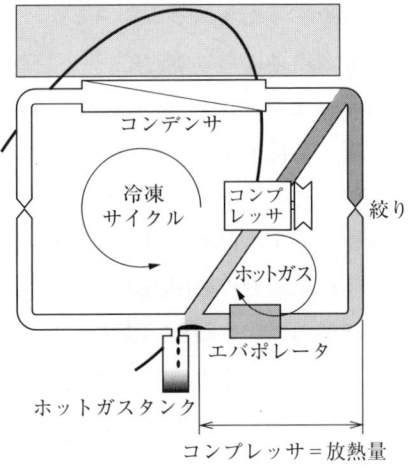

図7.22 ホットガスヒータサイクル

するだけのサイクルであるため，極低温作動が可能である（ヒートポンプの最低作動温度：約 −10 ℃，ホットガスヒータの最低作動温度：−40 ℃）．

このシステムに必要な部品は，コンプレッサ・エバポレータ・絞りに加え，コンプレッサ吸入冷媒状態を一定に保つためのアキュムレータタンク（ホットガスタンク）が必要である．アキュムレータ（ホットガスタンク）は，エバポレータで一部凝縮した冷媒を気液分離し，液はタンク内に溜め，ガスと一部液冷媒（含オイル）をコンプレッサに戻す役割を果たす．

ホットガスヒータの暖房性能は，図7.23に示すようにコンプレッサ作動により熱交換器から放熱される能力とコンプレッサ作動によるエンジン負荷増加分

（水温上昇分）からなっており，外気 −20℃時に2～3 kWの性能を発揮する。また，このサイクルの効率はコンプレッサの仕事分のみが放熱されるサイクルのため，COP（熱交換器放熱量/コンプレッサ動力）≦1である。

※（ ）はホットガスOFF時

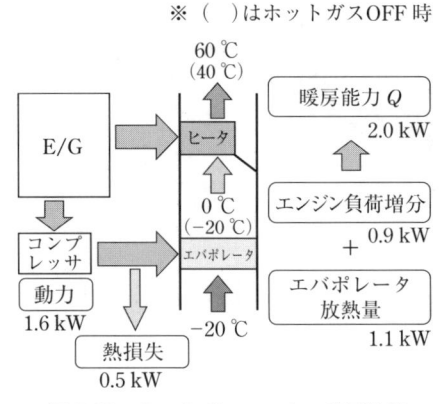

図7.23 ホットガスヒータの暖房性能

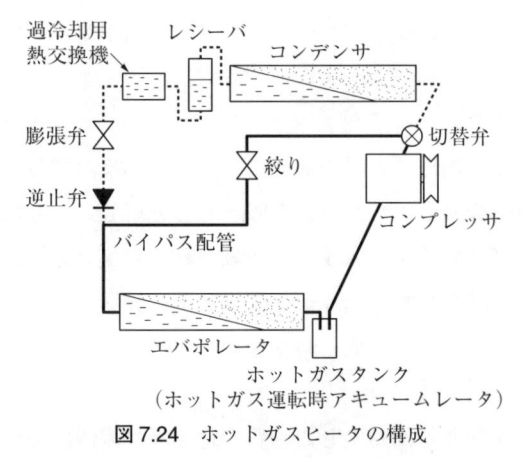

（2）構造と作動

ホットガスヒータシステムの構成を図7.24に示す。この図は，ベースのクーラサイクルにレシーバサイクル（サブクールサイクル）を用いた場合の例である。通常のサイクルに対し，切替弁，バイパス配管，逆止弁，ホットガスタンクが必要となる。

図7.24 ホットガスヒータの構成

切替弁にてクーラ運転時はコンプレッサからの吐出ガスを切替弁をコンデンサへ流し，一方ホットガスヒータ運転時はバイパス配管に流す。

ホットガスタンクは，クーラ運転中は膨張弁のスーパヒート制御のためタンク内にはガス冷媒のみであり，一方，ホットガス運転中は液冷媒とガス冷媒を気液分離するアキュムレータとして機能し，タンクに余剰液冷媒が溜まる。

第8章 カーエアコンの環境対応

8.1 オゾン層保護対応

　ある波長の紫外線は，生物にとって有害で皮膚ガンの原因となったり，遺伝子に影響を及ぼしたりするといわれている。オゾン層はこの紫外線を吸収し，地球上の生命を守るという大切な役割を果たしている。1974年6月アメリカ・カリフォルニア大学のF.S.Rowland教授，M.J.Molina博士は，フロンがオゾン層に影響する可能性と人類生態系への影響が生じる可能性を指摘した論文を発表した。この論文は全米で大きな議論を呼び，フロンの使用を規制するまでに発展していった。

(1) オゾン層破壊のメカニズム

　成層圏のオゾンは，絶えず太陽の光によりつくられまた壊されている。すなわち，成層圏大気中の酸素分子が紫外光を吸収して分解し，生じた酸素原子が酸素分子と結び付きオゾン分子を生成する。生成されたオゾン分子は，酸素分子に吸収されない紫外光を吸収して酸素原子と酸素分子に分解してしまう。このようにして，オゾンは成層圏の中で生成と破壊を繰り返し，安定的に存在することになる。

　一方，特定フロンは非常に安定した物質で地表や対流圏内では分解されず，成層圏までに到達する。そこで拡散した塩素を含む種類のフロンは，強い紫外線を浴びて光分解され塩素を排出する。この塩素を触媒として反応が起こり，オゾン層を破壊する。いったん成層圏に到達した塩素は，長期にわたりオゾンを破壊し続けるというのが，フロンのオゾン破壊説である（図8.1）。

(2) フロン規制の経緯（表8.1）

　1985年に「オゾン層保護に関するウィーン条約」が締結され，以後規制案が強化され，1986年のフロン消費実績を基準として1994年1月より25％以下に

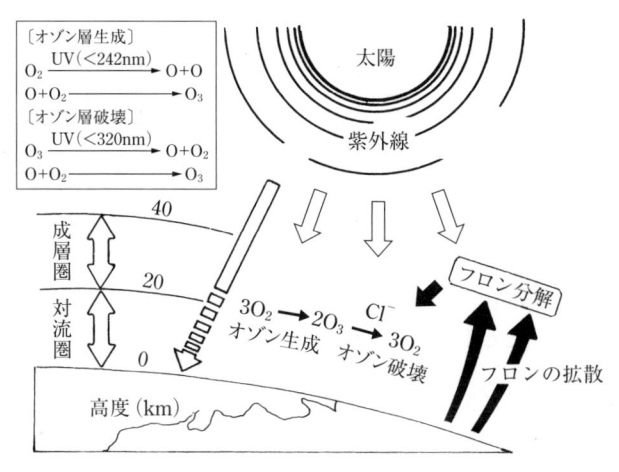

[オゾン層生成]
$O_2 \xrightarrow{UV(<242nm)} O+O$
$O+O_2 \longrightarrow O_3$

[オゾン層破壊]
$O_3 \xrightarrow{UV(<320nm)} O+O_2$
$O+O_2 \longrightarrow O_3$

太陽
紫外線
成層圏
対流圏
フロン分解
$3O_2 \rightarrow 2O_3$ オゾン生成
Cl^-
$\rightarrow 3O_2$ オゾン破壊
フロンの拡散
高度(km)

図 8.1 オゾンの生成と破壊のメカニズム

表 8.1 フロン規制の経緯

年	内容
1974 年	アメリカ，カリフォルニア大学の Rowland 教授と Molina 博士がフロンのオゾン層破壊問題を指摘。
1977 年	国連環境計画 UNEP でフロン規制問題の検討を決定。
1978 年	アメリカでフロンを噴射剤とするエアゾール製品の製造を禁止。
1979 年	カナダ・北欧でエアゾール用フロンの使用禁止。
1980 年	EC で CFC-11，12 の生産能力凍結，エアゾール用フロンの削減努力あり，日本もこれに追従。
1985 年	UNEP「オゾン層の保護に関するウィーン条約」締結。
1987 年	「オゾン層を減少させる物質に関するモントリオール議定書」の採択，89 年 1 月発効。
1988 年	日本「特定物質の規制等によるオゾン層の保護に関する法律」（フロン等規制法）の設定公布。
1989 年	環境庁，通商産業省「特定フロンの排出抑制・使用合理化指針」の公布。
1990 年	フロン冷媒回収・浄化・再生装置の適用除外についての政令の改示，告示を公布。
1992 年	モントリオール議定書第 4 回契約国会議（コペンハーゲン）開催。特定フロンの生産中止時期を 1995 年末までに前倒し，HCFC の生産規制と生産中止時期を原則 2020 年に合意。

規制し，1996 年には全廃することになった。特定フロン類の規制スケジュールを図 8.2 に示す。

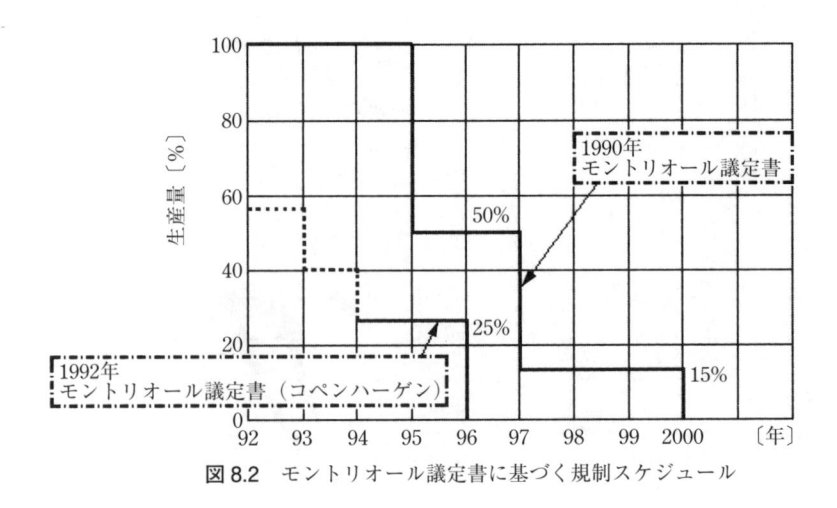

図 8.2 モントリオール議定書に基づく規制スケジュール

(3) 代替フロンへの置換え

特定フロンの代替物としては,第2章で紹介したようにオゾン層を破壊しないこと(冷媒分子中に塩素分子を含まないこと),安全であること,システム性能が確保できること,製造容易,低コストであることから,HFC-134aが選定された。

デンソーは,1991年代替フロンであるHFC-134aエアコンへの切替えを量産車にて日本で最初に行い,以後車両メーカーへのモデルチェンジに合わせた切替えを行うことにより数年で切替えを完了した。

ミニ知識　規制対象の特定フロン

モントリオール議定書で,オゾン層保護のために規制すべき物質として特定されたフロンは表8.2の5種類で,これらは特定フロンと呼ばれている。

ルームクーラなどに使用されているHCFC-22は,Cl基をもっていてもH基があるため,大気中で分解しやすくオゾン層まで到達する率は低く,ODPは0.05である。したがって,特定フロンにはなっていないが,影響がゼロではないため,2020年には生産中止を合意している。

表 8.2　特定フロンの種類

	名称	化学式	ODP*	用　途
メタン系	CFC-11（フロン 11）	CCl_3F	1.0	冷媒，エアゾール噴射剤，発泡剤，洗浄剤
	CFC-12（フロン 12）	CCl_2F_2	1.0	冷媒，エアゾール噴射剤，発泡剤
エタン系	CFC-113（フロン 113）	$C_2Cl_3F_3$	0.8	洗浄剤
	CFC-114（フロン 114）	$C_2Cl_2F_4$	1.0	エアゾール噴射剤，発泡剤
	CFC-115（フロン 115）	C_2ClF_5	0.6	ドライエッチング剤

＊オゾン破壊係数（Ozone Depletion Potential）：CFC-11 を 1.0 として求められたオゾン破壊力の推定値（相対値）

(4) 既販車対応－冷媒回収機

　冷媒回収に関する法規では欧米に立ち遅れていた日本だが，2001 年に「特定製品に係るフロン類の回収及び破壊の実施の確保等に関する法律」（フロン回収破壊法）が制定・発布され，翌年から廃車時の冷媒回収・破壊が義務づけられるようになった。現在では，2005 年から施行された「自動車リサイクル法」のもとで特定フロン，代替フロンを問わず修理や廃車時の冷媒回収が義務づけられている。

　カーエアコン用冷媒回収機は，一般にサイクルからガスの状態で回収する。回収したガス冷媒を冷却して液化するか，あるいは加圧して液化するかで 2 つの方法に大別される（表 8.3）。エアコン修理時に回収したフロンは，油分，不純物，水分，空気などの混入物の除去処理を行い，現場の修理車両にそのまま充てんし，また使用済自動車のエアコンから回収した場合は，冷媒破壊のためフロン類回収業者に引き渡している。

表 8.3 冷媒回収方法

方式	冷却方式	圧縮方式
原理	回収容器側を冷却し液化する。回収容器内が液化し、圧力が下がると、圧力差によって冷媒が回収容器に移行する。	冷凍サイクル内の冷媒を圧縮機で直接吸引し、圧縮した後、凝縮器で液化させて回収する。
特徴	①回収ガスが圧縮機を通らないで、異種冷凍機油が混合しない。 ②低圧で取扱い容易。 ③小容量回収に適する。	①回収ガスが圧縮機を通過するので、異種冷凍機油が混合する。 ②装置の耐圧強度が必要。 ③中大容量の機器の回収に適する。
製品例	冷媒再生回収機（ESR-10ACR、デンソー）	フロン回収機（HR5000-2、日立オートシステムズ）

8.2 地球温暖化対応

(1) 地球温暖化について

　地球は、太陽から放出エネルギーを受けていると同時に、暖まった分赤外線として熱を放出している。ところが、地球表面には大気層があり、水、二酸化炭素などが存在するため、地球から放出されている赤外線を大気に保温してその熱を再び地表面にフィードバックすることができ、平均気温15℃という恵まれた環境が維持されている（図8.3）。これを温室効果と呼んでいる。もし、この温室効

果がなければ，地球表面は $-23\,℃$ の氷の世界になると計算されている。

「地球温暖化」とは，人間活動の拡大にともない温室効果ガスの大気中濃度が上昇して温室効果が必要以上に強まり，その結果気温が上昇して気候が変動することをいう。キーリング博士によって過去30年間での二酸化炭素の濃度上昇は，10％以上というデータも発表されている（図8.4）。最近の「地球温暖化」は，過去1万年に例を見ない急激な変化だといわれている。

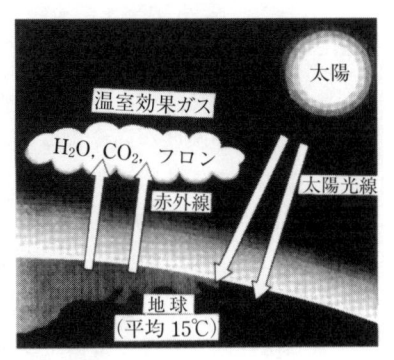

図8.3 温室効果のメカニズム

フロンも，地球が宇宙に放射する赤外線スペクトルのうち，二酸化炭素も水も吸収しない8 000 nmから12 000 nmの赤外線を吸収し，さらに二酸化炭素の赤外線の吸収に比べて1 000倍以上も吸収する比率が高いことから，大きな温室効果ガスの1つと考えられている。

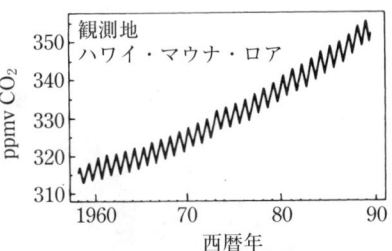

図8.4 大気中の CO_2 濃度の変化

地球温暖化に対応するために，国際レベルの活動として1988年11月に国連に世界中の科学者を集めてIPCC（気象変動に関する政府間パネル）が組織され，本格的な調査研究が開始された。そして，この活動をもとに1992年に「地球サミットの国連環境開発会議」（ブラジル・リオデジャネイロ）において二酸化炭素などの温室効果ガスの総排出量を極力安定させるという気象変動枠組条約が締結され，154カ国が署名した。1997年日本の京都で第3回締結国会議があり，議定書の作成が行われた。CO_2，N_2O，CH_4 および HFC，PFC，SF_6 など6ガスの排出量規制をアメリカ，EU，日本で行うことが決まり，例えば日本では温室効果ガスの総排出量は2012年までに1990年比6％削減することが義務づけられている。

> ミニ知識　地球温暖化とは

　地球温暖化とは，人間活動の拡大にともない二酸化炭素などの温室ガスの大気中濃度が高くなることにより，地球全体の気温が上昇する現象のことである。最近の報告（IPCC第3次評価報告書）では，2100年頃までに地球の平均気温が 1.4〜5.8 ℃上昇すると予想されており，気温上昇にともなう海面上昇，生態系の変化，食糧不足などさまざまな影響が懸念されている。

　温室効果ガスとしては，二酸化炭素，メタンなど多くの物質が地球温暖化に寄与するといわれているが，なかでも大量に生じる二酸化炭素の寄与率がきわめて高い。

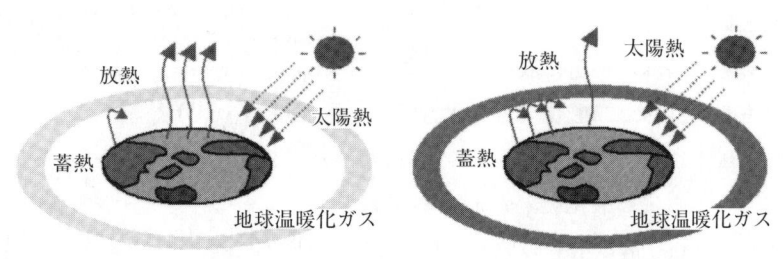

図 8.5　地球温暖化のメカニズム

表 8.4　温室効果ガスの例

温室ガスの例
水蒸気，二酸化炭素（CO_2），メタン（CH_4），クロロフルオロカーボン（CFC），ハイドロクロロフルオロカーボン（HCFC），ハイドロフロオロカーボン（HFC），亜酸化窒素（N_2O），六フッ化硫黄（SF_6），パーフルオロカーボン（PFC）

> ミニ知識　地球温暖化防止への国際的な取組み

　1980年代後半に地球温暖化の影響が懸念されるようになってから，国際的にさまざまな取組みが進められている。以下にその概要を表8.5，表8.6に示す。

表8.5 京都議定書の概要

対象ガス	CO_2, CH_4, N_2O, HFC, PFC, SF_6	
各国の温暖化ガス低減基準値	国	温室ガス排出量低減率 (1990年比) 〈達成目標年：2008～2012年〉
	ヨーロッパ	8 %
	アメリカ	7 %
	日本	6 %

表8.6 主な地球温暖化に対する国際的な取組み

年	取組み
1988	UNEP（国際環境計画）とWMO（世界気象機関）により，IPCC（気候変動に関する政府間パネル）なる国際的な研究組織設置。
1992	リオ地球サミット開催・気候変動枠組条約採択 →2000年までに温室効果ガスの排出量を1990年の水準に戻すという目標が設定された。
1995	気候変動枠組条約第1回締約国会議（COP1）開催 →条約内容を不十分とし，2000年以降の目標や先進国の具体的な取組みをまとめた議定書を，第3回締約国会議（COP3）で採択することを決定。
1997	気候変動枠組条約第3回締約国会議（COP3）開催 →先進国の温室ガス低減目標などを定めた京都議定書を採択。
1998～2001	気候変動枠組条約第4～7回締約国会議（COP4～7）開催 →2002年に京都議定書を発効させるべく，議定書のルールについて議論，COP7にて合意。

(2) 地球温暖化対応の現状と将来動向

わが国では，二酸化炭素の総排出量の18 %を自動車が占めている（図8.6）。地球温暖化に対応するために，自動車としては超低燃費を狙った新しい燃焼技術の提案やアルミニウムを中心とした車両の軽量化が進められている。一方，冷凍業界も冷媒として温室効果の大きいフロンを使用していることから，地球温暖化に対しても注意が払われつつある。

冷凍システムの地球温暖化への影響度を定量的に表した数値としてTEWI（Total Equivalent Warming Impact）があり，国際冷凍協会（IIR：International Institute of Refrigeration）は冷凍システムの選定に際してTEWIを指標として使用するように呼びかけている（1993年4月）。TEWIは，冷凍システム1

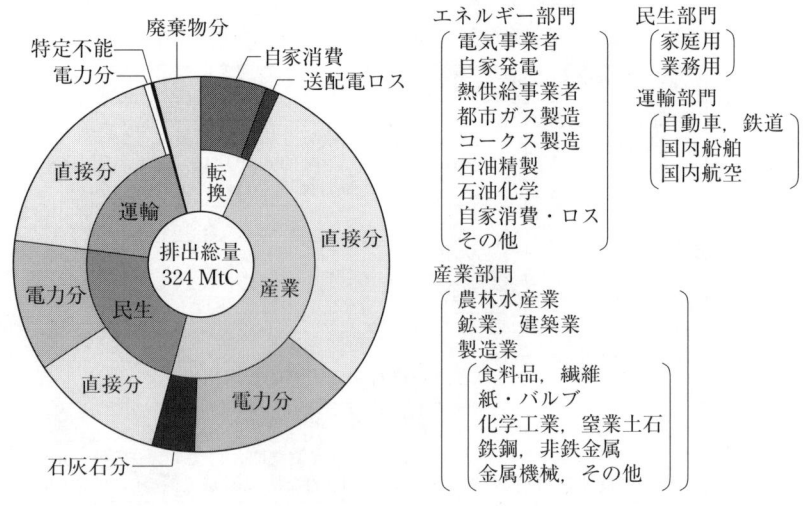

図 8.6 わが国の二酸化炭素排出量（1991 年度・炭素換算）

台当たりの寿命期間中の地球温暖化への影響を CO_2 に換算したものである。冷媒の大気排出にともなう直接効果分とシステムの駆動や運搬にともなう燃料消費量で決まる間接効果分とを加算したものである。

$$TEWI = GWP \times 冷媒排出量 + エアコン駆動による CO_2 排出量（燃料消費量増加分）$$

GWP（Global Warning Potential）は冷媒の温暖化係数ともいわれ，CO_2 相当に換算している。大気中ではフロンは非常に分解しにくい気体であるため，100 年間の影響をみている。

図 8.7 に主な冷凍システムの TEWI 評価をまとめた。特定フロン CFC-12 の代替である HFC-134a は，GWP が CFC-12 の 7 300 から 1 300 に大きく低減しており，TEWI も約 5 分の 1 に低減している。しかし，HFC-134a でも大気に 1 kg 排出すればその影響は 100 年後においても CO_2 の 1 300 kg 排出と同じであるため，すでに欧米においては特定フロン同様 HFC-134a についても修理時の回収が義務づけられている。

わが国でも，業界で自主的に回収する動きが始まっている。今後の目指す方向として，地球温暖化への影響度が少ないつまり TEWI のより小さいカーエアコンシステムの提案が必要となろう。

(3) 冷媒規制

1997年の地球温暖化防止京都会議では，2012年までに温暖化の主原因である二酸化炭素や温室効果の大きいガスとしてPFC，SF6，そして冷媒に使用されているHFCなど合計6種類のガスの排出量を削減することを目標としている。

現在，カーエアコン冷媒であるHFC-134aを規制する国際的な取決めはないものの，欧米を中心に国内法での規制導入が行われている。欧州では

冷媒	TEWI ($CO_2 \cdot kg$)
CFC-12	エアコン駆動／冷媒による影響 13 600
HFC-134a	2 800
HFC-134a 改良形	1 600（含む冷媒回収）
プロパン	1 200
CO_2	1 500

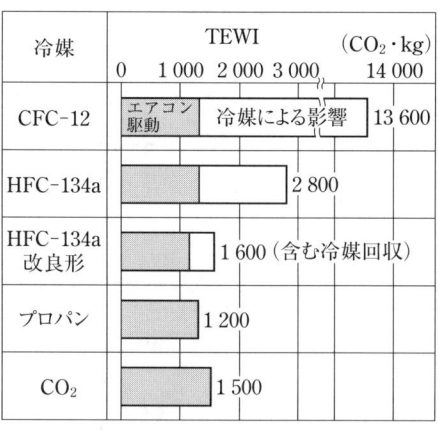

図8.7 カーエアコンのTEWI評価一覧

2006年にカーエアコン用冷媒に対する欧州連合指令（MAC指令）が採択され，2008年から販売される新型車においては年間の冷媒洩れを40g以下とすること，2011年から販売される新型車においてはHFC-134aを廃止し，GWPが150以下の代替冷媒へ変更することが義務づけられた。冷媒洩れについては洩れ測定に関する試験方法が業界で合意され，すでに運用が始まっている。代替冷媒については，二酸化炭素などの自然冷媒や大気中での冷媒寿命が短いフロン冷媒などが候補に挙がっている。

アメリカでは，CARB（カリフォルニア大気資源局）が自動車の走行時のCO_2排出を規制する法律（AB1493）の中で，カーエアコン使用時のコンプレッサなどの動力消費にともなうCO_2排出量や冷媒排出量を低減することを奨励する法律を策定した（2002年）。今後，使用時の冷媒排出低減と代替冷媒への転換は世界的なニーズになってくると予想される。

(4) エアコン燃費

日本におけるガソリン乗用車の平均燃費の推移を図8.8に示す。販売モード燃費（10・15モードのカタログ燃費）は，各年に販売された自動車の平均モード燃費，保有モード燃費は古い自動車も含めた全普及車両の平均燃費，実走行燃費は実際の道路における全普及台数の平均燃費を示している。

2005年度の販売モード燃費（カタログ燃費）は，自動車工業会の2010年度基

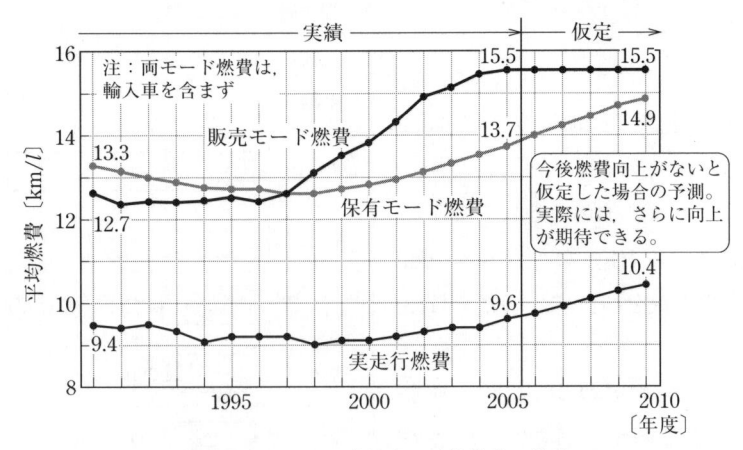

図8.8 ガソリン乗用車の平均燃費の推移

準達成目標の 15.1 km/ℓ を上回る 15.5 km/ℓ に達している。今後，仮に新車の燃費向上がないと仮定しても，古い自動車が新型車に置き換わるに従って，ますます燃費の向上が期待できる。しかし，運輸部門の CO_2 排出量は，実際の走行燃費に依存する。その実走行燃費は，モード燃費と比較するとかなり低い値となっている。主な差異の原因は，①急加速など運転方法によるロス，②エアコンと電気負荷によるエネルギー消費，③冷却によるロス（寒冷気候，車の暖気），④道路が混雑していることによるロスの4つが考えられる。これらのうち，エアコンや車両全体の熱管理にかかわる部分は半分程度を占めており，最適な熱管理により将来大きな燃費向上が期待できる（第10章で詳述）。

第9章 故障診断と対策

9.1 冷凍サイクルの故障診断

　カーエアコンの故障は，最終的にはすべて冷房能力不良つまり冷え不良に至る。特にカーエアコンの基本部品であるコンプレッサ，コンデンサ，エバポレータといった冷凍サイクル部品の故障は，カーエアコンの基本性能である冷房性能が直ちに損なわれる一方，その対策としては車からの乗せ換えを必要とする場合が多く，多額の費用がかかってしまう。

　したがって，カーエアコンの作動状態を常に点検し小さな異常でも早く発見し，対策することで乗せ換えを必要とする大きなトラブルを防ぐことが重要である。

　また，カーエアコンの故障はおおよそ冷凍サイクル関係と電気関係の2つに大別されるが，ここでは基本性能に直接かかわる冷凍サイクルの故障診断について説明する。

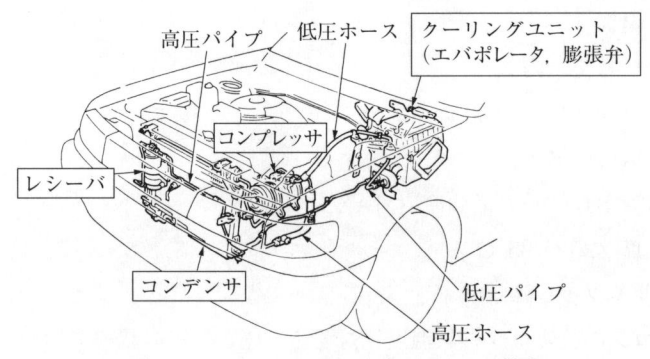

図9.1　カーエアコン用冷凍サイクルの構成

(1) 故障診断のための点検方法

　カーエアコンの故障診断にあたっては，不具合の現象や発生状況を十分に確認する必要がある。そのためには，まず冷凍サイクル状態がどのようになっている

かを明確に知るために，ゲージマニホルドを用いてコンプレッサの吐出や吸入状態の圧力測定，外気や吹出しの温度測定，レシーバ上部や液ラインの配管に取り付けられたサイトグラスでの気泡チェックによる冷媒量の点検が必要である。

また，冷凍サイクル状態はコンプレッサの回転数，つまり車のエンジン回転数やブロアスピードなどにより変化するので，条件を一定にするためエンジン暖気運転後，下記条件で確認する。

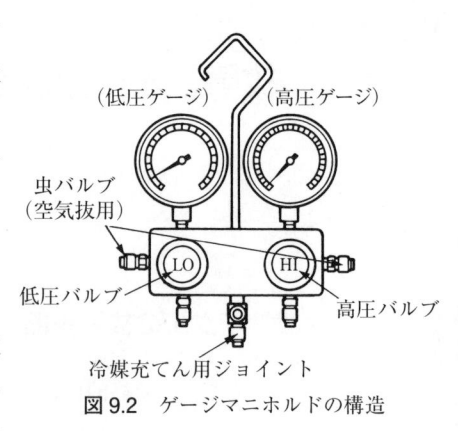

図9.2 ゲージマニホルドの構造

図9.3 サイトグラス

① ドア：全開
② 内外気切替え：内気
③ エンジン回転数：1 500 rpm
④ ブロワスピード：Hi
⑤ 温度コントロール：最強冷（MAX COOL）
⑥ 吸込温度：25 ～ 35 ℃

(2) 冷凍サイクル故障状況

カーエアコンの故障は，外気温度に対する高圧と低圧の状態でおおよそ判断することができる。故障の場合は，図9.4に示すような圧力に対し異常な値となる。ここで異常な高圧・低圧挙動とその推定原因を整理したのが表9.1である。これらの故障原因について次に説明する。

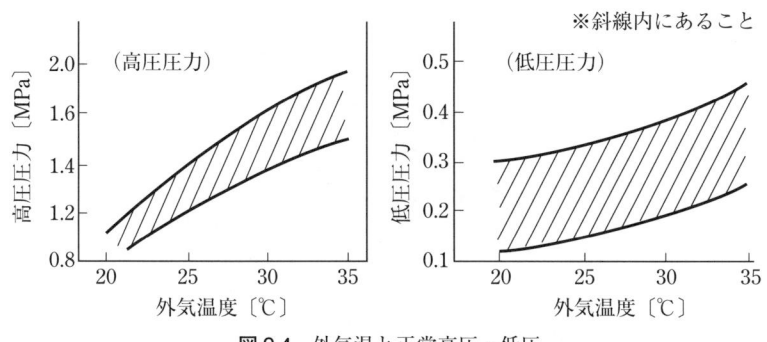

図 9.4　外気温と正常高圧・低圧

表 9.1　冷媒サイクルの高圧・低圧状態による冷え不良原因

高圧 低圧	高い	低い
高い	①コンデンサ性能不良 ②サイクル内空気混入	③コンプレッサ圧縮不良
低い		④エバポレータ性能不良 ⑤冷媒流量不足

(3) 故障原因

1)　コンデンサ性能不良

コンデンサ性能の不良としては，コンデンサの空気側熱交換不良と冷媒側熱交換不良の2つに大別される。

(1)　空気側熱交換不良

空気側熱交換不良の原因としては，ゴミなどによるコンデンサのフィン詰まりや電動ファンの故障による風量ダウンやラジエータからの熱風回込みなどが考えられる。この場合は，循環冷媒が放熱しようとする熱量に対し，空気側へ放熱する量が減ってしまったためサイクルバランスがくずれる。空気側能力が低下すると，冷媒側能力とバランスするまで図9.5に示すように高圧圧力（凝縮温度）が上昇する。凝縮温度が上昇することで外気温との温度差が大きくなり，空気側の放熱量が増えるためである。そのため，低圧も引きずられ上昇する。

(2)　冷媒側熱交換不良

冷媒側熱交換不良にはコンデンサチューブ詰まりによるコンデンサ容積の減少が考えられるが，現実には液ラインにあるフィルタにより，ほとんどのゴミは捕

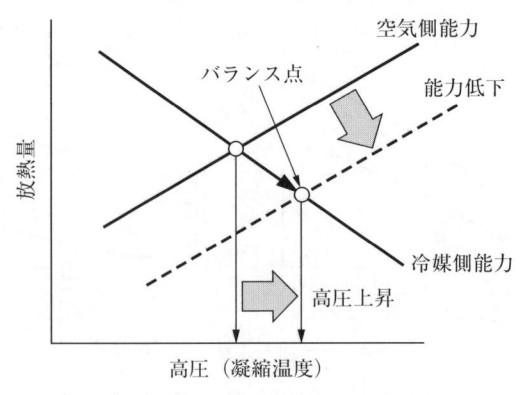

図9.5 高圧の熱バランス点

集されるため，コンデンサチューブが詰まることはない．また，その他の要因としては冷媒過充てんがある．この場合は，図9.6のようにコンデンサ出口内に液冷媒が充満して過冷却度をもちすぎてしまい，熱交換に有効な2相域が大きく減ることで，コンデンサの空気側への放熱量を減少させ，上記と同様理由で高圧が上昇する．

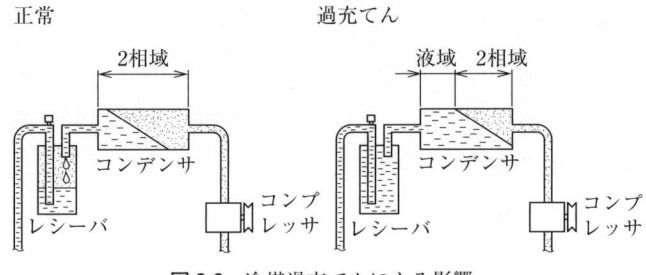

図9.6 冷媒過充てんによる影響

2) サイクル内空気混入

カーエアコン内に空気が混入すると，冷媒過充てんと同様に高圧圧力が上昇する．空気が混入すると，レシーバは液冷媒のみを送り出すため，空気はレシーバ上部にとどまり分圧（P_{Hair}）をもつことになる．その分冷媒ガスの圧力（P_{H134a}）は低くなるためレシーバ内の飽和温度（液冷媒温度）は低下する．すなわち，コンデンサ出口では圧力はP_Hでも冷媒温度が低下し，サブクールをもつようになるため，冷媒過充てんと同じ現象になる．

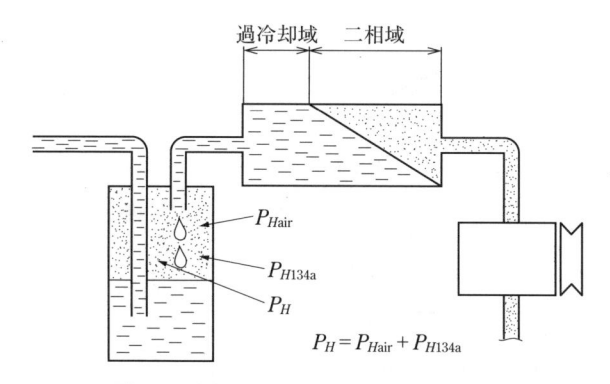

図 9.7 空気混入による冷凍サイクル変化

$P_H = P_{Hair} + P_{H134a}$

3) コンプレッサ圧縮不良

コンプレッサが圧縮不良の場合は，吸入力，圧縮力が出せなくなり高圧が下がり，低圧が上昇する。このため能力が減少する。また，コンプレッサの完全故障の場合は，圧力差は出せなくなり同一の高圧・低圧となり冷房能力も得られなくなる。

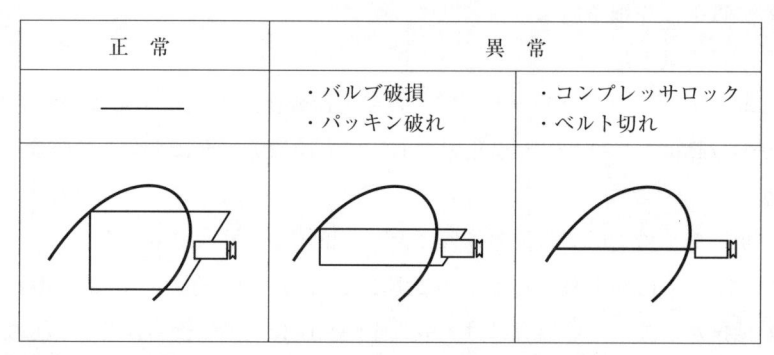

正 常	異 常	
———	・バルブ破損 ・パッキン破れ	・コンプレッサロック ・ベルト切れ

図 9.8 コンプレッサ圧縮不良状況とモリエル線図

4) エバポレータ性能不良

エバポレータの性能不良の場合も，エバポレータの空気側熱交換不良と冷媒側熱交換不良の2つに大別される。

(1) 空気側熱交換不良

この原因としては，エバポレータがフロストすることで風量が得られなくなったり，エバポレータやエアフィルタの詰まり，モータの故障などが考えられる。この場合は，循環冷媒が吸熱しようとする熱量よりも空気側の吸熱する能力が減

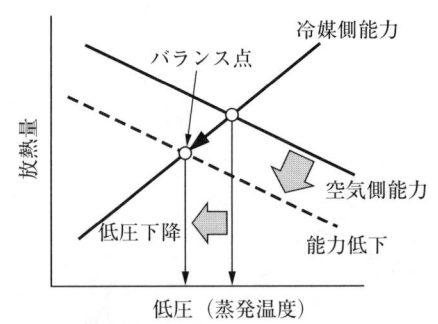

図 9.9 空気側熱交換不良にともなう低圧の熱バランス点

ってしまったため,サイクルバランスがくずれる。

空気側能力が低下すると,冷媒側能力とバランスするまで図 9.9 のように低圧圧力(蒸発温度)が下がる。

(2) 冷媒側熱交換不良

冷媒側熱交換不良としては冷媒不足があるが,この現象は冷媒流量不足にもなるため,以下に詳細を述べる。

5) 冷媒流量不足

前に取り上げたコンプレッサ圧縮不良でも冷媒流量が減少する故障であるが,ここでの故障はコンプレッサが正常であっても冷媒流量が減少する故障原因を説明する。

冷凍サイクルの途中で膨張弁以外に大きな抵抗が生じ,それでも正常なコンプレッサによって冷媒を吸入し流そうとするため,吸入圧(低圧)がより低下する。流れの抵抗がより大きい場合には,吸入圧が負圧になることもある。そして,高圧は低圧に引きずられて下がる。

この原因としては,膨張弁の弁詰まりが考えられる。特に,弁部の径は約 2〜3 mm と小さいため,弁部での着氷や異物で詰まることがある。

また,その他の原因として冷凍サイクル内のフィルタによる詰まりや冷媒不足が考えられる。

(1) 膨張弁詰まり

膨張弁の詰まりとしては,冷凍サイクル内の異物,アイシングや膨張弁故障が考えられる。

A. 異物

フィルタと膨張弁の間の部分に組付け時，何らかの影響で異物が混入し，弁部に詰まることが考えられるが，現実の可能性としてはほとんどない。また，フィルタより上流の異物はフィルタで捕集されるので問題はない。

B. アイシング

冷凍サイクル内にはドライヤが取り付けられており，ある程度の水分までは，吸収してくれるため問題はないが，部品交換を行ったサイクルでは，交換時何らかの水分混入があったとすれば，膨張弁部で凍結して詰まる場合がある。

C. 膨張弁故障

ダイヤフラムに封入されているガスが破損などで抜けた場合，膨張弁は全閉状態となり，冷媒が流れなくなってしまう。

(2) フィルタ詰まり

サイクル内に異物が多く発生しフィルタ部に溜まりついには詰まってしまう場合，冷媒の流れを止めてしまう。膨張弁の詰まりか，フィルタでの詰まりかは霜の発生個所でわかる。詰まっている個所の下流は，コンプレッサに引かれ真空にちかいところまで圧力が下がり，蒸発温度も下がるので配管に霜がつくため確認することができる。

(3) 冷媒不足

冷媒が不足すると，レシーバに液冷媒が溜められないため膨張弁にガス冷媒も流れるようになる。ガス冷媒が混入すると，同じ弁開度では冷媒流量が不足し，エバポレータ出口でスーパーヒートが大きくなる。膨張弁は弁開度を大きくして

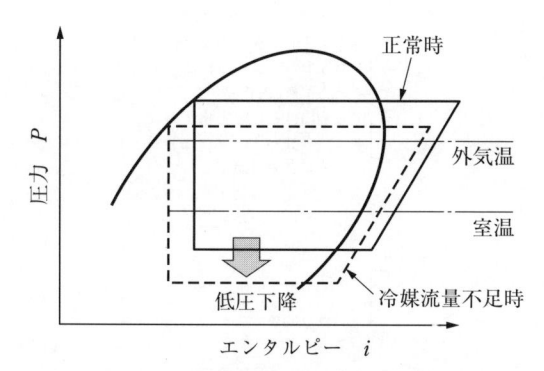

図 9.10 冷媒流量不足の冷凍サイクル変化

冷媒流量を維持しようとするがすぐに全開となり，それ以下の冷媒量では急激に冷媒流量が不足していく。

(4) 故障要因のまとめ

カーエアコンの冷房能力不足の故障状況とその原因について説明してきたが，その要因をまとめてみると図9.11のようになる。

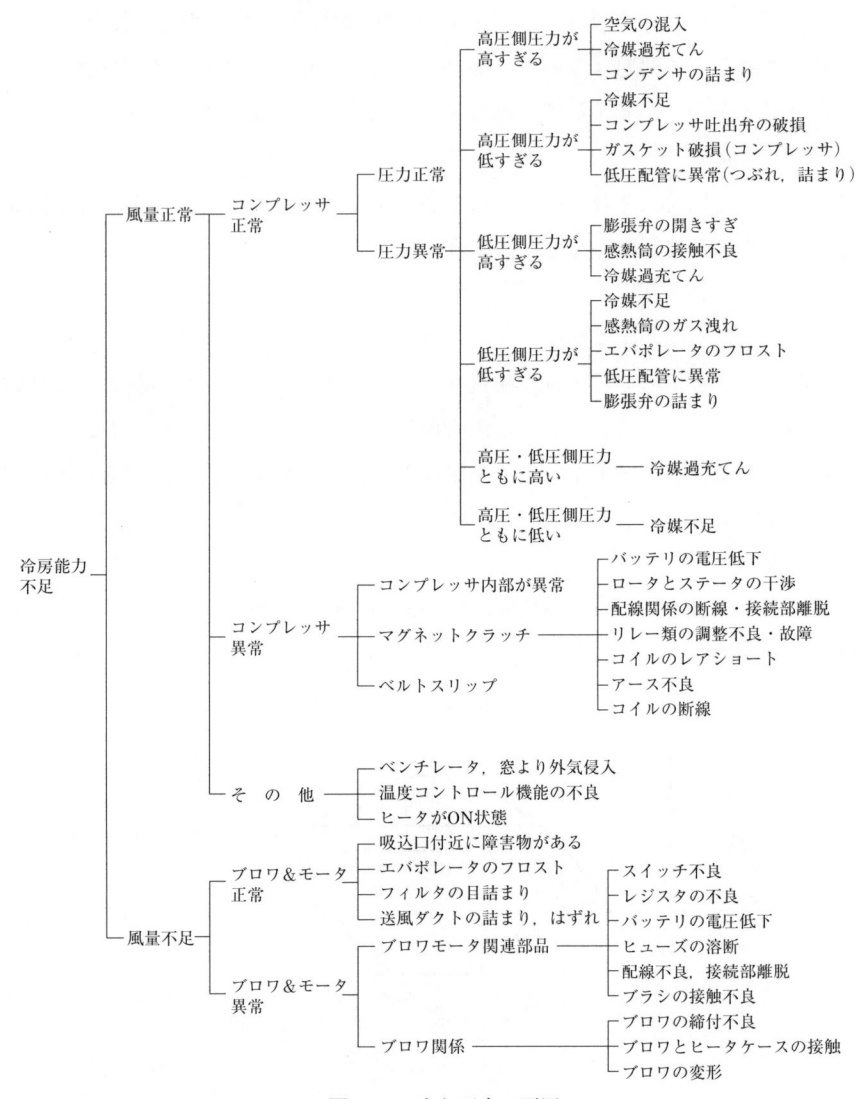

冷房能力不足
- 風量正常
  - コンプレッサ正常
    - 圧力正常
    - 圧力異常
      - 高圧側圧力が高すぎる
        - 空気の混入
        - 冷媒過充てん
        - コンデンサの詰まり
      - 高圧側圧力が低すぎる
        - 冷媒不足
        - コンプレッサ吐出弁の破損
        - ガスケット破損（コンプレッサ）
        - 低圧配管に異常（つぶれ，詰まり）
      - 低圧側圧力が高すぎる
        - 膨張弁の開きすぎ
        - 感熱筒の接触不良
        - 冷媒過充てん
      - 低圧側圧力が低すぎる
        - 冷媒不足
        - 感熱筒のガス洩れ
        - エバポレータのフロスト
        - 低圧配管に異常
        - 膨張弁の詰まり
      - 高圧・低圧側圧力ともに高い
        - 冷媒過充てん
      - 高圧・低圧側圧力ともに低い
        - 冷媒不足
  - コンプレッサ異常
    - コンプレッサ内部が異常
      - バッテリの電圧低下
      - ロータとステータの干渉
      - 配線関係の断線・接続部離脱
      - リレー類の調整不良・故障
      - コイルのレアショート
    - マグネットクラッチ
      - アース不良
      - コイルの断線
    - ベルトスリップ
  - その他
    - ベンチレータ，窓より外気侵入
    - 温度コントロール機能の不良
    - ヒータがON状態
- 風量不足
  - ブロワ&モータ正常
    - 吸込口付近に障害物がある
    - エバポレータのフロスト
    - フィルタの目詰まり
    - 送風ダクトの詰まり，はずれ
  - ブロワ&モータ異常
    - ブロワモータ関連部品
      - スイッチ不良
      - レジスタの不良
      - バッテリの電圧低下
      - ヒューズの溶断
      - 配線不良，接続部離脱
      - ブラシの接触不良
    - ブロワ関係
      - ブロワの締付不良
      - ブロワとヒータケースの接触
      - ブロワの変形

図9.11　冷え不良の要因

9.2 その他の故障診断

近年,カーエアコンに対する要求品質も高まりつつあり,冷える,暖めるといった基本性能のみでなく,うるさいとかタバコ臭が気になるなどの感性にかかわる故障モードが増えてきた。

ここでは,異音の故障診断について説明する。異音の故障診断の場合,冷凍サイクルでゲージマニホルドを使って点検するのとは違い,特に道具を使わなくても,カーエアコンを運転するだけで診断できる。

主な異音の種類として発生部位で分けると,

① コンプレッサ作動異音
② 冷凍サイクル系異音
③ 送風系異音

などがある。

1) コンプレッサ作動異音

コンプレッサ作動異音とは,コンプレッサを ON したときに発生する「ゴロゴロ」や「ゴーゴー」といった機械音であり,一般的にエンジンの回転数とともに大きな音になる。この異音の原因としては,コンプレッサ自身の故障の場合とベルトのゆるみによって発生する場合がある。そのため,点検としてはまずベルトのゆるみを調べ,もしベルトにゆるみがあるときは調整する。そのとき,張り過ぎるとベアリングなどに悪影響を与えるので適正値に調整するように注意が必要である。

図 9.12 コンプレッサの異音発生

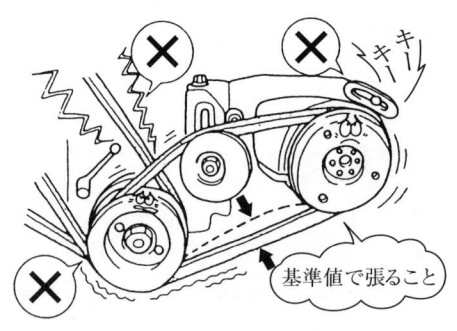

図9.13　ベルトの調整

　また，新しいベルトに取り換える場合は，初期なじみがあるため5分以上運転し，初期なじみ後，基準値に再調整する。ベルトを調整しても直らない場合は，コンプレッサ自身の故障のためコンプレッサを取り換え，修理する。

2)　冷凍サイクル系冷媒作動音

　冷凍サイクル系作動音とは，コンプレッサをONにしたとき，冷凍サイクル内を冷媒が流れるときに発生する異音である。起動時に吹出口から出る「シュー」音や連続的に出る「ジュルジュル」音などがある。

　「シュー」音は，特に暑い日中，日射などにより車室内が高温となり，エバポレータ内に冷媒が残留していないときにエアコンを起動すると発生する。起動とともに低圧圧力が急低下し，多量の冷媒が膨張弁－エバポレータ間で減圧され，流れが乱されてそのときに発生する音が車室内に伝わるためである。この場合はエバポレータが冷やされてしまえば発生しなくなる。

表9.2　冷媒通過音の種類と発生原因

音の種類	発生状況	発生原因
「シュー」音	起動直後～10秒程度	室内が高温となり，エバポレータ内に冷媒が残留していないとき，エアコン起動とともに低圧圧力が急低下し，多量の冷媒が膨張弁－エバポレータ間で減圧と流れが乱されて音が発生する
「ジュルジュル」音	膨張弁手前で気泡が流入したときに発生	冷凍サイクル変動時や周期的な脈動（ハンチング）などで，受液器の冷媒液面が一時的に低下，受液器出口の液冷媒中に気泡が混入し，絞り過程で気泡が成長，崩壊することで発生する。→ガス不足で受液器液面が低下するときに起きやすい

また，連続的に起こる「ジュルジュル」音は，冷媒不足により膨張弁部にガスが混入することで，膨張弁を振動させ，エバポレータやユニット，吹出口を通じて，異音を車室内に発生させていることがある。

3）送風系異音

送風系異音には，送風用ファンを回したときにユニットからの低周波の「ゴーゴー」音や，また「ガサガサ」音などがある。

「ゴーゴー」音の原因としては，エアフィルタの詰まりなどにより通風抵抗が非常に大きくなり，図9.14に示すように送風機の不安定域（サージング）での使用となった場合生じることがある。「ガサガサ」音の原因としては，吹出口からゴミなどが何らかの原因で逆流しユニット内に入り，送風時にユニット内を飛び回り「ガサガサ」音がすることがある。

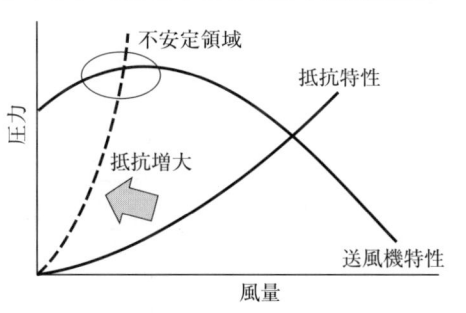

図9.14　送風抵抗増大による異音発生

9.3　対策・修理

カーエアコンの故障に対し修理するときは，確実な故障診断を行い，不具合の内容を確実に把握して実施しなければならない。特に，コンプレッサ不良・膨張弁の詰まりやフィルタ詰まりなどの冷凍サイクル部品の故障に対する修理は，部品交換を必要とする場合が多い。そのため，ここでは冷凍サイクルの部品交換と冷凍サイクル復元のための冷媒充てんについて説明する。

（1）部品交換

冷凍サイクルの部品交換は，高圧の冷媒が循環するため高圧冷媒の抜取り，部品の選択，配管接続，コンプレッサ内の潤滑油量の管理など多くの留意点がある。

1）冷媒の抜取り

カーエアコンの冷凍サイクルの部品交換をする際，まず冷凍サイクル内の冷媒を抜く必要がある。CFC-12はもちろん，オゾン破壊係数が0ではあるが温暖化に寄与するHFC-134aもともに大気に放出することなく回収機で回収しなけれ

ばならない。

2) 配管接続

配管，サイクル部品をはずしたとき，Oリングに傷などがつく場合があるため必ず新品に交換する。そして，Oリングを取りはずすときには，配管に傷をつけないようにつまようじなどの柔らかいものを使うようにする。また，配管を接続する際にはOリングに冷媒洩れを防ぐためコンプレッサオイルを塗布し，図9.15に示す規定トルクで締め付ける。

接続部		チューブサイズ またはボルトサイズ	締付トルク N·m〔kgf·cm〕
ナットタイプ	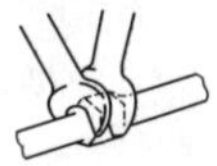	φ8 配管	12～15 (120～150)
		D1/2 配管	20～25 (120～250)
		D5/8 配管	30～35 (300～350)
ブロックジョイント		レシーバ部の M6 ボルト (4T)	4.0～7.0 (40～70)
		上記以外の M6 ボルト (6T)	8.0～12 (80～120)

図 9.15　配管の締付トルク

3) 部品交換

(1) コンプレッサ交換

実際に発生する冷凍サイクルの故障の多くはコンプレッサである。コンプレッサを交換する場合，新品コンプレッサにはサイクルに必要な量のオイルがあらかじめ封入されており，そのまま交換すると冷凍サイクル内に残ったオイルと合わさり，規定量以上のオイル量になってしまう。封入オイル量が多すぎる場合，冷媒が空気を冷やすための熱量のなかから空気を冷やさず，オイルを冷やすのに使ってしまったり，コンデンサやエバポレータの冷媒側の熱伝達率を低下させてしまうため冷房能力が下がってしまう。そのため，図9.16のように交換するコンプレッサ内のオイル量と同オイル量まで余分なオイルを抜き取り，交換する。

(2) コンデンサ，エバポレータの交換

コンデンサ，エバポレータの交換時は，交換されるコンデンサやエバポレータ内にオイルが残っているため以下の量だけオイルを補充する必要がある。

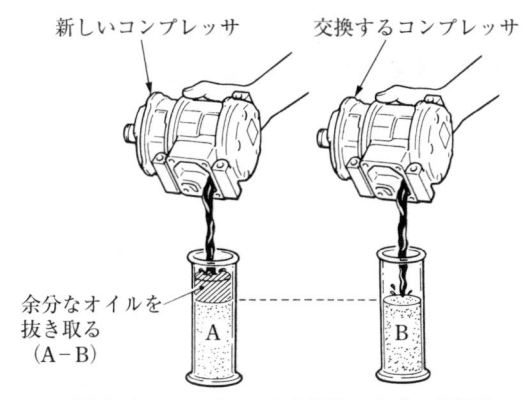

図9.16 コンプレッサ交換時のオイル量管理

- コンデンサ…40 mℓ
- エバポレータ…40 mℓ

(2) 冷媒充てん

冷媒充てんは，高圧ガスを扱うことにより危険がともなうため専任者以外は勝手に行わないように徹底する必要がある。冷媒充てん作業は，真空引き，充てん作業，洩れ点検，冷媒量点検の工程で行われる。

1) 真空引き

冷凍サイクルの部品を交換すると，サイクル内は大気に開放される。空気中には水分も含まれており，空気はもちろんのことこの水分も取り除くために真空引きを実施する。

2) 充てん作業

真空引き作業が完了したら続いて冷凍サイクルへ冷媒を充てんする。冷媒の充てんは，まずエンジン停止状態で高圧側から冷媒を入れ，次にエンジンを始動して低圧側から冷媒を補充てんする。この理由は次のとおりである。

運転時，高圧は冷媒缶より圧力が高く入らないため，必ず低圧側から冷媒を入れることになる。真空時からガス状態で封入する場合は，運転開始時サイクル内の冷媒が少ないため，冷媒と一緒にサイクル内を回るオイルが少なくコンプレッサがロックする危険がある。また，液状態でいっきに低圧から封入する方法も考えられるが，この方法も封入した液冷媒がコンプレッサ内の油を洗ってしまい，やはりコンプレッサをロックさせる危険がある。

9.3 対策・修理

そのため，ある一定量の液冷媒を運転前に高圧から封入し，その後徐々に低圧よりガスで規定量まで冷媒を充てんすればよい。ここで，液冷媒で高圧から入れたときには，コンプレッサの吐出弁で冷媒は止まりコンプレッサ内に入らないため，コンプレッサの潤滑油を洗うことはない。

3） 冷媒洩れ点検

基本点検などにおいて冷媒が洩れている可能性がある場合は，ガスリークテスタを用いて点検する（図9.17）。

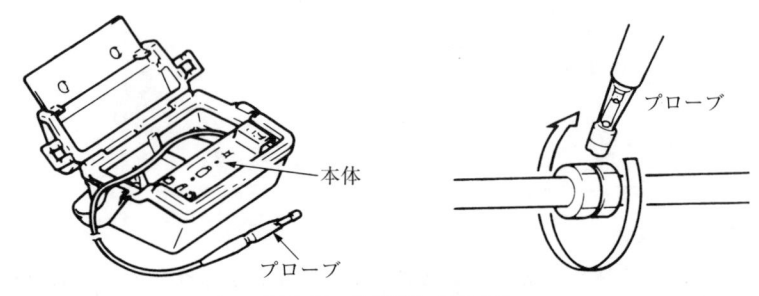

図9.17 冷媒洩れ点検方法

冷媒洩れ点検は，換気の良い所で行う必要がある。電気式ガスリークテスタでは，ガソリン，軽油，車の排気ガスなどがセンサ部に入った場合，これらのガスに反応し誤判断する場合があるためである。また，配管接続部分などからリークした冷媒はわずかな風の流れになびいてしまうので，チェックする箇所にプローブ先端を当てる場合，1方向だけでなく周囲にまんべんなく当てて点検する必要がある。

新冷媒HFC-134aの洩れ点検をする場合は，ハライドトーチ式リークディテクタでの冷媒洩れ点検は危険なため使用してはならない。この方式のテスタは，塩素との反応を利用して冷媒洩れを検知しているため塩素を含まないHFC-134aは検知できないだけでなく，吸い込んだHFC-134aを分解して有毒物質が発生するためである。

4） 冷媒量の点検

サイトグラスで簡易的に点検する方法がある。この場合は次の条件にセットし，サイトグラスにより冷凍サイクルを流れている冷媒の状態を確認する。

① 車のドア：全開温度

② コントロール：最強冷
③ ブロワースピード：Hi
④ 内外気切替え：内気
⑤ エンジン回転数：1 500 rpm 付近
⑥ 冷媒不足：レシーバに液面がなくサイトグラスに気泡が連続的に通過する。
⑦ 適正量：気泡発生なし。サブクールサイクルはサブクール部に液が溜まるまでの遷移領域をもつが，この間の違いはサブクールの効果があるか否で，冷房能力で約 5 ％である。
⑧ 過充てん：気泡発生なし。近年，サイトグラスをなくしている冷凍システムが見られる。冷媒量の点検は冷媒圧力と吸込・吹出温度で点検している（図9.18）。

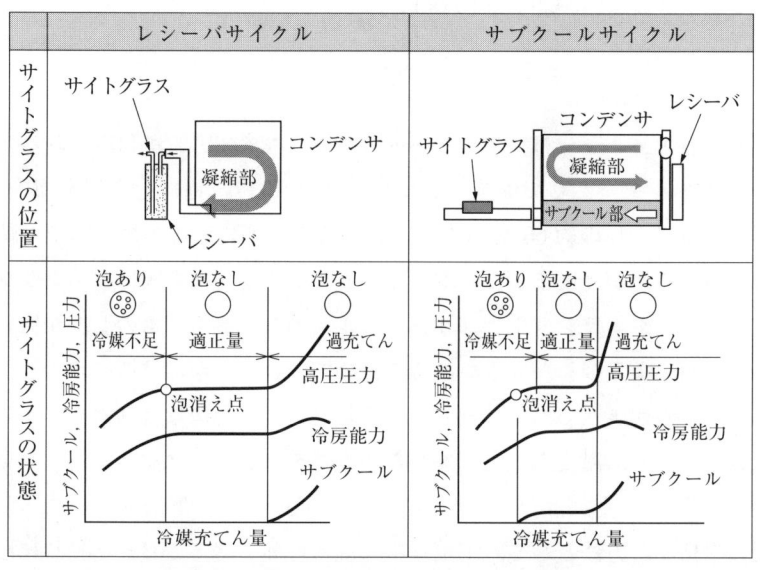

	レシーバサイクル	サブクールサイクル
サイトグラスの位置	サイトグラス／コンデンサ／凝縮部／レシーバ	サイトグラス／コンデンサ／凝縮部／サブクール部／レシーバ
サイトグラスの状態	泡あり（冷媒不足）／泡なし（適正量）／泡なし（過充てん）／泡消え点／高圧圧力／冷房能力／サブクール／冷媒充てん量	泡あり（冷媒不足）／泡なし（適正量）／泡なし（過充てん）／泡消え点／高圧圧力／冷房能力／サブクール／冷媒充てん量

図 9.18 サイトグラスによる冷媒量の点検

第10章 カーエアコンの将来

10.1 熱マネジメント技術

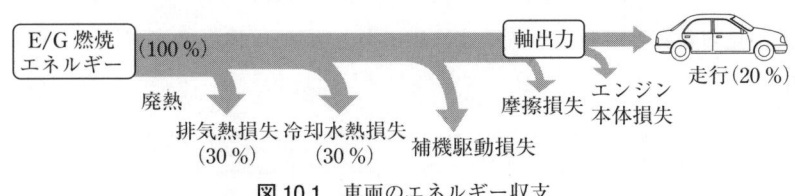

図10.1 車両のエネルギー収支

E/G燃焼エネルギー（100%）→ 廃熱（排気熱損失30%、冷却水熱損失30%、補機駆動損失）、軸出力→摩擦損失、エンジン本体損失、走行（20%）

車両の燃料エネルギーは，走行エネルギーとして約20%が利用されるほかは多くが熱エネルギーとして廃棄されている（図10.1）。特に，冷却水損失熱量，排気損失熱量は全体の約60%もあり，これらをいかに車両の燃費向上や快適性向上に活用するかが今後ますます重要となっている。通常車両は，エンジン始動直後はエンジンやトランスミッションオイル，エンジン冷却水の温度が低いため各部位の摩擦による損失が大きな割合を占めており，いかに早期にオイル，冷却水を暖機するかが課題である。一方，ある時間走行した後は冷却水やオイルの温度は十分に上昇し，温度を一定に保つため廃熱をラジエータなどを通し大気に放出されている。

早期に暖機する方法として，①走行中に温水廃熱を蓄えておき始動時に冷却水を暖機する蓄熱技術，②排気の熱を回収しオイルや冷却水を暖機する廃熱回収技術がある。また，廃熱を有効利用する方法として，③熱を動力や電気に変換する廃熱回生技術などが検討されている。ここではそれらの技術動向について説明する。

（1）蓄熱技術

廃熱を蓄えておき冷間始動時に活用することは，重要な技術の1つである。エ

ンジンを早期に温めることで燃焼が改善でき，燃費向上やエミッション低減が図れるほか，暖房の即効性も改善できる．

蓄熱の方式として，媒体の熱容量を利用した顕熱蓄熱，潜熱蓄熱材を使った潜熱蓄熱，化学反応を応用する化学蓄熱があるが，車両に応用する場合は搭載性と安全面から冷却水をそのまま利用する顕熱蓄熱が一般的である．

1) 顕熱蓄熱システムの作動

図 10.2 に実際に車両で採用されている顕熱蓄熱システムの実用例，図 10.3 にその作動パターンを示す．システムは，温水を蓄える蓄熱タンクと温水を送り出すための電動ウォータポンプ，温水回路を切り替えるための 3 方弁より構成される．

エンジンを始動する前の暖機時には，電動ウォータポンプを駆動して蓄熱タンク内の温水をエンジンに流出して，エンジンを暖機する．暖機終了後の走行時は，

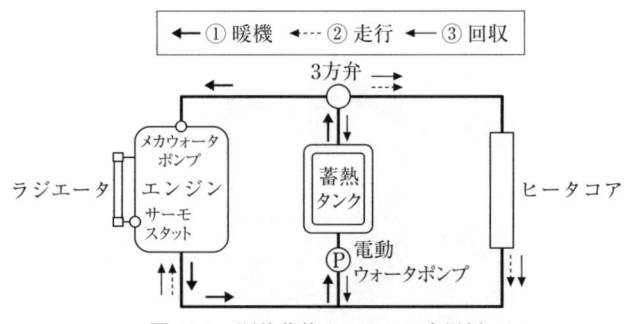

図 10.2 顕熱蓄熱システムの実用例

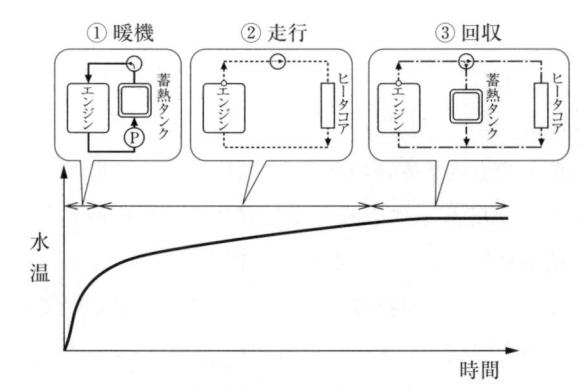

図 10.3 作動パターン

電動ウォータポンプが停止すると同時に3方弁で蓄熱タンクの回路をしゃ断しヒータコアへの回路を開放することで，従来の温水回路を形成する。エンジン水温が所定温度を超えると回収モードとなり，蓄熱タンクへの温水格納を開始する。3方弁でエンジンとヒータコア，蓄熱タンクの両回路を開放し，エンジンからの温水を蓄熱タンクに蓄え次回の暖機に備える。

2) 蓄熱タンク

図10.4に蓄熱タンクの構造を示す。タンクは2重構造で内と外のタンクの間に真空部を形成することで保温性を確保している。プレヒート時に温水をエンジンに排出する際は，ウォータポンプを駆動してタンク内に冷水を注入しながら温水をエンジンに排出する。この際に冷水がショートサーキットをしないように混合防止板を設置し，温水だけを有効に排出するようにしている。また，車両搭載時の耐振性確保のために，タンク上部に支持ピンを設けて内タンクの振動を防止している。

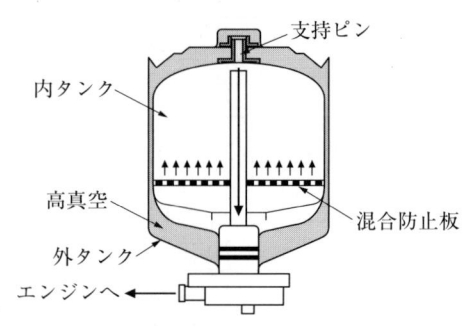

図10.4 蓄熱タンクの構造

(2) 廃熱回収技術

車両の廃熱のなかでも排気ガスの熱は，高温（100～500℃）でありエネルギー量も多いため，図10.5に示すような排気ガスの熱を回収して，エンジン暖機と車室内の暖房補助を行うシステムが検討されている。

排気管路の触媒の下流に熱交換器を配置し，エンジン冷却水を熱交換器に導くことで，排気ガス熱を回収してエンジン冷却水に伝えるものである。エンジン暖機や車室内暖房のために熱が必要なときは，バルブを閉じて排気ガスを外周部の熱交換器へ導き，エンジン冷却水を加熱する。一方，エンジン冷却水温が高く熱

が必要でないときは,バルブを開いて排気ガスをバイパス部へ導き,熱交換部へ排気ガスを導かないようにしている。

排気ガスの熱を回収することにより,エンジン冷却水温度の上昇が速くなり,エンジン暖機促進による燃費向上を行うことができるのと同時に,車室内の暖房性能を向上させることができる。

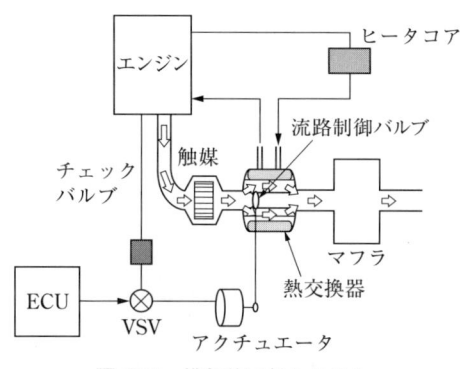

図10.5　排気熱回収システム

(3) 廃熱回生技術

熱を動力や電気に変換する技術は,現時点車両用として実用化されているものはないが,今後の燃費規制強化を考えると重要な技術の1つとして考えられる。電気や動力に変換できれば,オルタネータなどの補機動力を低減したり,エンジンをアシストしたりして燃費向上を図ることが可能である。

図10.6に代表的な熱回生技術を示す。ランキンサイクルは火力発電所などですでに実用化されているが,高温の廃熱を利用してサイクル中の媒体を加熱し,高温・高圧の蒸気にしてタービンを駆動し動力に変換するものである。媒体は冷却器で冷却され低温・低圧の液状態に戻された後,ポンプで再度加熱器へ循環される。車両で適用する場合,高温側はエンジン冷却水,低温側は大気(空気)を利用する方法が考えられる。

一方,熱電発電は熱電素子の熱を加えると材料間を電子が移動し発電するゼーベック効果を利用し,片面を高温の廃熱で加熱,片面を冷却することで電気に変換することができる。素子材料としては,Bi-Te(ビスマステルル),Pb-Te(鉛テルル)が一般的に用いられている。車両で適用する場合,高温側は排気熱,低

温側はエンジン冷却水の組合わせや,高温側はエンジン冷却水,低温側は大気(空気)を利用する方法が考えられる。

いずれの方法も現時点では熱から動力,電気への変換効率が数%のレベルであることから実用化は厳しく,今後は機器の効率向上や新材料の開発が課題である。

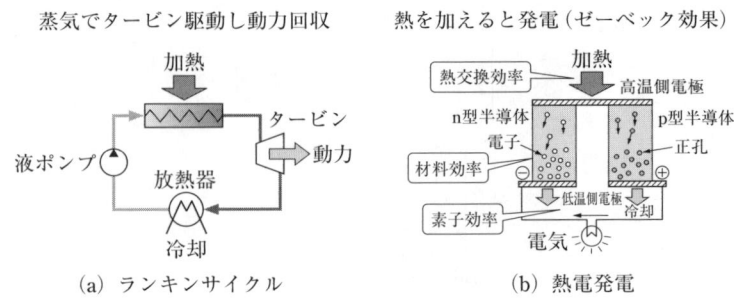

(a) ランキンサイクル　　(b) 熱電発電

図 10.6　廃熱回生技術

10.2　減圧エネルギー回収技術

(1) 減圧エネルギーとは

冷凍サイクルでは,高温・高圧の液冷媒を減圧沸騰(減圧過程でガス冷媒発生)させて,低圧の飽和温度まで液を冷却する。減圧過程で随時発生するガス冷媒が,さらに減圧膨張することで外部に対して膨張仕事(断熱圧縮仕事:図 10.7 の Δi)のエネルギーをもつ。これを減圧エネルギーと称した。

(2) 減圧エネルギー回収方法

減圧エネルギー回収するには膨張機とエジェクタがある。直接外部に仕事ができる

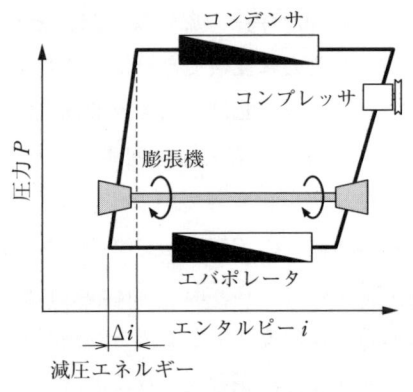

図 10.7　膨張機を用いたシステム

膨張機を用いたシステム(図 10.7)は,発電機を回したり直接圧縮機動力に回収したりして直接外部に仕事ができるが,装置が大型で複雑になる。

エジェクタシステムは,減圧エネルギーを一度速度エネルギーに変換して圧縮

機吸込圧力より低い圧力場をつくり，吸引仕事（図 10.8 の Δi）を行うことにより，減圧エネルギーを回収している．すなわち，吸引により生じた蒸発圧力で冷房するので，その分圧縮機の吸込圧力を上げることができる．

機械摺動部をもたないため構造が簡単である一方で，二相流でのエジェクタの実用化は難しいとされてきたが，2003 年に世界で初めて EJECS® I として製品化（デンソー）された．

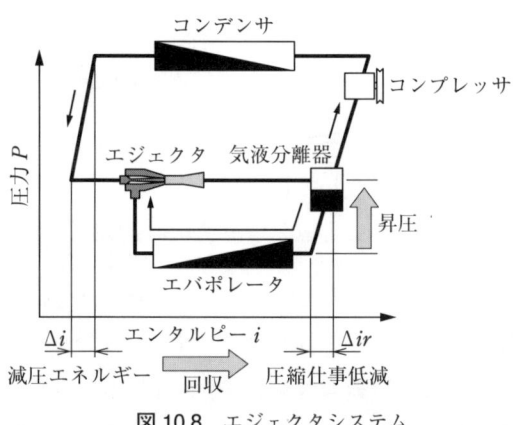

図 10.8　エジェクタシステム

ミニ知識

減圧エネルギー回収は，その分冷媒のエンタルピーが低下（図 10.8 の Δi）した分，冷媒の潜熱が増加し，その分冷媒流量が低下するため回収の効果はダブルで効いてくる．

(3) 二相流エジェクタの作動原理

エジェクタは，ノズル，混合部，ディフューザ，吸引部に大別できる（図 10.9）．ノズルに流入した高圧冷媒（駆動流，圧力 P_H）は，ノズルにて減圧膨張し，減圧後の圧力（P_S）が吸引流の流入圧力（P_L）より低くなることで，エジェクタによる吸引部からの吸引が可能（吸引流の発生）となる．ノズルでの減圧膨張過程において，発生する圧力エネルギーは運動エネルギーに変換され，冷媒流速を増加させる．すなわち，ノズルの減圧膨張過程にて等エントロピー膨張に近づけることで減圧エネルギーを速度エネルギーへ変換し，吸引仕事をしている．

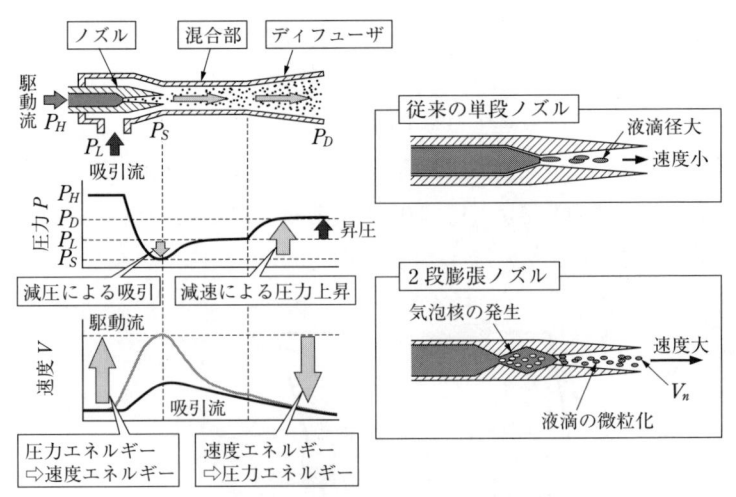

図 10.9 二相流エジェクタの作動原理

混合部では駆動流と吸引流が混合し，ディフューザでは流路面積拡大にて混合した冷媒が減速することで圧力が上昇（昇圧）する。すなわち，混合部，ディフューザでは，ノズル出口での運動エネルギーを再び圧力エネルギーに変換していて圧縮機の吸入圧を上昇させている。つまり，エジェクタは，減圧エネルギーを吸引流流入圧力（P_L）とディフューザ出口圧力（P_D）の差圧分（昇圧分）圧力

ミニ知識　エジェクタ適用例

水道圧利用エジェクタ：最大 0.26 気圧まで引ける（入口水道圧 2 気圧の場合）。泡風呂と真空ポンプ

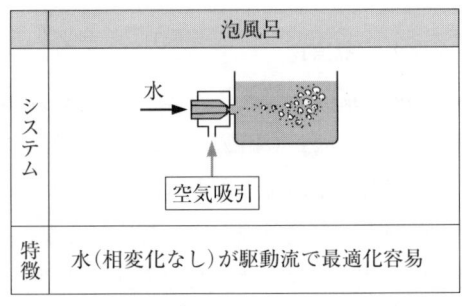

	泡風呂
システム	水 → 空気吸引
特徴	水（相変化なし）が駆動流で最適化容易

図 10.10　従来のエジェクタ適用事例

エネルギーへ変換している。

しかしながら，このエジェクタを二相流で用いた場合，ノズル出口での液滴径が大きく抗力を受けやすいため速度が上がらないなどの課題があり，実用化は難しいとされてきた。この課題を解決したのが，2段膨張ノズルである（図 10.9）。これは，高温高圧の液冷媒をいったん絞り気泡核を発生させることで液滴の微細化を図り，ノズル出口の速度を向上させるためである。

また，サイクル構成の簡素化などを目的にエジェクタシステムは進化しており，気液分離器をなくした2温度エバポレータとした EJECS® IIが2009年に製品化（デンソー）された（区別のため，従来のエジェクタシステムを EJECS® I と称す）。

エジェクタによる減圧エネルギー回収は，風上エバポレータ側のみであるが，風下エバポレータの蒸発温度がエジェクタの吸引相当分低くなるため，風の流れに沿った効率的な2温度が実現できるため，効率を落とすことなく簡素化できている。

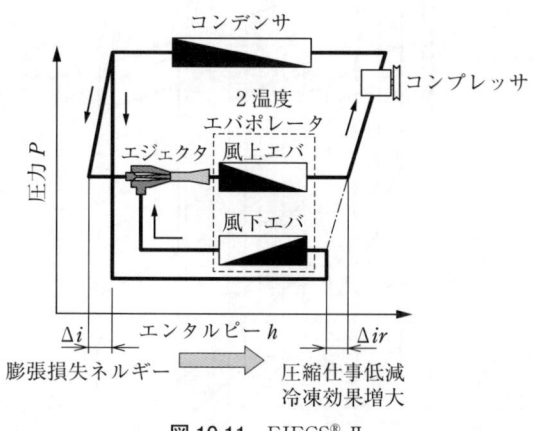

図 10.11 EJECS® II

付図

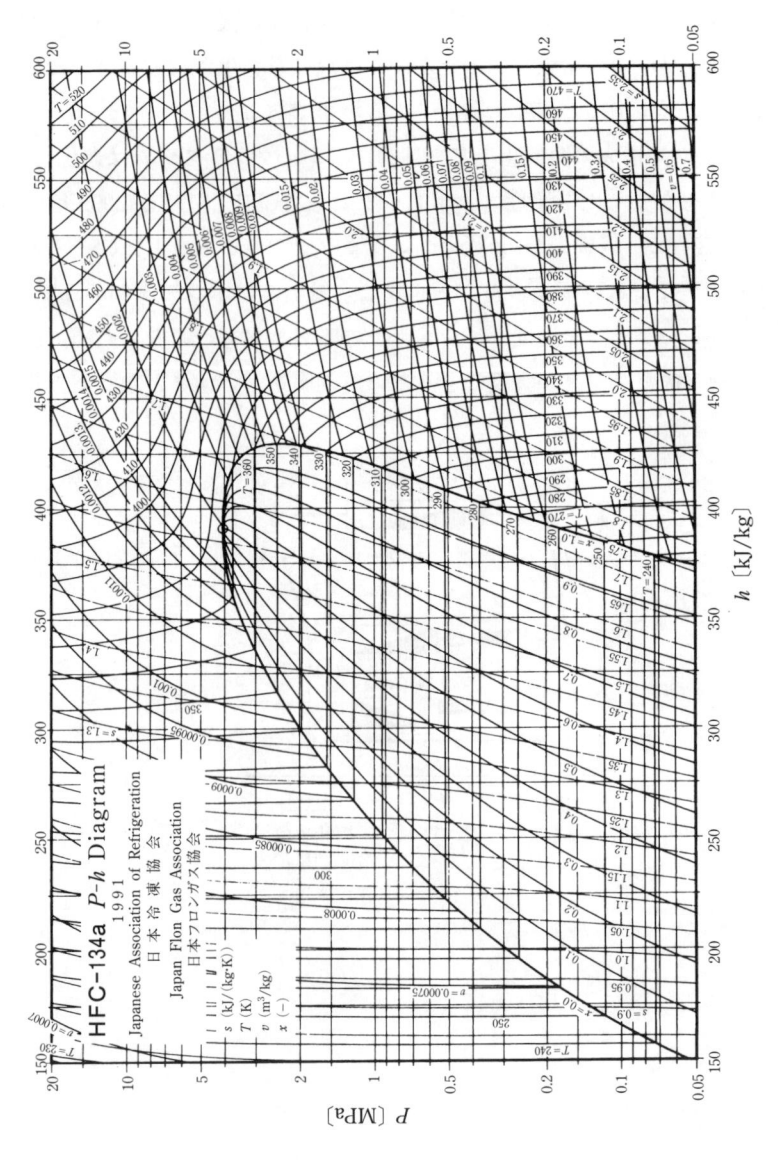

HFC-134a モリエル線図

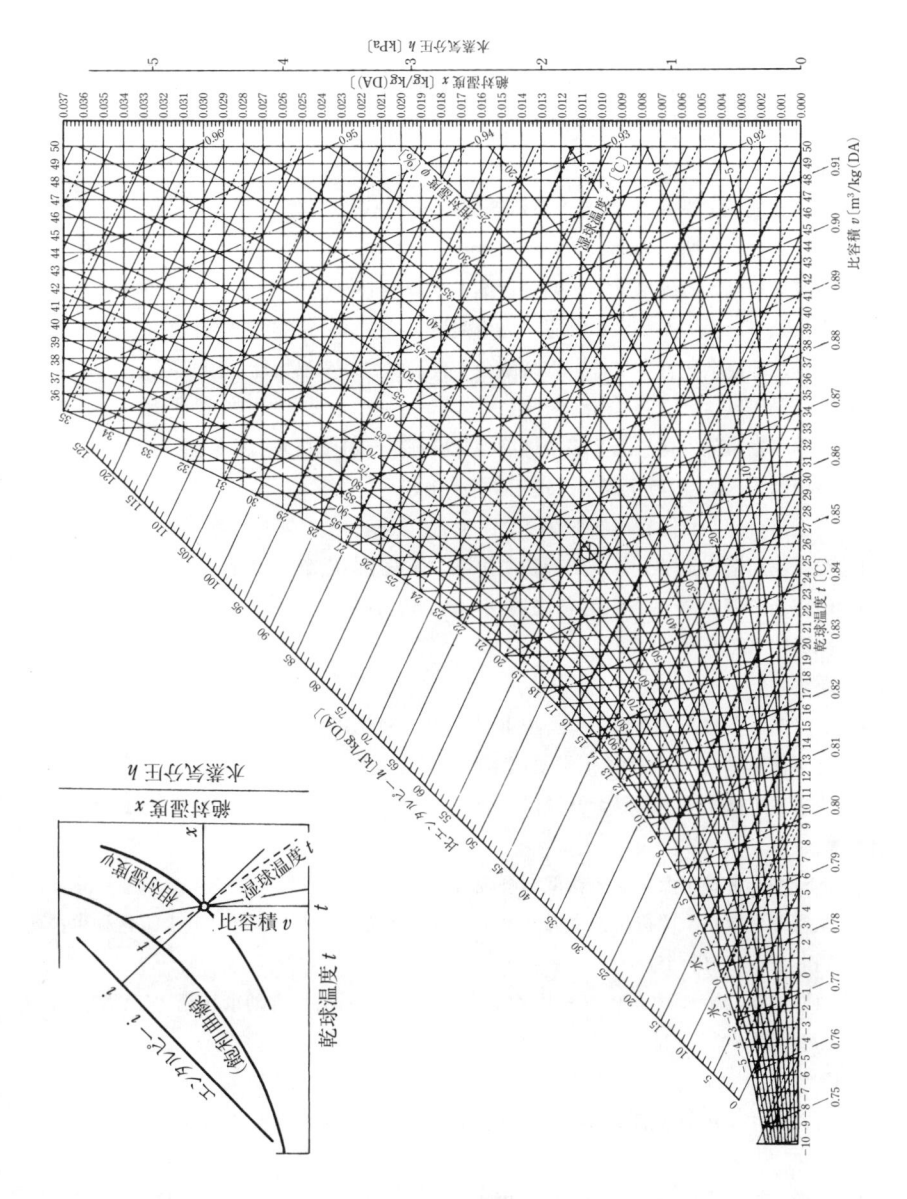

湿り空気線図

参考文献

第1章
1) 井口雅一ほか：自動車の歴史と社会，自動車工学全書1，山海堂
2) 小原淳平：続100万人の空気調和，オーム社，1976

第2章
1) 泉亮太郎：工学基礎 熱および熱機関，共立出版
2) 泉亮太郎：工業熱力学，朝倉書店
3) 石崎撥雄ほか：耐風工学，朝倉建築工学講座15，朝倉書店
4) 高田秋一ほか：空気調和装置，実用機械シリーズ，産業図書
5) 日本冷凍協会・日本フロンガス協会：代替フロンの熱物性，1993.3

第3章
1) 射場本勘市郎：体感温と暖冷環境の設計理論，科学技術広報財団
2) 中山昭雄 編：温熱生理学，理工学社，1985
3) 井上宇市：空気調和ハンドブック，丸善，1991
4) 空気調和衛生工学会：空気調和衛生工学便覧Ⅰ基礎篇，1981
5) 田辺新一ほか：車室内温熱快適性の新評価方法について，自動車技術，Vol.44，No.11，1990

第4章
1) トヨタ：トヨタエスティマ新型車解説書，1990.5
2) 日本機械学会 編：機械工学便覧 流体機械，1986
3) 久末芳正ほか：空調騒音低減について，自動車技術，Vol.42，No.12，1988

第5章
1) トヨタ：トヨタセルシオ新型車解説書，1994.10
2) 萩原義之ほか：前後席独立温調エアコンによる車室内の快適性向上，自動車技術，Vol.42，No.10，1988
3) 西村要二ほか：マルチゾーン空調システムの開発，自動車技術，Vol.50，No.2，1966

第6章
1) 石丸典生：内燃機関における熱的諸問題，日本機械学会第586回講習会，1984.10.25
2) 平松道雄，大原敏夫ほか：自動車用コンパクト熱交換器，冷凍，Vol.65，No.758，

p.1233, 1990
3) 甲藤好郎：伝熱概論，養賢堂
4) 水谷集治ほか：カーエレクトロニクス，自動車工学シリーズ，山海堂
5) 日本機械学会 編：機械工学便覧 熱力学，1986

第7章
1) 電気自動車ハンドブック編集委員会 編：電気自動車ハンドブック，丸善，2001.3

第8章
1) 中根英昭：フロンとオゾン層環境，自動車技術，Vol.48，No.9，1994
2) PAFT REPORT，September 1993
3) 代替フロンの熱物性，日本冷凍協会・日本フロンガス協会，1993.3
4) オゾン層保護対策産業協議会：冷媒フロン回収マニュアル，1994.12
5) 自動車産業ハンドブック 1994年版，日刊自動車新聞社
6) Gustav Lorenzten and Jostein Pettersen, Int.J. Refrig. Vol.16, No.1, 1993
7) Mark Spatz：Honeywell, Barbara Minor：DuPont, International Refrigeration and Air Conditioning Conference at Purdue July 14-17, 2008

第9章
1) 川平睦義：密閉形冷凍機，日本冷凍協会，1981
2) デンソーカーエアコン説明書 新冷媒編，1991.10

第10章
1) DENSO Technical Review, Vol.4, No.2, 1999.11
2) Microsoft® Encarta® Online Encyclopedia 2002, URL http://encarta.msn.com
3) Flink, James J., 1990, The Automobile Age, Cambridge, MA：MIT Press.
4) Perkins, J., 1834, Apparatus for Producing Ice and Cooling Fluids, Patent No. 6662, United Kingdom.
5) UNEP, 1987, Montreal Protocol on Substances that Deplete the Ozone Layer, United Nations Environment Program (UNEP).
6) UNEP, 1997, Kyoto Protocol to the United Nations Framework Convention on Climate Change, United Nations Environment Program (UNEP).
7) 中川正ほか：自動車技術，Vol.61，No.7，2007

索引

英数

B/L 吹出モード	7
B/L モード	76, 92
CFC	188
CFC-12	13
CH_4	188
CO_2	188
COP	17
DEF 吹出モード	7
DEF モード	77
ECU	86, 151
EJECS	213
FACE 吹出モード	6
FACE モード	76, 92
F/D モード	76
FOOT 吹出モード	7
FOOT モード	76
HCFC	188
HCFC-22	13
HFC	188
HFC-134a	13, 20
HVAC (Heating, Ventilating and Air-Conditioning) ユニット	46
IPCC (気象変動に関する政府間パネル)	187
LCD	149
LED	149
MOS-FET	80
N_2O	188
NASH	3
ON-OFF 制御	81
ON-OFF 制御方式	82
PFC	188
SCX	147
SET* (Standard new Effective Temperature)	34
SF_6	188
STV 制御	30
TEWI (Total Equivalent Warming Impact)	189
T 型フード	1
UNEP	183, 189
VFD	149
WMO	189
4 席独立コントロールエアコン	59

あ

アキュムレータ	22
亜酸化窒素	188
圧縮効率	98
圧力スイッチ	83
アボガドロ数	37
安全スイッチ	82
安全弁	82
ウォータバルブ	132
ウォータポンプ	130
ウォームアップ	50
エアピュリファイヤ	55
エアミックスチャンバ	73
エアミックスドア	73
エアミックス方式	73
エジェクタシステム	212
エバポレータ	12, 23, 71, 123
エレクトレット繊維	52

遠心式送風機	67
エンタルピー	39
エンタルピーi	13
エントロピー	14
オイル循環率	112
オイルセパレータ	112
欧州連合指令	191
往復式コンプレッサ	98
オゾン層	182
オゾン破壊係数	185
オゾン破壊説	182
オートエアコン	5
オート内外気システム	57
オリフィスチューブ	23
温度	31
温度感覚向上制御	92
温度式膨張弁	20
温度制御	47
温度センサ	71, 158
温熱感	32

か

外気導入空気	168
外気モード	48
快適温度分布	35
回転式コンプレッサ	101
外部可変制御	109
外部均圧式	140
カーエアコン	1
カーエアコン装着率	5
化学蓄熱	209
ガスインジェクション式	
ヒートポンプシステム	179
ガスチャージ	137
活性酸素	63

活性炭	138
稼働率	30
過熱度	14
加湿冷却	40
花粉	51
花粉除去システム	61
花粉除去フィルタ	62
可変容量コンプレッサ	101
可変容量コンプレッサ制御	30
過冷却	14
過冷却用熱交換器	27
乾き空気	35
感温筒部	20
換気損失	166
換気損失熱量	168
環境の4要素	31
貫流式送風機	68
機械効率	99
機械的捕捉	52
気候変動枠組条約	189
気体分離複合膜	64
気筒数可変式	109
キャピラリチューブ	12, 20
吸収式冷凍機	12
吸着	53
吸着剤	53
吸着チャージ	138
吸入ガスバイパス方式	108
キュリー点	173
凝縮潜熱	11
京都議定書	189
気流	31
空気清浄器	55
空燃比	170
曇り限界湿度	49
クーラ	41

クラッチレスプーリ	118	除湿空調	4
クーラユニット	71	除塵技術	51
クロスチャージ方式	139	シリンダ壁	166
グロープラグ	170	真空引き	205
クロロフルオロカーボン	188	新陳代謝	32
減圧エネルギー回収技術	212	新標準有効温度	34
顕熱	44	吸込口制御	92
顕熱蓄熱	209	水蒸気	35, 188
コルゲートフィン	125, 128	水蒸気分圧	36
コンデンサ	12, 123, 125	水蒸気飽和曲線	36
コンプレッサ	12, 97	頭寒足熱	1, 7, 76

さ

サイトグラス	135	スクロール	69, 101
サーボモータ	152	スリットフィン	130
サーモパイル	60	成績係数	17
左右独立空調	161	静電式空気清浄器	52
酸素富化装置	63	赤外線センサ	60, 164
軸流式送風機	67	絶対温度	37
湿度	31	絶対湿度	38
湿度制御	48	セミエアコンタイプ	4
湿度センサ	164	センサ	158
自動車リサイクル法	185	潜熱	44
シート空調システム	57	潜熱蓄熱	209
視認性	31	相対湿度	38, 39

た

湿り空気	35	体積効率	18, 97
湿り空気線図	37	代替フロン	184
霜取り	32	ダイヤフラム	136
車両熱負荷	43	脱臭	52
ジョイント	147	ダッシュタイプ	3
上下独立温度制御	94	タバコの煙	51
消臭	53	ダンパ機構	119
蒸発潜熱	10	地球温暖化	186
除菌イオン	63	蓄熱技術	208
除菌システム	63	蓄熱タンク	210
触媒	54	直動式電磁弁	143

低回転時動力カット制御	87
抵抗切換方式	79
ディーゼル排気煙	51
ディフューザ	213
デュアル圧力スイッチ	84
デュアルエアコン	5
デュポン社	2
点火プラグ	166
電気集塵法	51
電気的捕捉	52
電磁弁	143
ドア	77
筒内直接噴射	166
特定フロン	182
トランクタイプ	2
トリプル圧力スイッチ	84
ドロンカップ	128

な

内外気切替え	47
内外気切替ドア	69
内気循環空気	167
内気モード	47
内部可変制御	111
内部均圧式	140
二酸化炭素	186, 188
二相流エジェクタ	213
日射	34
日射センサ	160
熱交換器	122
熱電発電	211
熱マネジメント技術	208
熱力学の第2法則	2
燃焼式ヒータ	169
燃焼室	170
燃費	166
燃料ポンプ	170
ノズル	213

は

配管	145
排気管式ヒータ	1
排気センサ	161
ハイドロクロロフルオロカーボン	188
ハイドロフルオロカーボン	188
廃熱回収技術	210
廃熱回生技術	211
バイレベルモード	76, 92
パイロット式電磁弁	144
パネル	148
パーフルオロカーボン	188
パラレルフロー	125, 128
パワートランジスタ PWM （Pulse Width Modulation）	79
パワートランジスタ電圧制御	79
非磁性体クラッチ	118
ヒータ	41
ヒータコア	73, 130
ヒータユニット	72
必要吹出温度	89
皮膚温	32
比容積	40
ファン	69, 169
フィードバック補正	90
フィードフォワード補正	90
フィーリング向上制御	92
フィルタ	55
風量制御	50, 127
フォトダイオード	161
不快指数	35
吹出温度制御	89
吹出口制御	91

ふく射	31
フット／デフモード	76
浮遊菌	63
フルエアコン	4
プレートフィン	125, 128
フロスト	81
ブロックジョイント	147
ブロワ制御	79
ブロワ風量制御	91
ブロワモータ	155
ブロワユニット	67
フロン規制	182
放射冷却	7
膨張弁	12, 71, 136
防曇	32
飽和液	21
ホース	146
ボッシュ形はん用ヒータ	2
ホットガスヒータ	180
ボルツマン定数	37

ま

マグネットクラッチ	115
摩擦材クラッチ	117
マトリックスIRセンサシステム	57
マニュアルエアコン	5
マルチフロー	125
メタン	188
モードリンク	75
モリエル線図	13
モントリオール議定書	183, 184

や

床暖房式ヒータ	2

ら

ラジエータ	7, 126
ランキンサイクル	211
理想気体	37
リヒート方式	47
リミッタ機構	119
リリーフ弁	85
ルーバフィン	130
ルームエアコン	6
冷却損失	166
冷凍機	3, 10
冷凍サイクル	13, 16
冷媒	2, 10
冷媒回収機	185
冷媒充てん	205
冷媒循環量	18
冷房能力	17
レジスタ切換方式	79
レシーバ	19, 134
ろ過法	52
六フッ化硫黄	188
露点温度	40

〈カーエアコン研究会編集委員（五十音順）〉

青木　隆	浅野秀夫	天木　勇	石川公寛	伊藤公一
入谷邦夫	岩間伸治	内田　隆	大口純一	小椋健二
片岡拓也	加藤健一	杳名喜代治	佐藤英明	篠田芳夫
下田賢伸	杉　光	鈴木一義	高野義昭	立松章三
田中　尚	西沢一敏	西　保幸	二村啓三	坂　鉱一
平田敏夫	平山俊作	藤山真一	本田祐次	牧田和久
松岡彰夫	宮嶋則義	山中康司	横山雅人	

〈監修者〉

藤原健一（ふじわら　けんいち）　昭和20年　兵庫県夢前町生まれ。昭和44年東京工業大学工学部機械工学科卒業。同年に，日本電装(株)へ入社，カーエアコンの開発・設計業務に従事。現在，(株)デンソー　熱システム開発部　技術顧問。

〈序文執筆者〉

ラインハート・ラーデマッカー博士：米国メリーランド大学　工学部機械工学科教授，環境エネルギー工学センター（CEEE）所長。

カーエアコン 熱マネジメント・エコ技術	
2009 年 9 月 20 日　第 1 版 1 刷発行	ISBN 978-4-501-41840-3 C3053
2024 年 4 月 20 日　第 1 版 6 刷発行	

監　修　藤原健一
編　著　カーエアコン研究会
　　　　Ⓒ Kenichi Fujiwara et al. 2009

発行所　学校法人 東京電機大学　　〒120-8551　東京都足立区千住旭町 5 番
　　　　東京電機大学出版局　　　　Tel. 03-5284-5386(営業) 03-5284-5385(編集)
　　　　　　　　　　　　　　　　　Fax. 03-5284-5387　振替口座 00160-5-71715
　　　　　　　　　　　　　　　　　https://www.tdupress.jp/

JCOPY <(一社)出版者著作権管理機構 委託出版物>
本書の全部または一部を無断で複写複製（コピーおよび電子化を含む）することは，著作権法上での例外を除いて禁じられています。本書からの複製を希望される場合は，そのつど事前に (一社) 出版者著作権管理機構の許諾を得てください。また，本書を代行業者等の第三者に依頼してスキャンやデジタル化することはたとえ個人や家庭内での利用であっても，いっさい認められておりません。
［連絡先］Tel. 03-5244-5088, Fax. 03-5244-5089, E-mail：info@jcopy.or.jp

印刷：新日本印刷（株）　　製本：渡辺製本（株）　　装丁：鎌田正志
落丁・乱丁本はお取り替えいたします。　　　　　　　　　　　Printed in Japan

自動車関連図書

自動車工学

樋口健治 監修・自動車工学編集委員会 編
A5判 198頁

エンジン／トランスミッション／車体・タイヤ／サスペンション・ステアリング／運動性能／操縦性・安定性／自動車の人間工学／オートバイ

基礎 自動車工学

野崎博路 著　　A5判 200頁

タイヤの力学／操縦性・安定性／乗り心地・振動／制動性能／走行抵抗と動力性能／新しい自動車技術／人－自動車系の運動

自動車の運動と制御
車両運動力学の理論形成応用

安部正人 著　　A5判 276頁

車両の運動とその制御／タイヤの力学／外乱・操舵系・車体のロールと車両の運動／駆動や制動を伴う車両の運動／運動のアクティブ制御

自動車の走行性能と試験法

茄子川捷久・宮下義孝・汐川満則 著　A5判 276頁

概論／自動車の性能／性能試験法／法規一般／自動車走行性能に関する用語解説

サスチューニングの理論と実際

野崎博路 著　　A5判 212頁

ホイールアライメント／サスペンションジオメトリー／限界コントロール性と車両の各種試験装置／フォーミュラカーの旋回限界時の車両運動性

自動車エンジン工学　第2版

村山正・常本秀幸 著　　A5判 256頁

歴史／サイクル計算・出力／燃料・燃焼／火花点火機関／ディーゼル機関／大気汚染／シリンダー内のガス交換／冷却／潤滑／内燃機関の機械力学

電気自動車の制御システム
電池・モータ・エコ技術

廣田幸嗣・足立修一 編著　　A5判 216頁

モービルパワーエレクトロニクスと電気自動車／走行制御システムの設計／フィードバック制御系の基本的な設計手順／ハイブリット車・電気自動車の走行制御／電池と電源システム／走行用モータとその制御

初めて学ぶ　基礎 エンジン工学

長山勲 著　　A5判 288頁

概説・基本的原理・構造と機能／エンジンの実用性能／環境問題と対策／センサとアクチュエータ／エンジン用油脂／特殊エンジン／計測法

機械強度設計のための CAE入門　有限要素法活用のノウハウ

栗山好夫・笹川宏之 著　　A5判 210頁

機械システムの強度保証／有限要素法の概要／有限要素法を用いた機械設計法／有限要素法による開発法と検証実験

自動車材料入門

高行男 著　　A5判 192頁

総論／金属材料の基礎／金属材料・鉄鋼／非鉄金属材料／非金属・有機材料／非金属材料・無機材料／複合材料

* 定価，図書目録のお問い合わせ・ご要望は出版局までお願いいたします。
URL http://www.tdupress.jp/